普通高等教育"十四五"规划教材
普通高等院校物理精品教材

DAXUE WULI

大学物理

主编 ◇ 万若楠　刘朝山　孙小广　沈晓芳

华中科技大学出版社
http://press.hust.edu.cn
中国·武汉

内 容 简 介

本书依据教育部高等学校物理基础课程教学指导分委员会制定的《理工科非物理类专业大学物理课程教学基本要求》编写,内容主要包括质点力学、刚体力学、静电场、稳恒磁场、时变电磁场。此外,书中还以二维码的形式提供了拓展章节阅读、习题、微课视频、动画等丰富的线上资源。

本书可作为应用型大学理工科类专业学生的大学物理教材,也可作为大学物理教师参考用书,还适合各类读者自主性学习。

图书在版编目(CIP)数据

大学物理/万若楠等主编.—武汉:华中科技大学出版社,2024.1(2025.1 重印)
ISBN 978-7-5772-0416-1

Ⅰ. ①大… Ⅱ. ①万… Ⅲ. ①物理学-高等学校-教材 Ⅳ. ①O4

中国国家版本馆 CIP 数据核字(2024)第 016330 号

大学物理   万若楠 刘朝山 孙小广 沈晓芳 主编
Daxue Wuli

策划编辑:范　莹
责任编辑:陈元玉
封面设计:原色设计
责任监印:周治超
出版发行:华中科技大学出版社(中国·武汉)　　　　电话:(027)81321913
　　　　　武汉市东湖新技术开发区华工科技园　　　　邮编:430223
录　　排:武汉市洪山区佳年华文印部
印　　刷:武汉科源印刷设计有限公司
开　　本:787mm×1092mm　1/16
印　　张:13.5
字　　数:333 千字
版　　次:2025 年 1 月第 1 版第 2 次印刷
定　　价:48.00 元

前言
Foreword

为适应学校各专业的大学物理教学，突出应用型人才的培养，我们对《大学物理》教材内容做了精心编写。内容包含质点运动学（直线、圆周运动），牛顿力学，相对运动，动量、冲量（力的时间累积效应），功与能量（力的空间累积效应），刚体力学，静电场，稳恒磁场，时变电磁场，矢量（附录）等。本书具有如下特色：

特色一：本教材在应用性、实践性、科技性方面与社会实践挂钩。如介绍了"嫦娥工程"卫星在升空、变轨、着陆等关键过程中所蕴含的动量定理、角动量守恒等力学原理。

特色二：教材内容很好地反映了当前科技发展前沿，在增强学生的学习新鲜感和提高学生的学习兴趣方面做了改进。如在讲述刚体角动量守恒的内容时，提供神舟十三号与陀螺仪等技术的拓展阅读，以及王亚平太空演示实验、全红婵跳水视频等。

特色三：在每章的最后提供了章节阅读、微视频等丰富的资源或课程思政等拓展资源，更利于培养学生科技强国的价值观，增强爱国情怀等。通过"嫦娥工程"、"北斗卫星"、"天宫一号"、"电磁弹射"、"三峡水利工程"、"中国空间太阳能电站"等案例，培养学生探索未知的精神和加强学生的专业使命感。

特色四：教材内容与线上资源相融合，更利于混合式教学的开展，便于化解教学重难点，提升教学效果。教材内容的设计安排充分与已具规模的超星学习通平台线上资源相结合，使教学更具交互性和规范性，充分实现真正意义上的师生互动式交流。

本书由万若楠、刘朝山、孙小广、沈晓芳任主编，负责策划、定稿等工作。李加定独立编写了十余万字的振动与波动、波动光学。参与编写的还有吴实、周政、龙晓燕、杨蓓、张亦勖、王虓、祝秀芬、马帅兵、邓乃经、吴庭俊、杨璐璐、杨晶。本书编写过程中，我们参考、借鉴了赵肇雄、吴实、熊正烨主编的《大学物理学》，以及大量的网络资源，在此表示衷心感谢！

由于作者水平有限，书中难免存在疏漏之处，欢迎读者批评指正。

编者

2023 年 10 月

线上作业及资源网的使用说明

建议学员在 PC 端完成注册、登录信息,并完善个人信息及验证学习码的操作。

一、PC 端学员学习码验证操作步骤

1. 登录

(1) 登录网址 http://bookcenter.hustp.com/,完成注册后点击登录。输入账号与密码(学员自设)后,提示登录成功。

(2) 完善个人信息(姓名、学号、班级等信息请如实填写,因线上作业计入平时成绩),将个人信息补充完整后,点击保存即可完成注册登录。

2. 学习码验证

(1) 刮开本书封底所附学习码的防伪涂层,可以看到一串学习码。

(2) 在个人中心页点击"学习码验证",输入学习码,点击"验证"按钮,即可验证成功。点击"学习码验证"→"已激活学习码",即可查看刚才激活的图书学习码。

3. 查看课程

在图书搜索框中搜索书名,并点击图书详情页右上角的"加入课程"按钮,返回个人中心,点击"我的课程",即可看到新激活的课程,可以修改班级查看学习进度,点击课程,进入课程详情页。

4. 做题测试

在图书详情页可查看相关资源,进入习题页,选择具体章节开始做题。做完之后点击"我要交卷"按钮,随后学员即可看到本次答题的分数统计。

二、手机端学员扫码操作步骤

(1) 手机扫描二维码,提示登录;新用户先注册,然后再登录。

(2) 登录之后,按页面要求完善个人信息。

(3) 按要求输入本书的学习码。

(4) 学习码验证成功后,即可扫码看到对应的习题。

(5) 习题答题完毕后提交,即可看到本次答题的分数统计。

任课老师可根据学员线上作业情况给出平时成绩。

若在操作上遇到什么问题可咨询陈老师(QQ:514009164)。

郑重声明:本教材一书一码,请妥善保管。请勿购买盗版图书。

目录
Contents

第0章
绪论

0.1 物理学及其研究对象

1. 什么是物理学

物理学是研究物质最一般的运动规律、相互作用和物质基本结构的学科。作为自然科学的带头学科,物理学的研究大至宇宙、小至基本粒子等一切物质最基本的运动形式和规律,因此成为其他各自然科学的研究基础。

物理学起始于伽利略和牛顿的年代,它已经成为一门有众多分支的基础科学。物理学是一门实验科学,也是一门崇尚理性、重视逻辑推理的科学。物理学充分使用数学作为自己的工作语言,它是当今最精密的一门自然科学。

2. 物理学的研究对象

物理学注重于研究物质、能量、空间、时间,尤其是它们各自的性质与彼此之间的相互关系。其研究对象是物理现象、物质结构、物质相互作用、物质运动规律。物理学研究的空间尺度和时间尺度(物质世界的层次和数量级)跨度大,即从原子、原子核、基本粒子、DNA 长度、最小的细胞到星系团、银河系、恒星的距离、太阳系、超星系团、哈勃半径等。基本粒子寿命从 10^{-25} s 到宇宙寿命 10^{18} s。

0.2 大学物理课程的地位、性质、目的及意义

在 2005 年世界科学大会上明确指出,只有数学、物理两门学科被认定为是自然科学的基础。大学物理是工科院校的一门必修公共基础课。通过本课程的学习,一是学生能够较全面、系统地获得自然界各种基本运动形式及其规律的知识;二是培养和提高学生的观察能力、思维能力、分析能力和实践能力,对学生后继专业课的学习以及毕业后工作中进一步学习新理论、新知识、新技术,对如何实施"高等学校本科教学质量与教学改革工程",强化大学生"四种能力"都将产生深远的影响。

0.3   课程的学习方法及要求

物理学为什么难学？一是物理学内容广泛：涵盖力学、热学、光学、电磁学等领域；二是方法变化大：从中学的常量问题到应用矢量和微积分处理复杂的变量问题。怎样才能学好大学物理呢？首先，态度上重视，认真听课，不懂就问；其次，要做好预习、听课、复习几个方面；最后，完成足够的思考题和习题。

0.4   大学生谈如何学习大学物理

很多同学对大学物理是一种爱而不得，恨而不舍的心情。那么，怎么才能学好大学物理呢？

2021级机电创新1班黎同学：首先，上课一定要认真听讲！课堂才是学习的重中之重。学习，要以老师为中心，只有紧跟老师的学习节奏，才能打好基础。老师有着丰富的经验，认真听讲肯定没有错，不要总是想着自己课下自学。最重要的是，课堂上学的是思想、是解决问题的方法，而不仅仅是知识。参加工作后，物理公式、定律可能会忘记，但是遇到问题该如何思考，物理学的方法、思想是最有帮助的，而这恰恰是书本上自学不来的。不要说工作，考试也是如此，掌握了方法、思想，远比刷题管用。

2021级工业设计3班李同学：首先，课上要不要记笔记呢？我的建议是，尽量不要记，尤其是上课内容。这样盲目记笔记其实是不用动脑子的，而且也容易错失老师的一些很关键的话及很重要的思想。那么记什么呢？记你的问题。上课时突然想到的问题，要及时记下来，课后一定要找老师解决，或者找同学，尽量不留疑问。然后，看老师的课件。一般老师会把课件发到群或学习通，一定要把它们都下载下来，最好放在手机上。在地铁上、在排队时随时看，反正我身边的同学都是如此。这是一个复习的过程，因为没有记笔记，所以我觉得这个过程很重要。

2021级自动化3班李同学：看教材很重要。课本上的知识和老师讲的是大同小异的。但有时形式不同，或者顺序不同。看书就是梳理、总结前后知识点，在各个章节中找关联，把书变"薄"。例如质点力学和刚体力学，磁场和电场，磁介质与电介质等很多公式都是一一对应的，很多方法、思想也有相似的地方。

有同学问，物理要不要刷题？我的建议是，做精题。题不要多，但要精。就是做完一道题，你要去思考，这道题考的知识点是什么，没有考的知识点是什么，还能怎么问等。会了这个知识点或者这些知识点，就会做这一类题。

　　还有一件事很重要,就是讨论。对于物理而言,同学间的讨论很重要。你可以与老师用即时通信联系,探讨问题,但效果可能不太好。我特别推荐的是,一个寝室的同学最好一起讨论,大家的认知水平相当,秉持互帮互学、以理服人,实在不能解决了再去问老师。这是一个互相提升的过程,有助于加深对知识的理解。同时,也可以培养良好的团队意识,为将来的工作奠定良好的基础。

第1章
质点力学

力学是一门研究机械运动及其规律的科学,力学是其他学科的基础。

在物质的各种运动形式中,最简单、最基本的一种运动是机械运动,即一个物体相对于另一个物体的位置,或者一个物体的某部分相对于其他部分的位置,随时间变化而不断变化的过程。如车辆的行驶、机器的转动、行星的运动等都属于机械运动。根据研究内容的不同,力学分为运动学和动力学两部分。运动学研究的是如何描述物体的运动,以及各运动学量之间的关系,它不涉及引起和改变运动的原因;动力学研究的是物体运动与物体间相互作用的内在联系。同时,微积分、矢量在力学中是重要的数学工具。

1.1 质点运动的描述

基本要求:理解位矢、位移、速度、加速度等的概念;能借助直角坐标系计算质点在平面内运动的运动方程、速度、加速度。

1.1.1 参考系、坐标系、质点

1. 参考系

自然界中所有的物体无一不在运动,不存在绝对静止的物体。例如:放在桌子上的书相对于桌子是静止的,但它却随地球一起绕太阳运动,这就是运动的绝对性。而描述物体的运动或静止总是相对于某个选定的物体,即观察一个物体的运动,总是选取其他的物体作为参考。选取的参考物不同,对物体运动的描述也是不一样的,这就是运动的相对性。**为描述物体的运动而选择的标准物(或物体组)称为参考系。**

V1.1-1　太阳系运动动画

2. 坐标系

为了定量确定物体相对于参考系的位置,需要在参考系上选定一个固定的坐标系。坐

标系的原点一般选在参考系上,并取通过原点标有单位长度的有向直线作为坐标轴。

物理学中常用的坐标系,如直角坐标(笛卡尔坐标)系如图 1.1-1 所示。其中 x 轴方向的单位矢量为 $\vec{i}$;y 轴方向的单位矢量为 $\vec{j}$;z 轴方向的单位矢量为 $\vec{k}$,如 P 点坐标为(1,2,4),则可以表示为 $\vec{r}=\vec{i}+2\vec{j}+4\vec{k}$。

坐标系的选择是任意的,主要由研究问题的方便而定。坐标系的选择不同,描述物体运动的方程是不同的,但对研究物体的运动规律没有影响。

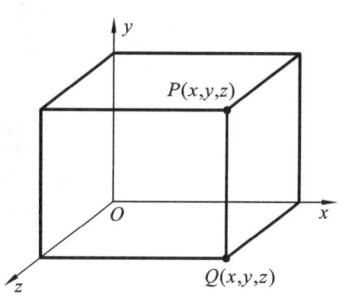

图 1.1-1　直角坐标系

3. 质点

质点是一个理想化的力学模型,当物体的大小和形状忽略不计时,可以把物体当成只有质量而没有形状和大小的点,这就是质点。

任何物体都有大小和形状。当物体运动时,如果物体各部分的位置变化相同或者物体的形状和大小对研究的问题影响很小,物体就可以看成是质点。

例如,为了研究某学生从宿舍到教室的运动情况,可以在校园地图上用一个点表示该学生,如图 1.1-2 所示。

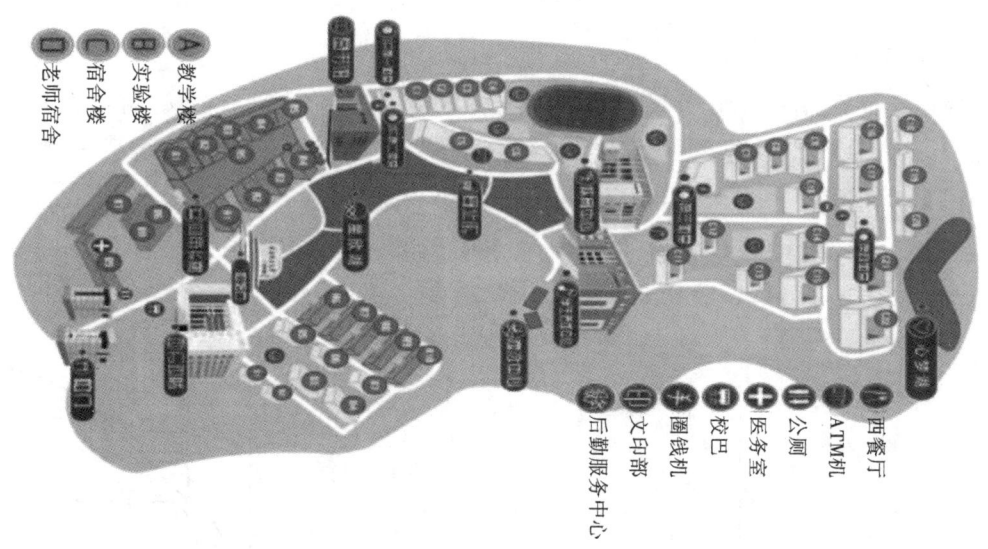

图 1.1-2　校园地图

讨论及总结如下:

(1)质点的概念是在考虑主要因素而忽略次要因素下引入的一种理想化的力学模型。突出重要因素,选取适当的模型代替实际物体,这不仅对于学习物理学,而且对于学习其他一切科学技术,都是一种极为重要的方法。

(2)一个物体能否当成质点,并不取决于它的实际大小,而是取决于物体的形状、大小对研究的问题有无影响。例如,新冠病毒肉眼无法看到,但也有复杂的结构、形状,如图 1.1-3 所示。研究其传播途径时可视为质点,而研究其致病机理时,其结构复杂不能视为质点。又

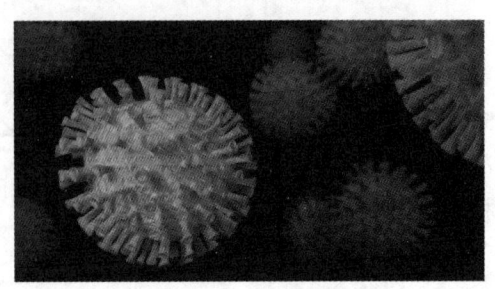

图 1.1-3 新冠病毒

例如：地球绕太阳公转，地球公转轨道平均半径为 1.5×10^8 km，地球半径为 6370 km，两者之比为 2.35×10^4，地球的几何尺寸可以忽略不计（当然，这取决于研究问题的精度），地球可当成质点。但研究地球自转时，地球不可当成质点。

（3）当一个物体不能当成质点时，可以把整个物体看成是由许多个质点组成的质点系。分析这些质点的运动，就可以弄清楚整个物体的运动。因此，研究质点的运动是研究实际物体复杂运动的基础，把物体视为质点这种抽象的研究方法，在实践上和理论上都有重要的意义。

1.1.2 质点运动的矢量描述

1. 位置矢量

要描述一个质点的运动，首要问题是确定质点相对于参考系的位置。可以在参考系上取一点 O，称之为原点，从原点 O 到质点所在位置 P 的有向线段 $\vec{r}$，称之为位置矢量（简称位矢），如图 1.1-4 所示。$\vec{r}$ 是矢量，在直角坐标系中可表示为

$$\vec{r} = x\vec{i} + y\vec{j} + z\vec{k} \tag{1.1-1}$$

位矢的大小： $r = \sqrt{x^2 + y^2 + z^2}$

位矢的方向：

$$\begin{cases} \cos\alpha = \dfrac{x}{r} \\ \cos\beta = \dfrac{y}{r} \\ \cos\gamma = \dfrac{z}{r} \end{cases} \tag{1.1-2}$$

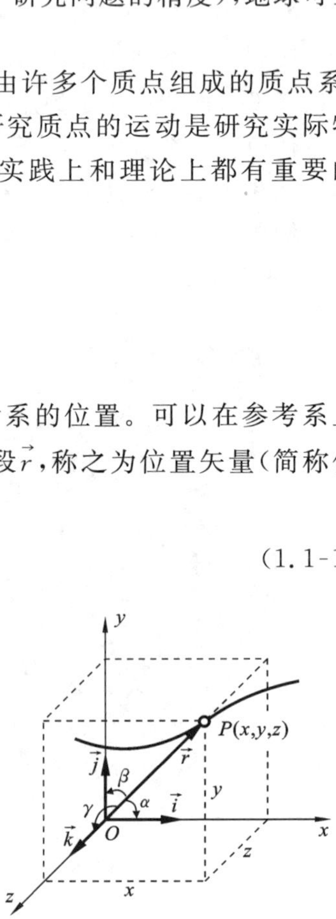

其中：α、β、γ 分别为矢量 $\vec{r}$ 与 x、y、z 轴正向之间的夹角。

图 1.1-4 位置矢量

运动质点在不同时刻的位置矢量是不同的，而且位置矢量的大小和方向与参考系及坐标系原点的选择有关。在不同的参考系中，同一质点的位置矢量是不同的。可见，位置矢量具有瞬时性和相对性。

2. 质点的运动方程和轨迹方程

质点运动时，它相对坐标原点 O 的位置矢量 $\vec{r}$ 是随时间变化而变化的，如图 1.1-5 所示。因此，$\vec{r}$ 是时间的函数，即矢量式为

$$\vec{r} = \vec{r}(t) \tag{1.1-3}$$

或者分量式为

$$\begin{cases} x = x(t) \\ y = y(t) \\ z = z(t) \end{cases} \tag{1.1-4}$$

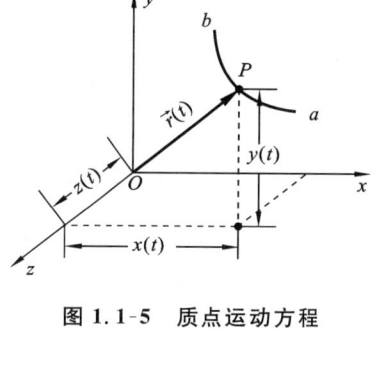

图 1.1-5　质点运动方程

这就是质点运动方程，它包含了质点运动的全部信息。

　　运动学的重要任务之一，就是找出质点运动所遵循的运动方程。知道了质点的运动方程后，就可以掌握质点的全部运动信息。

　　质点运动时，若在运动方程的分量式中消去时间 t，则得到一个不含 t 的位置分量之间的关系式

$$f(x, y, z) = 0$$

这个关系式即为质点运动的轨迹方程。

　　例如，质点平抛运动的运动方程标量式为

$$\begin{cases} x = v_0 t \\ y = \dfrac{1}{2} g t^2 \end{cases} \tag{1.1-5}$$

从以上运动方程中消去 t，得到平抛运动的轨迹方程为

$$y = \frac{g}{2 v_0^2} x^2$$

　　轨迹方程虽然可以直观地描述物体运动的轨道，但是用来描述物体的运动是不全面的。例如，长跑比赛中，每个参赛者都沿着相同的轨道运动，但是快慢不一。因此，运动方程才是物体运动的最全面描述。

3. 位移

1）位移的表示

　　位移是用于描述质点位置矢量变化的物理量。质点从始点 A 运动到终点 B，它相对于原点的位置矢量由 $\vec{r}_A$ 变化到 $\vec{r}_B$。**把由始点 A 指向终点 B 的有向线段 AB 定义为质点的位移矢量**，简称位移，用 $\Delta \vec{r}$ 表示，如图 1.1-6 所示。

2）位移的计算

　　由矢量计算可知，

$$\vec{r}_A + \Delta \vec{r} = \vec{r}_B$$
$$\Delta \vec{r} = \vec{r}_B - \vec{r}_A \tag{1.1-6}$$

即位移 $\Delta \vec{r}$ 等于终点 B 与始点 A 的**位置矢量之差**。

　　位移的大小：$|\Delta \vec{r}| = |AB|$；

　　位移的方向：$A \to B$。

　　位移矢量在直角坐标系中的表示为

$$\vec{r}_A = x_A \vec{i} + y_A \vec{j} + z_A \vec{k}$$

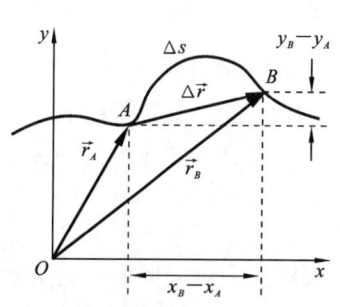

图 1.1-6　位移的表示

$$\vec{r}_B = x_B \vec{i} + y_B \vec{j} + z_B \vec{k} \tag{1.1-7}$$

$$\Delta \vec{r} = \vec{r}_B - \vec{r}_A = (x_B \vec{i} + y_B \vec{j} + z_B \vec{k}) - (x_A \vec{i} + y_A \vec{j} + z_A \vec{k})$$

$$= (x_B - x_A)\vec{i} + (y_B - y_A)\vec{j} + (z_B - z_A)\vec{k}$$

$$= \Delta x \vec{i} + \Delta y \vec{j} + \Delta z \vec{k} \tag{1.1-8}$$

位移大小：
$$|\Delta \vec{r}| = \sqrt{\Delta x^2 + \Delta y^2 + \Delta z^2} \tag{1.1-9}$$

位移方向：
$$\begin{cases} \cos\alpha = \dfrac{\Delta x}{|\Delta \vec{r}|} \\[2mm] \cos\beta = \dfrac{\Delta y}{|\Delta \vec{r}|} \\[2mm] \cos\gamma = \dfrac{\Delta z}{|\Delta \vec{r}|} \end{cases} \tag{1.1-10}$$

应当注意，位移 $\Delta\vec{r}$ 是描述质点位置变化的物理量，它只表示位置变化的实际效果，并非质点所经历的路程。如在图 1.1-6 中，曲线所示的路径是质点实际运动的轨迹，轨迹的长度为质点所经历的路程 Δs。可见，路程是 Δt 内走过的轨道的长度，而位移大小是质点运动始末位置的直线距离，位移和位矢均为矢量，但路程为标量。即使在直线运动中，位移和路程也是截然不同的两个概念。

但当 $\Delta t \to 0$ 时，位移大小 $|\mathrm{d}\vec{r}| = \mathrm{d}s$。

4. 速度

速度是用于描述质点位置随时间变化的快慢和方向的物理量。

1）平均速度 $\overline{\vec{v}}$

平均速度 $\overline{\vec{v}}$ 用于描述质点在某一时间段的运动快慢和运动方向。

如图 1.1-7 所示，t_1 时刻，质点的位置矢量为 $\vec{r}_1$，t_2 时刻，质点的位置矢量为 $\vec{r}_2$，Δt 时间内质点运动的平均速度为

$$\overline{\vec{v}} = \frac{\vec{r}_2 - \vec{r}_1}{t_2 - t_1} = \frac{\Delta \vec{r}}{\Delta t} \tag{1.1-11}$$

图 1.1-7 平均速度

平均速度是矢量，表示质点在一段时间间隔内运动的快慢程度。平均速度大小为 $\left|\dfrac{\Delta \vec{r}}{\Delta t}\right|$，方向为质点在这段时间内位移的方向。

2）瞬时速度 $\vec{v}$

瞬时速度 $\vec{v}$ 用于描述质点在某一时刻或某一位置的运动快慢和运动方向。

平均速度的极限值称为瞬时速度，简称速度，用 $\vec{v}$ 表示，即

$$\vec{v} = \lim_{\Delta t \to 0} \frac{\Delta \vec{r}}{\Delta t} = \frac{\mathrm{d}\vec{r}}{\mathrm{d}t} \tag{1.1-12}$$

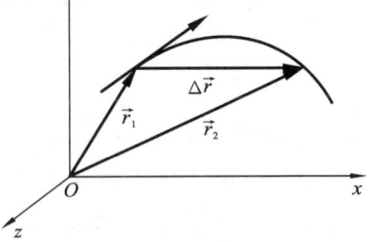

V1.1-2 质点
速度动画

即位置矢量对时间的一阶导数。

速度是矢量，其大小简称速率，方向为沿轨道上质点所在位置的切线并且指向前进的一方。

3）速度在直角坐标系中的矢量表示

$$\vec{v} = \frac{\mathrm{d}\vec{r}}{\mathrm{d}t} = \frac{\mathrm{d}x}{\mathrm{d}t}\vec{i} + \frac{\mathrm{d}y}{\mathrm{d}t}\vec{j} + \frac{\mathrm{d}z}{\mathrm{d}t}\vec{k} = v_x\vec{i} + v_y\vec{j} + v_z\vec{k}$$

分量式：
$$\begin{cases} v_x = \dfrac{\mathrm{d}x}{\mathrm{d}t} \\[2mm] v_y = \dfrac{\mathrm{d}y}{\mathrm{d}t} \\[2mm] v_z = \dfrac{\mathrm{d}z}{\mathrm{d}t} \end{cases} \tag{1.1-13}$$

速度是矢量，既有大小又有方向，二者只要有一个变化，速度就变化。

速度具有瞬时性，做变速运动的质点在不同的时刻具有不同的速度。

速度具有相对性，在不同的参考系中，同一质点的速度是不同的。只有当质点的位矢和速度同时被确定时，其运动状态才被确定。所以，位矢 $\vec{r}$ 和速度 $\vec{v}$ 是描述质点运动状态的两个物理量。

5. 加速度

加速度是用于描述质点速度变化快慢的物理量。

1）平均加速度 $\vec{a}$

如图 1.1-8 所示，t_1 时刻，质点在 P_1 点的速度为 $\vec{v_1}$，t_2 时刻，质点在 P_2 点的速度为 $\vec{v_2}$，质点在 $\Delta t = t_2 - t_1$ 时间内的速度的增量 $\Delta\vec{v} = \vec{v_2} - \vec{v_1}$ 与所用时间 Δt 的比值为质点运动的平均加速度，用 $\vec{a}$ 表示：

$$\vec{a} = \frac{\vec{v_2} - \vec{v_1}}{t_2 - t_1} = \frac{\Delta\vec{v}}{\Delta t} \tag{1.1-14}$$

平均加速度是矢量，表示质点在确定时间间隔内速度改变的快慢程度，大小为 $\left|\dfrac{\Delta\vec{v}}{\Delta t}\right|$，方向为质点在这段时间内速度增量的方向。

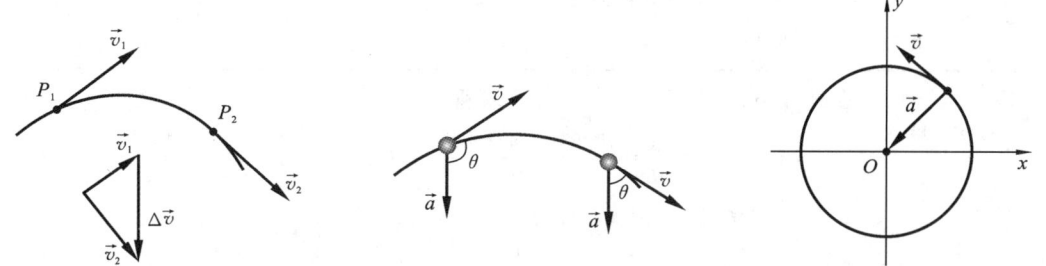

图 1.1-8 平均加速度的表示   图 1.1-9 瞬时加速度的表示

在叙述平均加速度时，必须指明是哪一段时间内或哪一段位移。

2）瞬时加速度

瞬时加速度用于描述质点在某一时刻或某一位置速度变化的快慢。

平均加速度的极限值称为瞬时加速度，简称加速度，用 $\vec{a}$ 表示。

$$\vec{a} = \lim_{\Delta t \to 0} \frac{\Delta\vec{v}}{\Delta t} = \frac{\mathrm{d}\vec{v}}{\mathrm{d}t} = \frac{\mathrm{d}^2\vec{r}}{\mathrm{d}t^2} \tag{1.1-15}$$

即加速度为速度对时间的一阶导数或位置矢量对时间的二阶导数。

瞬时加速度的方向:速度增量的极限方向,在曲线运动中,总是指向曲线的凹侧,如图 1.1-9 所示。

3）加速度在直角坐标系中的矢量表示

$$\vec{a}=\frac{\mathrm{d}^2\vec{r}}{\mathrm{d}t^2}=\frac{\mathrm{d}^2x}{\mathrm{d}t^2}\vec{i}+\frac{\mathrm{d}^2y}{\mathrm{d}t^2}\vec{j}+\frac{\mathrm{d}^2z}{\mathrm{d}t^2}\vec{k}=a_x\vec{i}+a_y\vec{j}+a_z\vec{k} \tag{1.1-16}$$

分量式:

$$\begin{cases} a_x=\dfrac{\mathrm{d}v_x}{\mathrm{d}t}=\dfrac{\mathrm{d}^2x}{\mathrm{d}t^2} \\[2mm] a_y=\dfrac{\mathrm{d}v_y}{\mathrm{d}t}=\dfrac{\mathrm{d}^2y}{\mathrm{d}t^2} \\[2mm] a_z=\dfrac{\mathrm{d}v_z}{\mathrm{d}t}=\dfrac{\mathrm{d}^2z}{\mathrm{d}t^2} \end{cases} \tag{1.1-17}$$

4）结论

（1）加速度是矢量,既有大小又有方向,二者只要有一个变化,加速度就变化。

对于直线运动:当加速度的方向与速度的方向相同时,质点做加速运动;当加速度的方向与速度的方向相反时,质点做减速运动。

对于曲线运动:加速度的方向和速度的方向不一定相同:当两者成锐角时,速率增加;当两者成钝角时,速率减小;当两者成直角时,速率不变。加速度的方向总是指向曲线凹侧的一方。

（2）加速度具有瞬时性和相对性。做变速运动的质点在不同的时刻具有不同的加速度;在不同的参考系中,同一质点的加速度一般是不同的。

（3）加速度的国际标准单位为 $\mathrm{m \cdot s^{-2}}$。

例 1.1-1 　　一个质点在 x 轴上做直线运动,运动方程为 $x=2t^3+4t^2+8$,式中,x 的单位为米,t 的单位为秒。试求:(1) 任意时刻的速度和加速度;(2) 在 $t=2$ s 和 $t=3$ s 时刻,物体的位置、速度和加速度;(3) 在 $t=2$ s 到 $t=3$ s 时间内,物体的平均速度和平均加速度。

解　　（1）由速度和加速度的定义式,可求得

$$v=\frac{\mathrm{d}x}{\mathrm{d}t}=\frac{\mathrm{d}(2t^3+4t^2+8)}{\mathrm{d}t}=6t^2+8t \ \mathrm{m \cdot s^{-1}}$$

$$a=\frac{\mathrm{d}v}{\mathrm{d}t}=\frac{\mathrm{d}(6t^2+8t)}{\mathrm{d}t}=12t+8 \ \mathrm{m \cdot s^{-2}}$$

（2）当 $t=2$ s 时,

$$x=2\times2^3+4\times2^2+8=40 \ \mathrm{m}$$

$$v=6\times2^2+8\times2=40 \ \mathrm{m \cdot s^{-1}}$$

$$a=12\times2+8=32 \ \mathrm{m \cdot s^{-2}}$$

当 $t=3$ s 时,

$$x=2\times3^3+4\times3^2+8=98 \ \mathrm{m}$$

$$v=6\times3^2+8\times3=78 \ \mathrm{m \cdot s^{-1}}$$

$$a = 12 \times 3 + 8 = 44 \ \mathrm{m \cdot s^{-2}}$$

（3）在 $t = 2$ s 到 $t = 3$ s 时间内，

$$\bar{v} = \frac{\Delta x}{\Delta t} = \frac{98 - 40}{3 - 2} = 58 \ \mathrm{m \cdot s^{-1}}$$

$$\bar{a} = \frac{\Delta v}{\Delta t} = \frac{78 - 40}{3 - 2} = 38 \ \mathrm{m \cdot s^{-2}}$$

注意　质点做直线运动时，矢量的方向可以用正负表示，因此矢量的矢量符号可以不用写。

例 1.1-2　　一质点的运动方程为 $\vec{r} = x\vec{i} + y\vec{j} = 4t^2 \vec{i} + (2t + 3)\vec{j}$，其中 x 和 y 的单位是米，t 的单位是秒。试求：（1）运动轨迹；（2）第一秒内的位移；（3）$t = 0$ s 和 $t = 1$ s 两时刻质点的速度和加速度。

解　　（1）由运动方程：

$$\begin{cases} x = 4t^2 \\ y = 2t + 3 \end{cases}$$

将以上两式消去参数 t，得

$$x = (y - 3)^2$$

此为抛物线方程，即质点的运动轨迹为抛物线。

（2）依据运动方程：

$$\vec{r} = x\vec{i} + y\vec{j} = 4t^2 \vec{i} + (2t + 3)\vec{j}$$

当 $t = 0$ s 时，$\vec{r}_0 = 3\vec{j} \ (\mathrm{m})$；

当 $t = 1$ s 时，$\vec{r}_1 = 4\vec{i} + 5\vec{j} \ (\mathrm{m})$。

所以第一秒内的位移为

$$\vec{r} = \vec{r}_1 - \vec{r}_0 = (4\vec{i} + 5\vec{j}) - 3\vec{j} = 4\vec{i} + 2\vec{j} \ (\mathrm{m})$$

（3）由速度及加速度定义，得

$$\vec{v} = \frac{\mathrm{d}\vec{r}}{\mathrm{d}t} = \frac{\mathrm{d}x}{\mathrm{d}t}\vec{i} + \frac{\mathrm{d}y}{\mathrm{d}t}\vec{j} = 8t\vec{i} + 2\vec{j} \ \mathrm{m \cdot s^{-1}}$$

$$\vec{a} = \frac{\mathrm{d}\vec{v}}{\mathrm{d}t} = 8\vec{i} \ \mathrm{m \cdot s^{-2}}$$

当 $t = 0$ s 时，$\vec{v} = 2\vec{j} \ \mathrm{m \cdot s^{-1}}$，$\vec{a} = 8\vec{i} \ \mathrm{m \cdot s^{-2}}$；

当 $t = 1$ s 时，$\vec{v} = 8\vec{i} + 2\vec{j} \ \mathrm{m \cdot s^{-1}}$，$\vec{a} = 8\vec{i} \ \mathrm{m \cdot s^{-2}}$。

例 1.1-3　　设某质点沿 x 轴运动，在 $t = 0$ 时的速度为 v_0，其加速度与速度的大小成正比且方向相反，比例系数为 $k (k > 0)$，试求速度随时间变化的关系式。

解　　由题意及加速度的定义式，可知

$$a = -kv = \frac{\mathrm{d}v}{\mathrm{d}t}$$

可得
$$\frac{\mathrm{d}v}{v} = -k\,\mathrm{d}t$$

积分后
$$\int_{v_0}^{v} \frac{\mathrm{d}v}{v} = \int_{0}^{t} -k\,\mathrm{d}t$$

得
$$\ln \frac{v}{v_0} = -kt$$

所以
$$v = v_0\,\mathrm{e}^{-kt}$$

因而速度的方向保持不变,但速度的大小随时间增大而减小,直到速度等于零为止。

随堂练习

1.1 一运动质点的位置矢量为 $\vec{r}(x,y)$,其速度大小为(　　),其速度为(　　)。

A. $\dfrac{\mathrm{d}r}{\mathrm{d}t}$ B. $\dfrac{|\mathrm{d}\vec{r}|}{\mathrm{d}t}$ C. $\dfrac{\mathrm{d}\vec{r}}{\mathrm{d}t}$ D. $\dfrac{\mathrm{d}|\vec{r}|}{\mathrm{d}t}$ E. $\sqrt{\left(\dfrac{\mathrm{d}x}{\mathrm{d}t}\right)^2 + \left(\dfrac{\mathrm{d}y}{\mathrm{d}t}\right)^2}$

1.2 已知质点的运动学方程为 $\vec{r} = 4t^2\vec{i} + (2t+3)\vec{j}$ (SI),则该质点的轨道方程为＿＿＿＿＿,加速度 $\vec{a}$ 与 x 轴正方向间的夹角 $\alpha =$＿＿＿＿＿。

1.3 在平面上运动的质点,如果其运动方程为 $\vec{r} = at^2\vec{i} + bt^2\vec{j}$(其中 a、b 为常数),则该质点做＿＿＿＿＿运动。

1.4 质点以速度 $v = 4 + t^2$ m·s^{-1} 做直线运动,沿质点运动方向作 ox 轴,并已知 $t = 3$ s 时,质点位于 $x = 9$ m 处,则该质点的运动方程为＿＿＿＿＿。

1.1.3 质点运动学两类问题

前面我们学习了用 $\vec{r}$、$\vec{v}$、$\vec{a}$ 描述质点的运动以及 $\vec{r}$、$\vec{v}$、$\vec{a}$ 这些矢量在各种坐标系中的分量表达式。如果已知其中的某个量,那么根据上述这些量的关系,就可求出其余的物理量。这也是对质点运动学问题的解。虽然质点运动学问题各式各样,对于常见质点运动学问题,一般可分为以下两种类型。

第一种类型:已知运动方程 $\vec{r} = \vec{r}(t)$,求速度 $\vec{v}$ 和加速度 $\vec{a}$。

这类问题比较简单。基本上就是按照速度和加速度在各种坐标系中的分量式直接计算。它的主要运算过程就是微分、导数。

第二种类型:已知 $\vec{a} = \vec{a}(t)$ 或 $\vec{a} = \vec{a}(v)$ 或 $\vec{a} = \vec{a}(r)$,求 $\vec{v}$,$\vec{r} = \vec{r}(t)$。

显然,这类问题是第一类问题的逆过程,它的基本计算方法是积分,有时也要解一些简单的微分方程。对于已知 $\vec{a} = \vec{a}(t)$ 这种情况,只要用积分公式就可直接积分。对于后两种情况,要通过适当的积分变换后才能积分。

例如在一维的情况下:

(1) 如果已知 $a = f(v)$,则有 $\dfrac{\mathrm{d}v}{\mathrm{d}t} = f(v)$。

在一维的情况下,不需要用矢量表示,它的方向完全可由正负来表示。将上式变换为:

$$\frac{\mathrm{d}v}{f(v)} = \mathrm{d}t \tag{1.1-18}$$

这种形式之后，方可两边同时进行积分：

$$\int \frac{\mathrm{d}v}{f(v)} = \int \mathrm{d}t \rightarrow \int_{v_0}^{v} \frac{\mathrm{d}v}{f(v)} = \int_{t_0}^{t} \mathrm{d}t \tag{1.1-19}$$

得到速度 $v(t) \rightarrow x(t)$。

（2）如果已知 $a = f(x)$，则 $\dfrac{\mathrm{d}v}{\mathrm{d}t} = f(v)$，显然不能直接积分，需进行数学变换，将

$$\frac{\mathrm{d}v}{\mathrm{d}t} = \frac{\mathrm{d}v}{\mathrm{d}x}\frac{\mathrm{d}x}{\mathrm{d}t} = v\frac{\mathrm{d}v}{\mathrm{d}x} \rightarrow v\frac{\mathrm{d}v}{\mathrm{d}x} = f(x) \rightarrow \int v\,\mathrm{d}v = \int f(x)\,\mathrm{d}x \tag{1.1-20}$$

由这个式子可以解出 $v = \varphi(x)$，再变换一下就可以求出：$x = x(t)$。例如 $a = 5x$，由式（1.1-20）得

$$5x = \frac{\mathrm{d}v}{\mathrm{d}t} = \frac{\mathrm{d}v}{\mathrm{d}x}\frac{\mathrm{d}x}{\mathrm{d}t} = v\frac{\mathrm{d}v}{\mathrm{d}x} \rightarrow \int v\,\mathrm{d}v = \int 5x\,\mathrm{d}x$$

对于这类简单的数学变换，大家必须熟悉，解决物理问题的过程是离不开数学运算技巧的。

例 1.1-4　　设质点做直线运动，其加速度 $a = 5t$，$v_0 = 20$ m/s，$x_0 = 0$，求 $v(t)$。

解　　由 $a(t) = \dfrac{\mathrm{d}v}{\mathrm{d}t}$，分离变量得

$$\mathrm{d}v = a(t)\,\mathrm{d}t$$

明确积分上下限（初始条件）$\displaystyle\int_{v_0}^{v} \mathrm{d}v = \int_0^t a(t)\,\mathrm{d}t$，因此，

$$v = 20 + \frac{5}{2}t^2$$

例 1.1-5　　质点在 xoy 平面上做曲线运动，已知质点在任意时刻时，$v_x = -a\omega\sin\omega t$，$y = b\sin\omega t$（式中，$a$、$b$ 均为正的常数），且初始时刻 $x = 0$。求：（1）质点在任意时刻的速度表达式。（2）质点在任意时刻的位置矢量。

解　　（1）由于

$$v_x = -a\omega\sin\omega t, \qquad v_y = \frac{\mathrm{d}y}{\mathrm{d}t} = b\omega\cos\omega t$$

所以，

$$\vec{v} = -a\omega\sin\omega t\,\vec{i} + b\omega\cos\omega t\,\vec{j}$$

（2）由 $v_x = \dfrac{\mathrm{d}x}{\mathrm{d}t}$，$x = \displaystyle\int_0^t v_x\,\mathrm{d}t + x_0 = \int_0^t -a\omega\sin\omega t\,\mathrm{d}t = a\cos\omega t - a$ 知，

$$\vec{r} = (a\cos\omega t - a)\vec{i} + b\sin\omega t\,\vec{j}$$

例 1.1-6　　设质点做曲线运动，其加速度 $\vec{a} = \text{const.}$，且在 $t = 0$ 时，质点的位置矢量为 $\vec{r}_0$，速度为 $\vec{v}_0$。求任意 t 时刻，质点的位置矢量、位移和速度。

解　（1）求速度。

由 $\vec{a} = \dfrac{\mathrm{d}\vec{v}}{\mathrm{d}t}$ 得

$$\mathrm{d}\vec{v} = \vec{a}\,\mathrm{d}t$$

两边积分，得

$$\int_{\vec{v}_0}^{\vec{v}} \mathrm{d}\vec{v} = \int_0^t \vec{a}\,\mathrm{d}t$$

于是得

$$\vec{v} - \vec{v}_0 = \vec{a}t$$

因而

$$\vec{v} = \vec{v}_0 + \vec{a}t$$

当 $\vec{v}_0 = 0$ 时，$\vec{v} = \vec{a}t$，如果是沿 x 轴一维运动，就可写成标量：$v = at$。

（2）求位移和位置矢量。

由 $\vec{v} = \dfrac{\mathrm{d}\vec{r}}{\mathrm{d}t}$ 得，

$$\mathrm{d}\vec{r} = \vec{v}\,\mathrm{d}t = (\vec{v}_0 + \vec{a}t)\,\mathrm{d}t$$

两边积分，得

$$\int_{\vec{r}_0}^{\vec{r}} \mathrm{d}\vec{r} = \int_0^t (\vec{v}_0 + \vec{a}t)\,\mathrm{d}t$$

于是得

$$\vec{r} - \vec{r}_0 = \vec{v}_0 t + \frac{1}{2}\vec{a}t^2$$

因而

$$\vec{r} = \vec{r}_0 + \vec{v}_0 t + \frac{1}{2}\vec{a}t^2$$

如果是沿 x 轴一维运动，就可写成标量：$x = x_0 + v_0 t + \dfrac{1}{2}at^2$。

随堂练习

1.5　已知质点的运动学方程为 $\vec{r} = \left(5 + 2t - \dfrac{1}{2}t^2\right)\vec{i} + \left(4t + \dfrac{1}{3}t^3\right)\vec{j}$（SI），当 $t = 2$ s 时，加速度的大小 $a = $ _____。

1.6　在 x 轴上做变加速直线运动的质点，已知其初速度为 v_0，初始位置为 x_0，加速度 $a = ct^2$（其中 c 为常量），则其速度与时间的关系 $v = $ _____，运动学方程 $x = $ _____。

1.7　在 x 轴上做变加速直线运动的质点，已知其初速度为 v_0，初始位置为 x_0，加速度 $a = cx^2$（其中 c 为常量），则其速度与位置 x 的关系为 _____。

1.8　已知质点的运动方程为 $\vec{r}(t) = 5t\vec{i} - 2t^2\vec{j} + 6\vec{k}$（SI），则该质点的初速度为 _____，$t = 2$ s 末时的加速度为 _____。

1.9　在曲线运动中，写出下列各表达式的物理意义。

$\dfrac{\Delta\vec{r}}{\Delta t}$ 表示 _____　；$\dfrac{\mathrm{d}\vec{v}}{\mathrm{d}t}$ 表示 _____ ；

$|\Delta\vec{r}|$ 表示 _____　；Δr 表示 _____ ；

$\dfrac{\mathrm{d}v}{\mathrm{d}t}$表示————————；$\left|\dfrac{\mathrm{d}\vec{v}}{\mathrm{d}t}\right|$表示————————。

1.2　圆周运动

基本要求：能计算质点做圆周运动时的角速度、角加速度、切向加速度和法向加速度。

1.2.1　平面极坐标下的圆周运动

从坐标原点 O 到点 A 的有向线段 $\vec{r}$ 称为矢径，$\vec{r}$ 与 x 轴之间的夹角为 θ，则以 (r,θ) 为坐标的参考系称为**平面极坐标系**，如图 1.2-1 所示。当质点做直线运动时，质点的坐标 θ 为常量。当质点做圆周运动时，质点的径向坐标 r 为常量，因此，描述质点圆周运动只需一个变量 θ，与直角坐标 (x,y) 之间的关系为

$$x=r\cos\theta$$
$$y=r\sin\theta$$

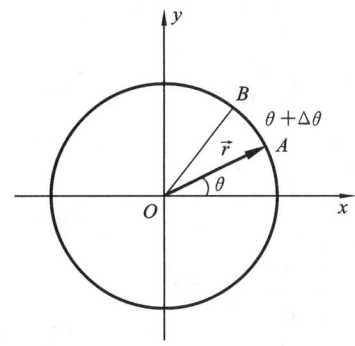

(1.2-1)　图 1.2-1　平面极坐标下的圆周运动

1.2.2　圆周运动的角速度和角加速度

t 时刻圆周上任意一点的位置矢量 $\vec{r}$ 与 x 坐标轴的夹角为 θ，称为角位置；单位为弧度（rad）。Δt 时间内角位置的增量为 $\Delta\theta$，称为角位移。与速度的引入类似，先定义平均角速度：

$$\bar{\omega}=\frac{\Delta\theta}{\Delta t}$$

1. 瞬时角速度

瞬时角速度为

$$\omega=\lim_{\Delta t\to 0}\frac{\Delta\theta}{\Delta t}=\frac{\mathrm{d}\theta}{\mathrm{d}t} \tag{1.2-2}$$

当 $\omega=\mathrm{const.}$ 时，质点做匀角速圆周运动，即匀速圆周运动；当 $\omega\neq\mathrm{const.}$ 时，质点做变速圆周运动。

为描述质点角速度变化的快慢，我们引入角加速度，先定义平均角加速度，如下：

$$\bar{\beta}=\frac{\Delta\omega}{\Delta t}$$

2. 瞬时角加速度

瞬时角加速度为

$$\beta=\lim_{\Delta t\to 0}\frac{\Delta\omega}{\Delta t}=\frac{\mathrm{d}\omega}{\mathrm{d}t}=\frac{\mathrm{d}^2\theta}{\mathrm{d}t^2} \tag{1.2-3}$$

当 $\beta=\mathrm{const.}$ 时，质点做匀变速圆周运动；当 $\beta\neq\mathrm{const.}$ 时，质点做非匀变速圆周运动。

3. 角量与线量的关系

设圆周的半径为 r，Δt 时间内的角位移为 $\Delta\theta$，由图 1.2-1 的几何关系可得，AB 弧长 $\Delta s = r \cdot \Delta\theta$，于是得到线速度大小（线速率）和角速度大小（角速率）之间的关系为

$$v = \lim_{\Delta t \to 0}\frac{\Delta s}{\Delta t} = r \lim_{\Delta t \to 0}\frac{\Delta\theta}{\Delta t} = r\omega \tag{1.2-4}$$

1.2.3 圆周运动的切向加速度和法向加速度

1. 圆周运动的加速度

以质点所在点为坐标原点，切向方向和法向方向为两坐标轴方向，建立**自然坐标系**，单位矢量分别为 $\vec{e}_\tau$、$\vec{e}_n$，于是自然坐标系下圆周运动的速度、加速度可写成：

$$\vec{v} = v\vec{e}_\tau \tag{1.2-5}$$

$$\vec{a} = \frac{\mathrm{d}\vec{v}}{\mathrm{d}t} = \frac{\mathrm{d}v}{\mathrm{d}t}\vec{e}_\tau + v\frac{\mathrm{d}\vec{e}_\tau}{\mathrm{d}t} \tag{1.2-6}$$

2. 切向加速度

如图 1.2.2(a)所示，质点沿着半径为 r 的圆周变速运动，在初始时刻的速度是 $\vec{v}_1$，在 t 时刻的速度是 $\vec{v}_2$。切向加速度是速度大小相对时间的变化率，方向沿切线。

$$a_\tau = \frac{\mathrm{d}v}{\mathrm{d}t} \tag{1.2-7}$$

$$a_\tau = \frac{\mathrm{d}v}{\mathrm{d}t} = r\frac{\mathrm{d}\omega}{\mathrm{d}t} = r\beta \tag{1.2-8}$$

$$\vec{a}_\tau = r\beta\vec{e}_\tau \tag{1.2-9}$$

3. 法向加速度

法向加速度是速度方向相对时间的变化率，如图 1.2.2(b)所示，当 Δt 趋于零时，有

$$\frac{\mathrm{d}\vec{e}_\tau}{\mathrm{d}t} = \frac{\mathrm{d}\theta}{\mathrm{d}t}\vec{e}_n \tag{1.2-10}$$

$$\vec{a}_n = v\frac{\mathrm{d}\vec{e}_\tau}{\mathrm{d}t} = v\frac{\mathrm{d}\theta}{\mathrm{d}t}\vec{e}_n \tag{1.2-11}$$

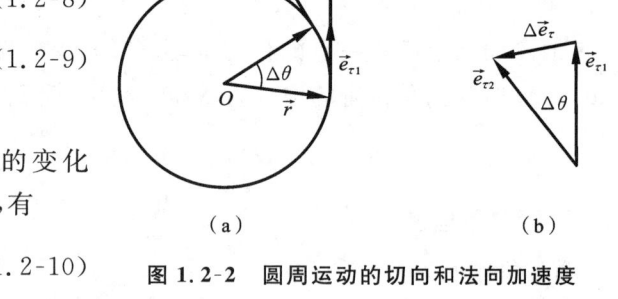

（a）　　　　　　（b）

图 1.2-2　圆周运动的切向和法向加速度

$$a_n = v\frac{\mathrm{d}\theta}{\mathrm{d}t} = v\omega = r\omega^2 = \frac{v^2}{r} \tag{1.2-12}$$

4. 加速度

$$\vec{a} = \vec{a}_\tau + \vec{a}_n = \frac{\mathrm{d}v}{\mathrm{d}t}\vec{e}_\tau + \frac{v^2}{r}\vec{e}_n \tag{1.2-13}$$

$\vec{a}_n$、$\vec{a}_\tau$ 互相垂直，总加速度 $\vec{a}$ 的

大小：$$a = \sqrt{a_n^2 + a_\tau^2}$$

方向：$$\varphi = \arctan\frac{a_n}{a_\tau} \tag{1.2-14}$$

（φ 是 $\vec{a}$ 与 $\vec{a}_\tau$ 的夹角），$\vec{a}$ 不再指向圆心。

5. 匀速圆周运动

1）定义

质点做圆周运动时，如果在任意相等的时间内通过相等的圆弧长度，则这种运动称为**匀速圆周运动**（匀速率圆周运动）。

2）速度

$$\vec{v} = v\,\vec{e}_{\tau} \tag{1.2-15}$$

3）加速度

$$a_n = r\omega^2 = \frac{v^2}{r} \tag{1.2-16}$$

$$a_{\tau} = 0$$

在匀速圆周运动中，速度（速率）大小不变，但方向时刻变化（沿该点切线方向），所以是变速运动，存在加速度，这个加速度就是法向（向心）加速度，大小等于 $a_n = r\omega^2 = \frac{v^2}{r}$，方向与速度垂直而指向圆心。法向加速度只改变速度的方向而不改变速度的大小。

4）运动公式

角位置：
$$\theta = \theta_0 + \omega t \tag{1.2-17}$$

6. 匀变速圆周运动

1）定义

物体沿着圆周运动时，其速度大小随时间变化，但角加速度 β 不变或切向加速度 $a_{\tau} = r\beta$ 不变，则该物体做**匀变速圆周运动**。

2）加速度

物体匀变速运动的速度大小和方向都在变化，总的加速度为
$$\vec{a} = \vec{a}_n + \vec{a}_{\tau} \tag{1.2-18}$$

其中：$a_n = \frac{v^2}{r}$，为法向加速度，表示速度方向变化的快慢，改变速度方向；$a_{\tau} = \frac{\mathrm{d}v}{\mathrm{d}t}$，为切向加速度，表示物体做匀变速圆周运动时，$a_{\tau}$ 是常量。所以 $\vec{a}$ 加速度的方向不再指向圆心。

3）运动公式

角加速度：
$$\beta = \text{const.}$$

角速度：
$$\omega = \omega_0 + \beta t \tag{1.2-19}$$

角位置：
$$\theta = \theta_0 + \omega_0 t + \frac{1}{2}\beta t^2 \tag{1.2-20}$$

或者线速率 $v = v_0 + a_{\tau}t$，路程 $s = s_0 + v_0 t + \frac{1}{2}a_{\tau}t^2$。

7. 一般曲线运动

抛体运动和圆周运动都是曲线运动，分析曲线运动问题可以用直角坐标系，也可以用自然坐标系。对于平面运动，质点在任一点的加速度为

法向加速度：
$$a_n = \frac{v^2}{\rho}$$

切向加速度：
$$a_\tau = \frac{\mathrm{d}v}{\mathrm{d}t} \tag{1.2-21}$$

其中：ρ 为曲线的曲率半径。

例 1.2-1　一个质点做半径为 0.1 m 的圆周运动，其角位置的运动学方程为 $\theta = \frac{\pi}{4} + \frac{1}{2}t^2$（SI），求切向加速度、法向加速度和加速度的大小。

解　由 $\omega = \frac{\mathrm{d}\theta}{\mathrm{d}t} = t$，得角加速度 $\beta = \frac{\mathrm{d}\omega}{\mathrm{d}t} = 1$（SI）。

切向加速度的大小：$a_\tau = r\beta = 0.1$ m/s^2

法向加速度的大小：$a_n = v^2/r = r\omega^2 = 0.1t^2$ m/s^2

加速度的大小：$a = \sqrt{a_\tau^2 + a_n^2} = 0.1\sqrt{1+t^4}$ m/s^2

例 1.2-2　一个质点从静止出发，沿半径 $R = 1.5$ m 的圆周运动，其角速度 $\omega = 0.25t$。当 $a_\tau = a_n$ 时，计算质点所走过的路程。

解　由 $a_\tau = a_n$ 可知，

$$R\frac{\mathrm{d}\omega}{\mathrm{d}t} = \omega^2 R, \quad 即 \quad \frac{\mathrm{d}\omega}{\mathrm{d}t} = \omega^2$$

将 $\omega = 0.25t$ 代入，得

$$0.25 = (0.25t)^2, \quad 即 \quad t = 2\ \mathrm{s}$$

由 $\omega = \frac{\mathrm{d}\theta}{\mathrm{d}t}$ 可得 $\mathrm{d}\theta = \omega\mathrm{d}t$，质点转过的角度

$$\Delta\theta = \int_0^2 \omega\mathrm{d}t = 0.25 \times \frac{t^2}{2}\bigg|_0^2 = 0.5\ \mathrm{rad}$$

所以质点所走过的路程为　$\Delta s = R\Delta\theta = 0.75$ m

例 1.2-3　如图 1.2-3 所示，质点 P 在水平面内沿一半径为 $R = 2$ m 的圆轨道转动。转动的角速度 ω 与时间 t 的函数关系为 $\omega = kt^2$（k 为常量）。已知 $t = 2$ s 时，质点 P 的速度值为 32 m·s^{-1}。试求 $t = 1$ s 时，质点 P 的速度与加速度的大小。

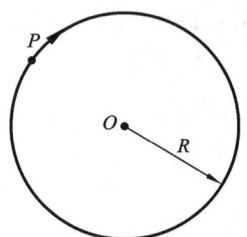

图 1.2-3　质点沿圆轨道运动

解　由于 $v = r\omega$，当 $t = 2$ s 时，$v = 32$ m·s^{-1}。所以，$32 = 2kt^2$；从而，$k = 4$，$\omega = 4t^2$；当 $t = 1$ s 时，$v = r\omega = 2 \times 4t^2 = 8$ m·s^{-1}；

由于 $a_\tau = \frac{\mathrm{d}v}{\mathrm{d}t} = 16t$；当 $t = 1$ 时，

$$a_\tau = 16\ \mathrm{m \cdot s^{-2}}, \quad a_n = \frac{v^2}{r} = 32\ \mathrm{m \cdot s^{-2}}$$

所以加速度的大小为

$$a = \sqrt{a_\tau^2 + a_n^2} = 16\sqrt{5} \ \mathrm{m \cdot s^{-2}}$$

例 1.2-4　　一飞轮边缘上一点所经过的路程与时间的关系为 $s = t^3 + 2t^2$（s 以 cm 计，t 以 s 计）。已知 2 s 时，加速度的大小为 $a = 16\sqrt{2} \ \mathrm{cm \cdot s^{-2}}$。求：(1) 飞轮的半径；(2) $t = 2$ s 时飞轮的角速度和角加速度。

解　　(1) $\qquad v = \dfrac{\mathrm{d}s}{\mathrm{d}t} = 3t^2 + 4t, \quad a_\tau = \dfrac{\mathrm{d}v}{\mathrm{d}t} = 6t + 4$

当 $t = 2$ s 时，$v(2) = 20 \ \mathrm{cm \cdot s^{-1}}$，$a_\tau(2) = 16 \ \mathrm{cm \cdot s^{-2}}$。

由 $a = \sqrt{\left(\dfrac{v(2)^2}{R}\right)^2 + a_\tau(2)^2} = 16\sqrt{2}$，求得

$$R = 25 \ \mathrm{cm}$$

(2) 因为 $\quad \omega(2) = \dfrac{v(2)}{R} = 0.8 \ \mathrm{rad \cdot s^{-1}}, \quad \beta = \dfrac{\mathrm{d}\omega}{\mathrm{d}t} = \dfrac{1}{R}\dfrac{\mathrm{d}v}{\mathrm{d}t} = \dfrac{1}{R}(6t + 4) \ \mathrm{rad \cdot s^{-2}}$

所以，$\qquad\qquad\qquad \beta(2) = 0.64 \ \mathrm{rad \cdot s^{-2}}$

随堂练习

1.10　一个质点沿半径为 0.1 m 的圆周运动，其角位移 θ 随时间 t 的变化规律是 $\theta = 2 + 4t^2$（SI）。当 $t = 2$ s 时，它的法向加速度 $a_n = $_____；切向加速度 $a_t = $_____。

1.11　质点沿半径 $R = 0.1$ m 的圆周运动，其角位移 θ 随时间 t 的变化关系为 $\theta = 2 + 4t^3$（SI）。则 $t = 2$ s 时质点的角速度 = _____，角加速度 = _____。$a_t = $_____，$a_n = $_____，当切向加速度的大小恰为总加速度的一半时，$\theta = $_____。

1.3　牛顿运动定律

基本要求：掌握牛顿运动定律及其适用条件；掌握用微积分方法求解一维变力作用下的简单质点动力学问题；了解相对运动，会用伽利略变换式进行计算。

1.3.1　牛顿三大定律

1687 年，牛顿发表了三条运动定律，它们构成了质点运动学的基础，也开启了牛顿力学时代，在行星运动、分子热运动等很多方面取得了巨大的成就，预言海王星的存在可以说是牛顿力学的辉煌顶点。数学上的微积分方法就是牛顿为了解决动力学问题而引进的一种数学方法。

1. 牛顿第一定律

"凡运动着的物体必然都有推动者在推动它运动。"古希腊哲学家 Aristotle（公元前

384—公元前 322)的这个论断,在 2000 多年的时间内被认为是不可怀疑的经典。直到 300 多年前,伽利略(1564—1642)在实验与观察的基础上,进行了大胆的假设与推理,向这个论断提出了质疑。他注意到,当球沿斜面向下滚动时速度增大,沿斜面向上滚动时速度减小。他由此推断,当球沿光滑水平面滚动时,其速度应该是既不增大又不减小。在实验中,球之所以会越来越慢直到最后停下来,他认为这并非是球的"自然本性",而是由于摩擦力的缘故。伽利略观察到,表面越光滑,球会滚得越远。于是,他进一步推论,若没有摩擦力,球将永远滚下去。

伽利略的这一正确的理论,由牛顿总结成为力学的一条基本定律——惯性定律。

任何物体都要保持其静止或匀速直线运动状态,直到其他物体的相互作用迫使它改变运动状态为止。

这个性质称为惯性。所以牛顿第一定律也称惯性定律。

惯性是物质的固有属性,它正是物质与运动不可分离的反映,它反映了物体改变运动状态的难易程度。质量是惯性的量度,质量小,惯性小,运动状态(速度)容易改变。质量大,惯性大,运动状态(速度)不易改变。

牛顿第一定律也阐明了力的概念。明确了力是物体间的相互作用,指出了力是使物体运动状态发生变化,即物体产生加速度的原因,但不是维持速度的原因。在日常生活中不注意这点,往往容易产生错觉。

牛顿第一定律也定义了一种特殊的参考系——惯性系。在这种参考系中观察,一个不受合外力作用的物体将保持静止状态或匀速直线运动状态。这种参考系称为惯性参考系,简称惯性系。牛顿定律只在惯性系中成立,其第一定律的数学表达式为

$$\vec{F}=0, \quad \vec{v}=恒量$$

2. 牛顿第二定律

物体所获得的加速度的大小与作用在物体上的合外力的大小成正比,与物体的质量成反比;加速度的方向与合外力的方向相同。其数学表达式为

$$\vec{F}=m\vec{a} \tag{1.3-1}$$

牛顿第二定律是在牛顿第一定律的基础上,进一步阐明了在力的作用下物体运动状态变化的具体规律,确定了力、质量和加速度三者之间的关系,是牛顿运动定律的核心。其方程也成为质点动力学的基本方程。

坐标系下的分量式分别如下。

直角坐标系中,

$$\begin{cases} F_x=ma_x \\ F_y=ma_y \\ F_z=ma_z \end{cases}$$

自然坐标系中,

$$\begin{cases} F_\tau=ma_\tau=m\dfrac{\mathrm{d}v}{\mathrm{d}t} \\ F_n=ma_n=m\dfrac{v^2}{\rho} \end{cases}$$

引入动量概念 $\vec{p} = m\vec{v}$ 以后，牛顿第二定律可以写成

$$\vec{F} = \frac{\mathrm{d}\vec{p}}{\mathrm{d}t} \qquad (1.3\text{-}2)$$

即作用在物体上的合外力等于质点动量对时间的变化率。

牛顿第二定律说明，合外力是与加速度相伴随的，有合外力作用时，就必定有加速度。力和加速度同时产生，同时变化，同时消失。至于速度的大小和方向，与合外力并没有直接的联系；某个方向的力，只能改变该方向上物体的运动状态，只能在该方向上使物体获得加速度；牛顿第二定律只适用于质点的运动，并且只在惯性系中成立。

3. 牛顿第三定律

两个物体之间的作用力与反作用力沿同一直线、大小相等、方向相反，分别作用在两个物体上。

作用力与反作用力是矛盾的两个方面，它们互以对方的存在为自己存在的条件，同时产生，同时消灭，任何一方都不能孤立地存在。作用力与反作用力是同一种性质的力。作用力与反作用力分别作用在两个不同的物体上，它们不能互相抵消。牛顿第三定律对任何参考系都成立。

1.3.2 力学中常见的力

1. 万有引力

在两个相距为 r，质量分别为 m_1、m_2 的质点间有万有引力，其方向沿着它们的连线，其大小与它们的质量的乘积成正比，与它们之间的距离的平方成反比，即

$$\vec{F} = -G \frac{m_1 m_2}{r^2} \vec{e}_r \qquad (1.3\text{-}3)$$

其中：$G = 6.67 \times 10^{-11}$ N·m·kg^{-2}，为引力常量。

地球表面上的物体的重力是物体受到地球万有引力的一个分力，另一个分力用来提供物体随着地球自转时所需的向心力，所以严格来说，重力不等于万有引力。一般而言，物体随着地球转动所需的向心力很小，例如 1 kg 的物体在赤道处所需的向心力可以用下面公式估算

$$F = ma_n = m\left(\frac{2\pi}{T}\right)^2 R = 0.036 \text{ N} \qquad (1.3\text{-}4)$$

其中：T 为地球自转周期，R 为地球半径，可见万有引力（约为 9.8 N）远大于向心力（0.036 N）。

物体所处的地理位置纬度越高，圆周运动轨道半径越小，需要的向心力也越小，重力将随之增大，重力加速度也变大。地球南北两极处的圆周运动轨道半径为 0，需要的向心力也为 0，重力等于万有引力，此时的重力加速度也达到最大。理论分析及精确实验都表明，随着纬度的增大，重力加速度 g 的数值逐渐增大。如赤道的 $g = 9.780$ m·s^{-2}，广州的 $g = 9.788$ m·s^{-2}，武汉的 $g = 9.794$ m·s^{-2}，北京的 $g = 9.801$ m·s^{-2}，北极的 $g = 9.832$ m·s^{-2}。

2. 弹性力

弹性力是一种与物体的形变有关的接触力。发生形变的物体，由于要恢复为原状，对与它

接触的物体会产生力的作用,这种物体因形变而产生欲使其恢复原来形状的力称为弹性力。

常见的弹性力有以下几种。

1）弹力

弹力是指弹簧被拉伸或压缩时产生的弹簧弹性力。

胡克定律:在弹性限度内,弹性力的大小与弹簧的伸长量成正比,方向指向平衡位置,即

$$\vec{F} = -k\vec{x} \tag{1.3-5}$$

其中:k 为弹簧的劲度系数,其值取决于弹簧本身的性质。而弹簧弹性力的方向总是指向要恢复它原长的方向。

2）张力

张力是指绳子被拉伸时所产生的力。

把有限长的绳子分割为无数个质量微元 dm,微元两端的弹性作用力分别为 $\vec{F_T}$、$\vec{F_T} + d\vec{F_T}$,如图 1.3-1 所示。对质量微元 dm 列牛顿第二定律方程,得

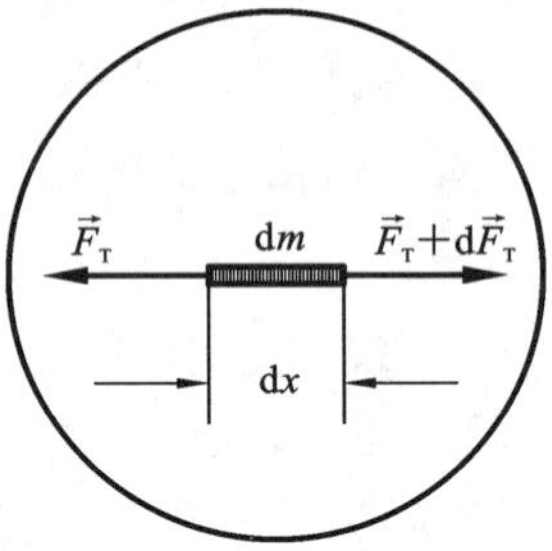

$$(F_T + dF_T) - F_T = dm \cdot a \tag{1.3-6}$$

$$dF_T = dm \cdot a \tag{1.3-7}$$

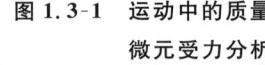

图 1.3-1　运动中的质量
微元受力分析

（1）当绳子静止或匀速运动 $a=0$ 或者轻绳 $m \to 0$ 时,$dF=0$,即绳子上各点的张力相同且与外部的拉力相等。

（2）当 $a \neq 0$ 且 $m \neq 0$（绳子质量不能忽略）时,绳子上各点的张力不同。其张力的大小取决于绳子的质量、加速度 a,它的方向总是沿着绳子而指向绳子要收缩的方向。

3. 摩擦力

两个物体相互接触,由于物体之间有相对运动或者相对运动的趋势,在两物体接触面处产生的一种阻碍物体运动的力,称为摩擦力。

物体在外力 F 的作用下,没有移动,存在一个静摩擦力 f,且外力 F 增大时,静摩擦力 f 也增大,存在最大静摩擦力 f_{max}。实验表明,最大静摩擦力 f_{max} 与正压力 N 成正比,即

$$f_{max} = \mu_0 N \tag{1.3-8}$$

其中:μ_0 为静摩擦系数。它与两接触物体的材料性质及接触面的情况有关,而与接触面的大小无关。

物体有相对运动,滑动摩擦力与正压力成正比,即

$$f = \mu N \tag{1.3-9}$$

其中:μ 为滑动摩擦系数。它与两接触物体的材料性质、接触表面的情况、温度、干湿度等有关,还与两接触物体的相对速度有关。

一般来说,滑动摩擦系数 μ 比静摩擦系数 μ_0 小,通常认为二者相等。

例 1.3-1　　如图 1.3-2 所示,长为 l 的轻绳,一端系一质量为 m 的小球,另一端系于定点 O,开始时,小球处于最低位置。若使小球获得如图 1.3-2 所示的初速度 v_0,则小球将在竖直平面内做圆周运动。求小球在任意位置的速率及轻绳的张力。

解　　以小球为研究对象,在任意 θ 位置,小球受重力和轻绳张力的作用。根据牛顿

第二定律,可以写出小球在法向和切向的运动方程为

$$T - mg\cos\theta = ma_n = m\frac{v^2}{l} \qquad (1)$$

$$-mg\sin\theta = ma_\tau = m\frac{\mathrm{d}v}{\mathrm{d}t} \qquad (2)$$

由(2)式可得

$$\frac{\mathrm{d}v}{\mathrm{d}t} = -g\sin\theta \qquad (3)$$

又因为　$\dfrac{\mathrm{d}v}{\mathrm{d}t} = \dfrac{\mathrm{d}v}{\mathrm{d}\theta}\dfrac{\mathrm{d}\theta}{\mathrm{d}t} = \omega\dfrac{\mathrm{d}v}{\mathrm{d}\theta} = \dfrac{v}{l}\dfrac{\mathrm{d}v}{\mathrm{d}\theta}$

于是(3)式可写成

$$v\mathrm{d}v = -gl\sin\theta\mathrm{d}\theta$$

由初始条件,积分

$$\int_{v_0}^{v} v\mathrm{d}v = \int_{0}^{\theta} -gl\sin\theta\mathrm{d}\theta$$

得　　$$v = \sqrt{v_0^2 + 2gl(\cos\theta - 1)}$$

代入(1)式,得

$$T = m\left(\frac{v_0^2}{l} - 2g + 3g\cos\theta\right)$$

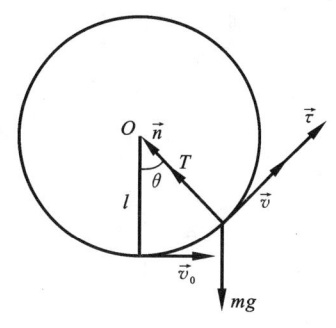

图 1.3-2　小球在竖直平面内做圆周运动

讨论:上升过程中,小球速率减小,轻绳的拉力逐渐减小;下降过程中,小球速率增大,轻绳的拉力逐渐增大。

例 1.3-2　物体在黏滞流体中的运动:物体在流体中运动时,要受到流体阻力的作用。一般来说,流体阻力的大小与物体的尺寸、形状、速率以及流体的性质有关。当速率不太大时,流体阻力主要是黏滞阻力。对于球形的物体,当其速率不太大时,黏滞阻力由 Stokes 公式给出:$f = 6\pi r\eta v$。阻力的方向与物体运动的方向相反,式中 r 为球形物体的半径,v 为其速率,η 为流体的黏滞系数,η 与流体本身的性质有关,并与温度有关:当温度增加时,液体的 η 降低,气体的 η 升高。

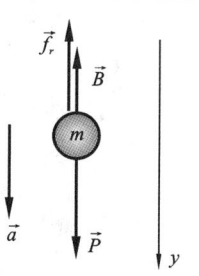

图 1.3-3　钢珠受力分析

问题:如图 1.3-3 所示,一个质量为 m、半径为 r 的球形钢珠,由水面静止释放,试求此钢珠的下沉速度与时间的关系。假设钢珠竖直下沉,其路径为直线。

解　受力分析:钢珠受到三个力的作用,重力 mg,方向竖直向下;浮力 $B = m'g$,大小为物体所排开水的重量,方向竖直向上;黏滞阻力 $f_r = 6\pi r\eta v = bv$,其中 $b = 6\pi r\eta$,方向竖直向上。重力与浮力的合力 $F_0 = mg - m'g$ 为恒量,根据牛顿第二定律,可得

$$F_0 - f_r = ma$$

即　　$$F_0 - bv = m\frac{\mathrm{d}v}{\mathrm{d}t}$$

因而有

$$\frac{\mathrm{d}v}{\mathrm{d}t} = -\frac{b}{m}\left(v - \frac{F_0}{b}\right)$$

分离变量，得

$$\frac{\mathrm{d}v}{v - \frac{F_0}{b}} = -\frac{b}{m}\mathrm{d}t$$

积分

$$\int_0^v \frac{\mathrm{d}v}{v - \frac{F_0}{b}} = \int_0^t -\frac{b}{m}\mathrm{d}t$$

得

$$v = \frac{F_0}{b}\left[1 - e^{-(b/m)t}\right]$$

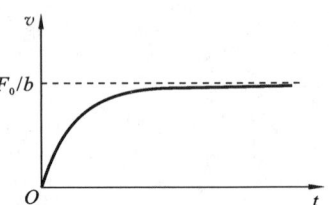

图 1.3-4　速度与时间的关系

速度与时间的关系如图 1.3-4 所示，从图中可以看出：

（1）时间增加时，速度增大；

（2）当 $t\to\infty$ 时，速度趋向极限速度，即 $v = F_0/b$。

随堂练习

1.12 已知质量为 m 的质点沿 x 轴受力为 $F = k(x+2)$，其中 k 为常数。当 $x = 0$ 时，$v_0 = 0$，则当质点处于 x 点时，质点的加速度 $a(x) =$ _____，质点的速度 $v(x) =$ _____。

1.13 一个质量为 M 的质点沿 x 轴正向运动，假设该质点通过坐标为 x 的点时的速度为 kx（k 为正常量），则此时作用于该质点上的力 $F =$ _____，该质点从 $x = x_0$ 点出发运动到 $x = x_1$ 处所经历的时间 $\Delta t =$ _____。

1.14 质量为 m 的质点沿半径为 R 的圆周按规律 $s = v_0 t + \frac{1}{2}at^2$ 运动，其中 s 是路程，t 是时间，v_0、a 是常数。t 时刻作用于质点的切向力为 _____，法向力为 _____。

1.3.3　相对运动

质点的运动轨迹与所选取的参考系有关。本节讨论在两个以恒定速度做相对运动的坐标系中，质点的位移、速度与坐标系的关系。

1. 时间与空间

在牛顿力学范围内，在两个做相对直线运动的参考系中，时间、长度的测量与参考系无关。时间与空间的测量与参考系的选取无关，这就是时间的绝对性和空间的绝对性。

2. 相对运动

1）描述运动的相对性

我们生活的是一个永恒运动着的物质世界，即使是最简单的机械运动，

V1.3-1　相对
运动动画

从物体的位置变动来看,运动是绝对的,而"静止"只有相对的意义。但是,在描述物体的运动时,人们会发现,同一个物体的运动相对不同的参考物体时,可以得出完全不同的结论。例如,在如图1.3-5所示的匀速运动的车厢内做自由落体运动的物体,相对地面观察者则做抛物线运动。在牛顿力学范围内,运动质点的位移、速度和运动轨迹与参考系的选取有关,即运动的描述具有相对性。

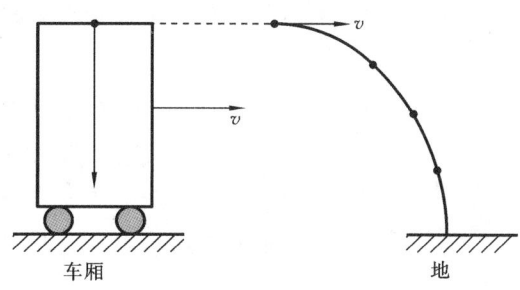

图 1.3-5　在匀速运动的车厢内做
自由落体运动的物体

2)速度关系

设有两个参考系:S 系($O\text{-}xyz$ 坐标系),静止不动;S' 系($O'\text{-}x'y'z'$ 坐标系),以速度 u 相对于 S 系匀速运动。开始时,O 与 O' 重合,质点在 S 系中的位置为 A,在 S' 系中的位置为 A',A 与 A' 点重合。

(1)位移的关系

如图 1.3-6 所示,在 t 时刻,假设 S' 系相对于 S 系的位置矢量为 $\vec{r}_{S'S}$;质点在 S 系中,位置矢量为 $\vec{r}_{AS}$,质点在 S' 系中,位置矢量为 $\vec{r}_{AS'}$,三者关系为

$$\vec{r}_{AS} = \vec{r}_{AS'} + \vec{r}_{S'S} \tag{1.3.10}$$

注意:下标的传递性!

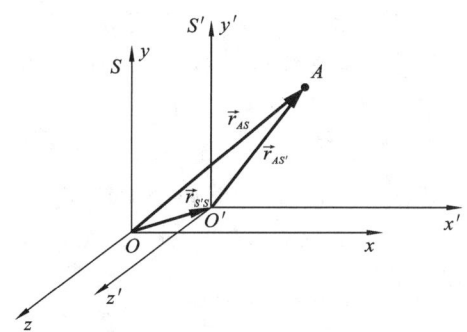

图 1.3-6　两参考系对质点运动的描述图

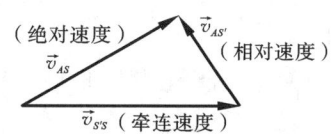

图 1.3-7　伽利略速度变换关系图

(2)速度的关系

对式(1.3.10)一阶求导,得

$$\vec{v}_{AS} = \vec{v}_{AS'} + \vec{v}_{S'S} \tag{1.3.11}$$

这就是伽利略速度变换式,矢量关系图如图1.3-7所示。

式中:$\vec{v}_{AS}$ 表示绝对速度,质点相对于 S 系的速度;$\vec{v}_{AS'}$ 表示相对速度,质点相对于 S' 系的速度;$\vec{v}_{S'S}$ 表示牵连速度,S' 系相对于 S 系的速度。

例 1.3-3　　驾驶员欲使飞机向正北航行,而风以 60 km/h 的速度从东向西吹来。如果飞机相对于风的速度为 180 km/h,求在飞机上观测到的风向和飞机相对于地面的速度。

解   如图 1.3-8 所示,$\vec{v}_{机地}=\vec{v}_{机风}+\vec{v}_{风地}$,由几何关系得

$$v_{机地}=\sqrt{180^2-60^2}$$
$$=170\ (km \cdot h^{-1})$$
$$\vec{v}_{风机}=-\vec{v}_{机风}\quad (图中虚线)$$

方向南偏西 θ,$\theta=\sin^{-1}\dfrac{1}{3}=19.4°$。

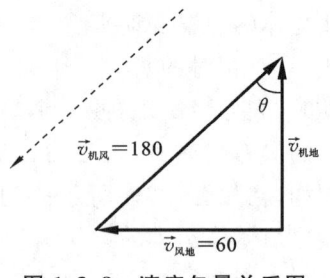

图 1.3-8   速度矢量关系图

*1.4   惯性参考系与力学相对性原理

1.4.1   惯性参考系

在运动学中,可以任意选择参考系。但是在动力学中,应用牛顿运动定律时,就不能随便选择参考系。例如,火车车厢内的一个光滑桌面上有一个小球,火车匀速运动时,以地面为参考系,小球不受外力的作用,匀速运动。以火车为参考系,小球不受外力的作用,静止。火车加速运动时,以地面为参考系,小球匀速运动。以火车为参考系,小球反方向加速运动。可见,牛顿运动定律不是在任何参考系中均成立。

牛顿运动定律成立的参考系称为惯性系,牛顿运动定律不成立的参考系称为非惯性系。

在惯性系中,一个不受力的物体将保持静止或匀速直线运动状态。由运动的相对性可知,相对于已知惯性系静止或匀速直线运动的参考系都是惯性系。

要确定一个参考系是否为惯性系,只能依靠观察和实验。太阳相对银河系旋转的向心加速度为 3×10^{-10} m·s^{-2},太阳系可以认为是惯性系;地球公转的向心加速度为 5.9×10^{-3} m·s^{-2},地球可近似认为是一个惯性系。目前,基于光学观测最好的惯性系是以选定的 1535 颗恒星平均静止位形作为基准的参考系——FK4 系。

1.4.2   力学相对性原理

1. 加速度的变换关系

设有两个参考系,S 系(O-xyz 坐标系),静止不动;S' 系(O'-$x'y'z'$ 坐标系),以速度 $\vec{u}$ 相对于 S 系匀速运动,如图 1.4-1 所示。由速度相对性原理,可知:

$$\vec{v}=\vec{v}'+\vec{u}\tag{1.4-1}$$

上式对时间求导数,得

$$\frac{d\vec{v}}{dt}=\frac{d\vec{v}'}{dt}+\frac{d\vec{u}}{dt}=\frac{d\vec{v}'}{dt}\tag{1.4-2}$$

即

$$\vec{a}=\vec{a}'\tag{1.4-3}$$

当参考系 S' 系相对于参考系 S 系做匀速直线运动

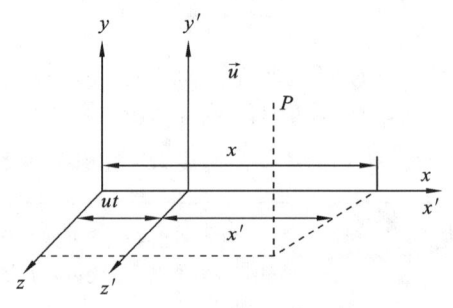

图 1.4-1   速度矢量关系图

时,同一质点相对于这两个参考系的加速度是相同的。

2. 力学相对性原理

同一质点相对于不同惯性系的加速度是相同的。因此,对于任意惯性系,牛顿力学的规律都具有相同的表现形式,即力学规律对于一切惯性系都是等价的,不存在特殊的绝对的惯性系。这就是力学相对性原理或伽利略相对性原理。

随堂练习

1.15 在相对地面静止的坐标系内,A、B 两船都以 $2 \ \mathrm{m/s}$ 速率匀速行驶,A 船沿 x 轴正向。B 船沿 y 轴正向。今在 A 船上设置与静止坐标系方向相同的坐标系(x、y 方向的单位矢量用 $\vec{i}$、$\vec{j}$ 表示),那么在 A 船上的坐标系中,B 船的速度(以 $\mathrm{m/s}$ 为单位)为＿＿＿＿。

1.16 一飞机从 A 处向东飞到 B 处,然后又从东向西飞回 A 处。已知气流相对于地面的速率为 u,A、B 之间的距离为 L,飞机相对于空气的速率 v 保持不变。若气流速度为零($u=0$),则来回一次的飞行时间为＿＿＿＿;若气流速度向东,则来回一次的飞行时间为＿＿＿＿。

1.17 当一列火车以 $10 \ \mathrm{m/s}$ 的速率向东行驶时,若相对于地面竖直下落的雨滴在列车的窗子上形成的雨迹偏离竖直方向 $30°$,则雨滴相对于地面的速率是＿＿＿＿;相对于列车的速率是＿＿＿＿。

1.5 动量定理和动量守恒定律

基本要求:理解动量和冲量的概念;掌握质点和质点系的动量定理、动量守恒定律及其条件,并能分析解决简单系统在平面内运动时的力学问题。

1.5.1 动量与冲量

1. 动量

动量是表示运动状态的物理量。

1644 年,笛卡尔引入动量的概念,动量是描述物体机械运动的一个物理量。由经验知道,要使速度相同的两辆车停下来,质量大的车就比质量小的车要难些;同样,要使质量相同的两辆车停下来,速度快的要比速度慢的难些。由此可见,在研究物体机械运动状态的改变时,必须同时考虑质量和速度这两个因素,为此引入了动量的概念。

物体的质量 m 与速度 $\vec{v}$ 的乘积称为物体的动量,用 $\vec{p}$ 表示为

$$\vec{p} = m\vec{v} \tag{1.5-1}$$

动量是矢量,大小为 mv,方向为速度的方向;动量表征物体的运动状态。在直角坐标系中,动量 $\vec{p}$ 可表示为

$$\vec{p} = m\vec{v} = mv_x \vec{i} + mv_y \vec{j} + mv_z \vec{k} = p_x \vec{i} + p_y \vec{j} + p_z \vec{k} \tag{1.5-2}$$

牛顿第二定律的另外一种表示方法为

$$\vec{F} = \frac{\mathrm{d}\vec{p}}{\mathrm{d}t} \tag{1.5-3}$$

2. 冲量

力作用在物体上持续一段时间后,产生了累积效应,即物体的动量发生了变化。

作用在物体外力与力作用时间 $\mathrm{d}t$ 的乘积的积分称为力对物体的冲量,用 $\vec{I}$ 表示为

$$\vec{I} = \int_{t_1}^{t_2} \vec{F} \mathrm{d}t \tag{1.5-4}$$

若物体在恒力作用下,则其冲量 $\vec{I} = \vec{F} \cdot \Delta t$。

冲量是矢量,表征力持续作用一段时间的累积效应。单位为 N・s,与动量的单位是相同的。

1.5.2　动量定理

设作用在质点上的力为 $\vec{F}$,在 Δt 时间内,质点的速度由 $\vec{v}_1$ 变成 $\vec{v}_2$,根据牛顿第二定律:

$$\vec{F} = m\vec{a} = m\frac{\mathrm{d}\vec{v}}{\mathrm{d}t} \tag{1.5-5}$$

可得

$$\vec{F}\mathrm{d}t = m\mathrm{d}\vec{v} \tag{1.5-6}$$

两边积分,

$$\int_{t}^{t+\Delta t} \vec{F}\mathrm{d}t = \int_{\vec{v}_1}^{\vec{v}_2} m\mathrm{d}\vec{v} \tag{1.5-7}$$

即

$$\vec{I} = m\vec{v}_2 - m\vec{v}_1 \tag{1.5-8}$$

在给定时间间隔内,外力作用在质点上的冲量,等于此质点在此时间内动量的增量。

冲量是矢量,其方向并不是与动量的方向相同,而是与动量增量的方向相同。它是过程量,累积量;$\vec{F}$ 是瞬时量;$\vec{p}$ 是状态量。

动量定理说明力在一段时间内的累积效果,是使物体的动量发生变化。要产生同样的效果,即产生同样的动量增量,力不同,相应的作用时间也就不同,力大时所需的时间短些,力小时所需的时间长些。若物体受到相同的冲量,则物体产生相同的动量增量。

动量定理的坐标分量式为

$$\begin{cases} I_x = \int_{t_1}^{t_2} F_x \mathrm{d}t = mv_{2x} - mv_{1x} \\ I_y = \int_{t_1}^{t_2} F_y \mathrm{d}t = mv_{2y} - mv_{1y} \\ I_z = \int_{t_1}^{t_2} F_z \mathrm{d}t = mv_{2z} - mv_{1z} \end{cases} \tag{1.5-9}$$

动量定理的应用:增大冲力,减少作用时间——冲床;减小冲力,增加作用时间——轮船靠岸时的缓冲。

动量定理常用于碰撞、爆炸、打击等问题的研究。在碰撞等过程中,由于作用的时间 Δt 极短,冲力的大小变化很大且很难测量;但是只要测出碰撞前后的动量和碰撞所持续的时间,就可得到平均冲力,平均冲力如图 1.5-1 所示。

$$\overline{\vec{F}} = \frac{1}{\Delta t}\int_{\Delta t}\vec{F}\mathrm{d}t = \frac{1}{\Delta t}(\vec{mv_2} - \vec{mv_1}) \quad (1.5\text{-}10)$$

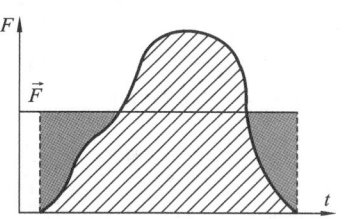

图 1.5-1 平均冲力示意图

在碰撞过程中,可以认为质点没有位移;由于冲力很大,所以碰撞过程中作用在质点上的其他有限大小的力与冲力相比,可忽略不计。

现实生活中,人们常通过增大冲力来利用冲力,如利用冲床冲压钢板,由于冲头受到钢板给它的冲量的作用,冲头的动量很快减为零,相应的冲力很大,因此钢板所受的反作用冲力也同样很大,钢板就被冲断了;有时又会为了避免冲力造成损害而减小冲力。如在码头上装橡胶轮胎,当轮船靠岸的时候与橡胶轮胎发生作用延长了作用时间,从而减小冲力,降低对轮船发生的损坏。

如图 1.5-2 所示,神舟一号与天宫一号在空中的对接过程就是一个碰撞过程,两个航天器相对地球都是超高速飞行状态。为了保证对接平稳,不剧烈摇晃,两个航天器都配置了复杂的缓冲机构、精确控制两者姿态和相对速度的装备,对接时大约以 $0.15 \sim 0.18$ m/s 的停靠速度与目标相撞。

V1.5-1 对接动画

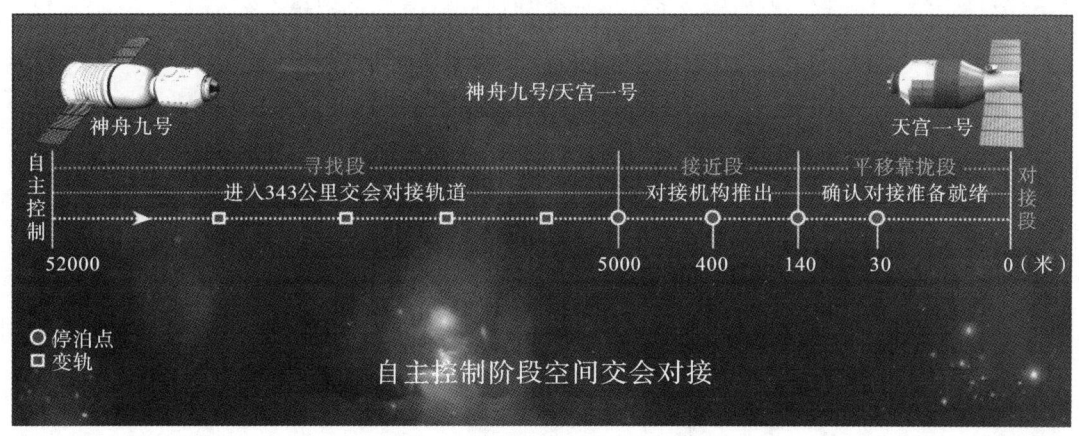

图 1.5-2 神舟九号与天宫一号的对接

1.5.3 质点系的动量定理

1. 两个质点的情况

设系统内有两个质点 1 和 2,质量分别为 m_1 和 m_2,作用在两个质点上的外力分别为 $\vec{F}_1$ 和 $\vec{F}_2$,而两个质点之间的相互作用力为 $\vec{F}_{12}$ 和 $\vec{F}_{21}$,如图 1.5-3 所示。

根据动量定理,在 $\Delta t = t_2 - t_1$ 时间内,两质点动量的增量分别为

$$\int_{t_1}^{t_2}(\vec{F}_1 + \vec{F}_{12})\mathrm{d}t = m_1\vec{v}_1 - m_1\vec{v}_{10} \quad (1.5\text{-}11)$$

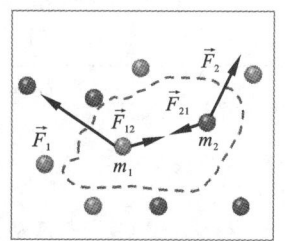

图 1.5-3 质点系受力

$$\int_{t_1}^{t_2} (\vec{F}_2 + \vec{F}_{21}) \, \mathrm{d}t = m_2 \vec{v}_2 - m_2 \vec{v}_{20} \tag{1.5-12}$$

上面两式相加,得

$$\int_{t_1}^{t_2} (\vec{F}_1 + \vec{F}_2) \, \mathrm{d}t + \int_{t_1}^{t_2} (\vec{F}_{12} + \vec{F}_{21}) \, \mathrm{d}t = (m_1 \vec{v}_1 + m_2 \vec{v}_2) - (m_1 \vec{v}_{10} + m_2 \vec{v}_{20}) \tag{1.5-13}$$

考虑牛顿第三定律,$\vec{F}_{12} = -\vec{F}_{21}$,得

$$\int_{t_1}^{t_2} (\vec{F}_1 + \vec{F}_2) \, \mathrm{d}t = (m_1 \vec{v}_1 + m_2 \vec{v}_2) - (m_1 \vec{v}_{10} + m_2 \vec{v}_{20}) \tag{1.5-14}$$

即作用于由两个质点组成的系统合外力的冲量等于系统内两个质点动量之和的增量,也就是系统动量的增量。

2. 由两个质点推广到 n 个质点的情况

$$\int_{t_1}^{t_2} \left(\sum_{i=1}^{n} \vec{F}_{i\text{外}} \right) \mathrm{d}t + \int_{t_1}^{t_2} \left(\sum_{i=1}^{n} \vec{F}_{i\text{内}} \right) \mathrm{d}t = \sum_{i=1}^{n} m_i \vec{v}_i - \sum_{i=1}^{n} m_i \vec{v}_{i0} \tag{1.5-15}$$

考虑到内力总是成对出现的,且大小相等,方向相反,故其矢量和必为零,即 $\sum_{i=0}^{n} \vec{F}_{i\text{内}} = 0$。设作用在系统上的合外力用 $\vec{F}_{\text{外力}}$ 表示,且系统的初动量和末动量分别用 $\vec{p}_0$ 和 $\vec{p}$ 表示,则

$$\int_{t_1}^{t_2} \vec{F}_{\text{外力}} \, \mathrm{d}t = \sum_{i=1}^{n} m_i \vec{v}_i - \sum_{i=1}^{n} m_i \vec{v}_{i0} \tag{1.5-16}$$

或者

$$\vec{I} = \vec{p} - \vec{p}_0$$

即作用于系统合外力的冲量等于系统动量的增量,这就是质点系的动量定理。

注意:只有外力才对系统的动量变化有贡献,而系统的内力不能改变系统的动量。系统所受到的外力是所有外力的矢量和。

3. 动量定理分量形式

$$\begin{cases} I_x = p_x - p_{x0} \\ I_y = p_y - p_{y0} \\ I_z = p_z - p_{z0} \end{cases} \tag{1.5-17}$$

即某一方向作用于系统的所有外力冲量的代数和等于在同一时间内该方向系统动量的增量。

例 1.5-1   沿着 x 轴运动的物体受到 x 方向的作用力 $F = 30 + 4t$(SI),物体的质量 $m = 10$ kg,试求:(1) 在开始的 2 s 内此力的冲量;(2) 若物体的初速度 $v_0 = 10$ m/s,在 $t = 2$ s 时,速度多大?

解   (1)根据冲量的定义

$$I = \int_{t_1}^{t_2} F \, \mathrm{d}t = \int_{t_1}^{t_2} (30 + 4t) \, \mathrm{d}t = (30t + 2t^2) \Big|_0^2 = 68 \ \mathrm{N \cdot s}$$

(2)根据动量定理 $\int_{t_1}^{t_2} F \, \mathrm{d}t = mv_2 - mv_1$,得

$$v_2 = I/m + v_0 = 16.8 \ \mathrm{m/s}$$

例 1.5-2　　如图 1.5-4 所示,传送带以 3 m/s 的速度水平向右运动,沙子从高度 $h=0.8$ m 处以每秒 40 kg 的流量落到传送带上,求在沙子落入传送带的过程中,传送带给沙子的作用力。($g=10$ m/s^2)

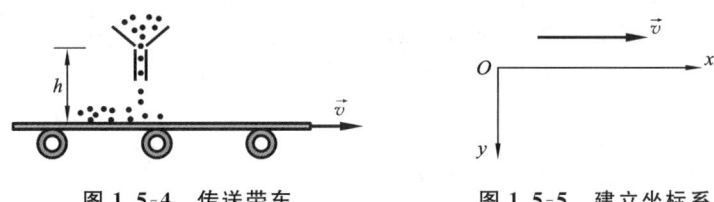

图 1.5-4　传送带车　　　　　　图 1.5-5　建立坐标系

解　　建立如图 1.5-5 所示的坐标系,选取 Δt 时间内落入传送带上的沙子为研究对象,有

$$\Delta m = 40\Delta t$$

由动量定理

$$\vec{F} \cdot \Delta t = \Delta m(\vec{v_2} - \vec{v_1}),$$

$$\vec{v_2} = 3\vec{i} \text{ m/s}, \quad v_1^2 = 2gh = 2\times 10\times 0.8, \quad \vec{v_1} = 4\vec{j} \text{ m/s}$$

解得平均作用力

$$\vec{F} = 40\times(3\vec{i} - 4\vec{j})$$

因此,大小为 $\vec{F} = 200$ N。方向与传送带运动方向的夹角为 $53°$。

1.5.4　动量守恒定律

当系统所受合外力为零,即 $\vec{F}_{外力} = 0$ 时,系统动量的增量为零,这时系统的总动量保持不变,即

$$\vec{p} = \sum m_i\vec{v_i} = 恒矢量 \tag{1.5-18}$$

当系统所受合外力为零时,系统的总动量保持不变,这就是动量守恒定律。

直角坐标系下的分量形式为

$$\begin{cases} p_x = \sum m_i v_{ix} = C_x,(合外力\ F_x = 0) \\ p_y = \sum m_i v_{iy} = C_y,(合外力\ F_y = 0) \\ p_z = \sum m_i v_{iz} = C_z,(合外力\ F_z = 0) \end{cases} \tag{1.5-19}$$

系统的总动量守恒是指系统总动量的矢量和不变,不是指某一个质点的动量不变;在某些情况下(如碰撞、爆炸、打击等物理过程),质点所受的外力比内力要小得多,则外力可以忽略不计,此时系统的动量守恒;内力不改变系统的动量,但是可以使系统动量内各质点的动量发生变化;动量守恒定律是物理学中最普遍、最基本的定律之一。

例 1.5-3　如图 1.5-6 所示,质量为 $M=1.5$ kg 的物体,用一根长为 $l=1.25$ m 的细绳悬挂在天花板上。今有一质量为 $m=10$ g 的子弹以 $v_0=500$ m·s^{-1} 的水平速度射穿物体,刚穿出物体时子弹的速度大小为 $v=30$ m·s^{-1},设穿透时间极短。求:

(1) 子弹刚穿出时细绳中张力的大小;

(2) 子弹在穿透过程中所受的冲量。

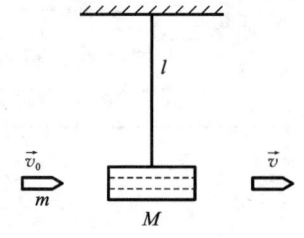

图 1.5-6　子弹打木块

解　(1) 因穿透时间极短,故可认为物体未离开平衡位置。因此,作用于子弹、物体系统上的外力均在竖直方向,故系统在水平方向动量守恒。令子弹穿出时物体的水平速度为 v',有

$$mv_0=mv+Mv'$$
$$v'=m(v_0-v)/M=3.13 \text{ m·s}^{-1}$$
$$T=Mg+Mv'^2/l=26.5 \text{ N}$$

(2)　$\quad f\Delta t=mv-mv_0=-4.7$ N·s(设 $\vec{v_0}$ 方向为正方向)

负号表示冲量方向与 $\vec{v_0}$ 方向相反。

例 1.5-4　如图 1.5-7 所示,有两个长方形的物体 A 和 B 紧靠在光滑的水平桌面上,已知 $m_A=2$ kg,$m_B=3$ kg,有一质量 $m=100$ g 的子弹以速率 $v_0=800$ m/s 水平射入长方体 A,经 0.01 s 后又射入长方体 B,最后停留在长方体 B 内未射出。设子弹射入 A 时所受的摩擦力为 3×10^3 N,求:

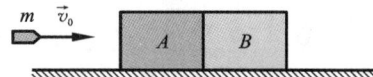

图 1.5-7　子弹木块系统

(1) 子弹在 A 中时,B 受到 A 的作用力的大小;

(2) 当子弹留在 B 中时,A 和 B 的速度大小。

解　(1) 子弹射入 A 未进入 B 以前,A、B 共同的加速度由 $F=(m_A+m_B)a$ 得

$$a=600 \text{ m/s}^2$$

B 受到 A 的作用力:$F_1=m_Ba=1.8\times10^3$ N(方向向右)。

(2) A 在 0.01 s 末的速度大小 $v_A=at=6$ m·s^{-1}。

当子弹射入 B 时,B 将做加速运动,而 A 以速度 v_A 做匀速直线运动。

对于 A、B 和子弹所组成的系统,水平方向所受合外力为零,由动量守恒有

$$mv_0=m_Av_A+(m+m_B)$$

即　　　　$$v_B=\frac{mv_0-m_Av_A}{m+m_B}=22 \text{ m/s}$$

1.18　一圆锥摆的摆长为 L,圆锥摆的质量为 m,在水平面上以角速度 ω 做匀速转动,摆线与

铅直方向的夹角为 θ，如图 1.18 所示，则小球在转动一圈的过程中所受合力的冲量大小为_____，所受绳子拉力的冲量大小为_____。

1.19 一个力 F 作用在质量为 $2\ \text{kg}$ 的质点上，使之沿 x 轴运动，已知在此力的作用下质点的运动方程为 $x=3t-4t^2+t^3$（SI），则在 0 到 $4\ \text{s}$ 内力 F 的冲量大小为_____ $\text{N}\cdot\text{s}$。

1.20 一颗质量 $m=10\ \text{g}$ 的子弹，以速率 $v_0=500\ \text{m/s}$ 沿水平方向射穿一物体。穿出时，子弹的速率为 $v=30\ \text{m/s}$，仍是水平方向，则子弹在穿透过程中所受冲量的大小为_____，方向为_____。

1.21 一质量为 m 的物体做斜抛运动，初速率为 v_0，仰角为 θ。如果忽略空气阻力，物体从抛出点到最高点这一过程中所受合外力的冲量大小为_____，冲量的方向为_____。

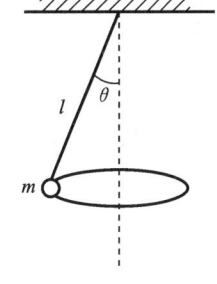

图 1.18

1.22 质量为 M 的平板车，以速度 $\vec{v}$ 在光滑的水平面上滑行，一质量为 m 的物体从 h 高处竖直落到车子里。两者一起运动时的速度大小为_____。

1.6　功　和　能

基本要求：理解功、保守力、势能的概念；掌握变力做功的计算方法，会计算重力势能、万有引力势能和弹性势能；了解一对内力做功的特点；会联系动量守恒定律，应用动能定理和机械能守恒定律解决简单系统在平面内运动时的力学问题。

1.6.1　功与动能定理

力作用在质点上使其位置发生变化的过程中，力产生了空间累积效果，可用功来表示。

1. 功

1）恒力做功

如图 1.6-1 所示，一物体在恒力 $\vec{F}$ 的作用下沿直线运动，位移为 $\Delta\vec{r}$，位移的方向与力 $\vec{F}$ 的方向成 θ 角，则力 $\vec{F}$ 对物体所做的功 W 为

$$W=F\cos\theta\Delta r=F\Delta r\cos\theta \tag{1.6-1}$$

即力对物体所做的功等于该力沿位移方向的分量与物体位移的乘积。 写成矢量式为

$$W=\vec{F}\cdot\Delta\vec{r} \tag{1.6-2}$$

功是标量，没有方向，只有大小，但有正负。

若 $\theta<\pi/2$，则功 W 为正值，即力对物体做正功。

若 $\theta=\pi/2$，则功 $W=0$，此时力与物体的位移垂直，力对物体不做功。

若 $\theta>\pi/2$，则功 W 为负值，即力对物体做负功，或者物体克服该力做功。

功的单位为焦耳(J)，$1\ \text{J}=1\ \text{N}\cdot\text{m}$。

2）变力做功

如果作用在质点上的力是变化的（见图 1.6-2），那么变力做的功如何计算呢？把物体运动的轨迹分成许多个微小的位移元，在每一个位移元内，力可视为恒力，则在任一个位移元内，力所做的元功为

$$dW = \vec{F} \cdot d\vec{r} = F\cos\theta dr \qquad (1.6\text{-}3)$$

则力所做的总功为

$$W = \int_a^b dW = \int_a^b \vec{F} \cdot d\vec{r} = \int_a^b F\cos\theta dr \qquad (1.6\text{-}4)$$

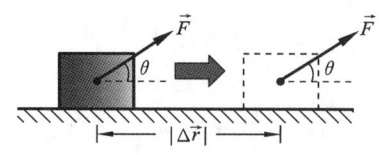

图 1.6-1　恒力做功

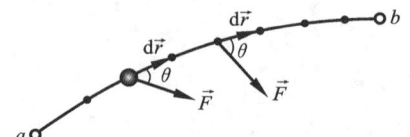

图 1.6-2　变力做功

3）合力做功

当一个物体受到多个力作用时，合力做的功为

$$W = \int \vec{F} \cdot d\vec{r} = \int \left(\sum \vec{F}_i\right) \cdot d\vec{r} = \sum \left(\int \vec{F}_i \cdot d\vec{r}\right) = \sum W_i \qquad (1.6\text{-}5)$$

结论：合力做功等于各个分力所做功的**代数和**。

4）功的计算

（1）积分方法：从定义式出发，有

$$W = \int dW = \int \vec{F} \cdot d\vec{r} \qquad (1.6\text{-}6)$$

在直角坐标系中，若

$$\vec{F} = F_x \vec{i} + F_y \vec{j} + F_z \vec{k}$$
$$d\vec{r} = dx\vec{i} + dy\vec{j} + dz\vec{k}$$

则有

$$W = \int (F_x dx + F_y dy + F_z dz) \qquad (1.6\text{-}7)$$

在自然坐标系中，若

$$\vec{F} = F_\tau \vec{e}_\tau + F_n \vec{e}_n, \quad d\vec{r} = ds\vec{e}_\tau$$

则有

$$W = \int \vec{F} \cdot d\vec{r} = \int F_\tau ds \qquad (1.6\text{-}8)$$

即力对质点所做的功等于力的切线分量对路径的线积分。由于法向力与路径垂直，因此它始终不做功。

（2）功的图示法

如图 1.6-3 所示，纵坐标表示作用在物体上的力在位移方向的分量，横坐标表示质点运动的路程。曲线下的面积等于物体从 s_1 运动到 s_2 时力所做的功。

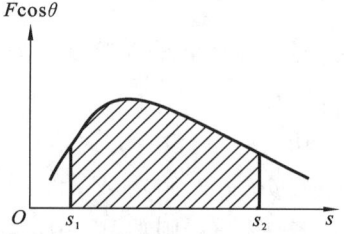

图 1.6-3　变力做功几何表示

例 1.6-1　　设作用在质量为 2 kg 的物体上的力 $F=6t$(N)。如果物体由静止出发沿**直线运动**,求在 0～2 s 内,这个力对物体所做的功。

解　　按功的定义式计算功,必须先求出力和位移与时间的关系式。由牛顿第二定律 $F=ma$ 可知,物体的加速度为

$$a=\mathrm{d}v/\mathrm{d}t=F/m=6t/2=3t$$

所以,
$$\mathrm{d}v=3t\mathrm{d}t$$

积分得
$$\int_0^v \mathrm{d}v=\int_0^t 3t\mathrm{d}t=1.5t^2$$

故位移与时间的关系为

$$\mathrm{d}x=1.5t^2\mathrm{d}t$$

因此,力所做的功为

$$W=\int F\mathrm{d}x=\int 6t\cdot 1.5t^2\mathrm{d}t=\int_0^2 9t^3\mathrm{d}t=36\ \text{J}$$

例 1.6-2　　一个质点沿如图 1.6-4 所示的路径运行,求力 $\vec{F}=(4-2y)\vec{i}$(SI)对该质点所做的功:(1) 沿 ODC;(2) 沿 OBC。

解　　由 $\vec{F}=(4-2y)\vec{i}$ 可知:$F_x=4-2y$,$F_y=0$。

(1) OD 段:$y=0$,$\mathrm{d}y=0$;

DC 段:$x=2$,$F_y=0$。

所以
$$W_{ODC}=\int_{OD}\vec{F}\cdot\mathrm{d}\vec{r}+\int_{DC}\vec{F}\cdot\mathrm{d}\vec{r}$$
$$=\int_0^2(4-2\times0)\mathrm{d}x+0=8\ \text{J}$$

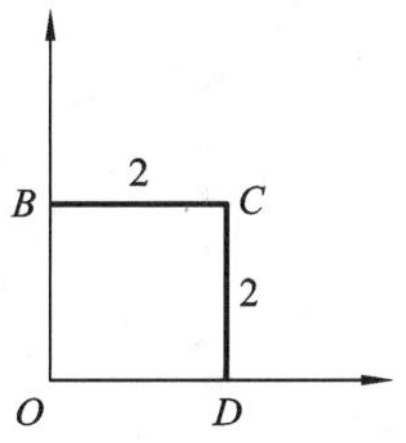

(2) OB 段:$F_y=0$;

BC 段:$y=2$。

所以
$$W_{OBC}=\int_{OB}\vec{F}\cdot\mathrm{d}\vec{r}+\int_{BC}\vec{F}\cdot\mathrm{d}\vec{r}$$
$$=\int_0^2(4-2\times2)\mathrm{d}x+0=0$$

图 1.6-4　质点路径图

结论:力做功与路径有关,即力沿不同的路径所做的功是不同的。

2. 功率

1）定义

单位时间内完成的功,称为功率。

平均功率:
$$\bar{P}=\frac{\Delta W}{\Delta t}$$

瞬时功率:
$$P=\frac{\mathrm{d}W}{\mathrm{d}t}\tag{1.6-9}$$

2）物理意义

功率表示做功的快慢。

3）功率的公式

功率的公式如下：

$$P = \frac{\mathrm{d}W}{\mathrm{d}t} = \frac{\vec{F} \cdot \mathrm{d}\vec{r}}{\mathrm{d}t} = \vec{F} \cdot \vec{v} \qquad (1.6\text{-}10)$$

即功率等于力与速度的点积。

4）单位

功率的单位为瓦特（W），$1\ \mathrm{W} = 1\ \mathrm{J} \cdot \mathrm{s}^{-1}$，$1\ \mathrm{kW} = 10^3\ \mathrm{W}$。

例 1.6-3　　一个沿 x 轴方向的力作用在质量为 $m = 1.0\ \mathrm{kg}$ 的质点上。已知质点的运动方程为 $x = 3t - 4t^2 + t^3$，求：（1）力在最初 4 s 内做的功；（2）当 $t = 1\ \mathrm{s}$ 时，力的瞬时功率。

解　　（1）力在最初 4 s 内所做的功：

$$W = \int \vec{F} \cdot \mathrm{d}\vec{r} = \int F\mathrm{d}x = \int ma\,\mathrm{d}x \quad \left(牛顿第二定律\ \vec{F} = m\frac{\mathrm{d}^2\vec{r}}{\mathrm{d}t^2}\right)$$

由运动方程得

$$a = -8 + 6t, \quad \mathrm{d}x = (3 - 8t + 3t^2)\mathrm{d}t$$

$$W = \int_{t_1}^{t_2} m(-8 + 6t)(3 - 8t + 3t^2)\mathrm{d}t = \int_0^4 m(-24 + 82t - 72t^2 + 18t^3)\mathrm{d}t$$

$$W = 176\ \mathrm{J}$$

（2）在 $t = 1\ \mathrm{s}$ 时，力的瞬时功率为

$$P = \frac{\mathrm{d}W}{\mathrm{d}t} = Fv = m(-8 + 6t)(3 - 8t + 3t^2) = 4\ \mathrm{J} \cdot \mathrm{s}^{-1}$$

$$P = 4\ \mathrm{J} \cdot \mathrm{s}^{-1}$$

---

3. 质点的动能定理

功是力对空间的累积作用，力对物体做了功，则物体的运动状态要发生变化。功与运动状态变化之间的关系就是质点的动能定理。

如图 1.6-5 所示，一个质量为 m 的物体在合外力 $\vec{F}$ 的作用下，由 A 点运动到 B 点，其速度由 $\vec{v}_1$ 变成 $\vec{v}_2$。求合外力对物体所做的功与物体动能之间的关系。

将路径分成许多位移元 $\mathrm{d}\vec{r}$，则合外力在位移元 $\mathrm{d}\vec{r}$ 内所做的功为

$$\mathrm{d}W = \vec{F} \cdot \mathrm{d}\vec{r} = F_\tau |\mathrm{d}\vec{r}| = F_\tau \mathrm{d}s$$

因此，只有切向分力做功，法向分力对做功没贡献。由牛顿第二定律可知：

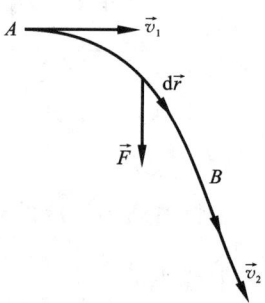

图 1.6-5　质点动能定理

$$F_\tau = ma_\tau = m\frac{\mathrm{d}v}{\mathrm{d}t} = m\frac{\mathrm{d}v}{|\mathrm{d}\vec{r}|}\frac{|\mathrm{d}\vec{r}|}{\mathrm{d}t} = mv\frac{\mathrm{d}v}{|\mathrm{d}\vec{r}|}$$

所以
$$F_\tau|\mathrm{d}\vec{r}| = mv\mathrm{d}v$$

两边积分，
$$W = \int_A^B F_\tau|\mathrm{d}\vec{r}| = \int_{v_1}^{v_2} mv\mathrm{d}v$$

得
$$W = \frac{1}{2}mv_2^2 - \frac{1}{2}mv_1^2 \tag{1.6-11}$$

或者
$$W = E_{k_2} - E_{k_1}$$

物体由于运动而具有的能量称为动能，其定义为物体的质量与其运动速度平方的乘积的一半，即

$$E_k = \frac{1}{2}mv^2 \tag{1.6-12}$$

动能的单位为焦耳(J)，$1\ \mathrm{J} = 1\ \mathrm{kg} \cdot \mathrm{m}^2 \cdot \mathrm{s}^{-2}$。

其中合外力所做的功 $W = \int \vec{F} \cdot \mathrm{d}\vec{r}$，质点的末动能 $E_{k_2} = \frac{1}{2}mv_2^2$，质点的初动能 $E_{k_1} = \frac{1}{2}mv_1^2$。**质点的动能定理——合外力对质点所做的功等于质点动能的增量。**

W 为合外力对质点所做的功，若合外力做正功，则质点的动能增加；若合外力不做功，则质点的动能不变，作用于物体上的力仅引起了物体速度方向的变化；若合外力做负功，则说明物体以自身动能的减少为代价，克服(反抗)外力做功。只有合外力对质点做功，质点的动能才发生变化，说明功不是与动能而是与动能的变化量相关联。功是力的空间累积效果，是过程量。动能 E_k 与速度有关，是状态量。

质点的动能定理只适用于惯性系(动能定理是从牛顿运动定律导出的)。动能定理提供了计算功的一种方法。利用动能定理求解力做功的方便之处在于，不必注意质点在运动过程中运动状态的细节，只要知道质点的始末状态的动能，就可以求出力所做的功。

动能 $E_k = \frac{1}{2}mv^2$ 和动量 $\vec{p} = m\vec{v}$，都是利用 m 和 v 这两个因素来表示物体的运动状态，它们都是物体运动状态的函数。

4. 质点动能定理的应用

例 1.6-4　用动能定理重新求解例 1.6-3。

解　由运动方程可得质点的速度为

$$v = \frac{\mathrm{d}x}{\mathrm{d}t} = \frac{\mathrm{d}}{\mathrm{d}t}(3t - 4t^2 + t^3) = 3 - 8t + 3t^2$$

当 $t = 0\ \mathrm{s}$ 时，

$$v_0 = 3 - 8 \times 0 + 3 \times 0^2 = 3\ \mathrm{m} \cdot \mathrm{s}^{-1}$$

当 $t = 4\ \mathrm{s}$ 时，

$$v = 3 - 8 \times 4 + 3 \times 4^2 = 19\ \mathrm{m} \cdot \mathrm{s}^{-1}$$

因此质点始末状态的动能分别为

$$E_{k_0} = \frac{1}{2}mv_0^2 = \frac{1}{2} \times 1 \times 3^2 = 4.5 \text{ J}$$

$$E_k = \frac{1}{2}mv^2 = \frac{1}{2} \times 1 \times 19^2 = 180.5 \text{ J}$$

根据质点的动能定理,可知力对质点所做的功为

$$W = E_k - E_{k_0} = 180.5 - 4.5 = 176 \text{ J}$$

例 1.6-5   一质量为 10 g、速度为 200 m·s^{-1} 的子弹水平地射入铅直的墙壁内 0.04 m 后而停止运动。若墙壁的阻力是一恒量,求墙壁对子弹的作用力。

解   可以用牛顿第二定律求解,但比较复杂。用动能定理比较简单。

初态动能: $$E_{k_0} = \frac{1}{2}mv^2$$

末态动能: $$E_k = 0$$

做功: $$W = fs$$

由动能定理, $$W = E_k - E_{k_0} = 0 - \frac{1}{2}mv^2$$

得 $$f = -\frac{mv^2}{2s} = -\frac{0.01 \times 200^2}{2 \times 0.04} = -5 \times 10^3 \text{ N}$$

负号表示力的方向与运动的方向相反。

随堂练习

1.23   质量为 m 的质点开始时静止,在合力 $F = F_0 \sin(2\pi t/T)$ 的作用下沿直线运动,在 0 到 $T/2$ 的时间内,力 F 所做的功为_____。

1.24   甲将弹簧从平衡位置 O 点拉长 L,乙继甲之后又将弹簧拉长 $\frac{2}{3}L$,甲乙两人相比,_____做的功多,多做的功为_____。

1.25   一颗速率为 700 m·s^{-1} 的子弹,打穿一块木板后,速率降到 500 m·s^{-1}。如果让它继续穿过厚度和阻力均与第一块完全相同的第二块木板,则子弹的速率将降到_____。(空气阻力忽略不计)

1.26   质量 $m = 1$ kg 的物体,在坐标原点处从静止出发,在水平面内沿 x 轴运动,其所受合力方向与运动方向相同,合力大小为 $F = 3 + 2x$(SI),那么物体在开始运动的 3 m 内,合力所做的功 $W =$_____;且当 $x = 3$ m 时,其速率 $v =$_____。

1.6.2   保守力与非保守力

由生活经验知道,从高处落下的重物能够做功,如高山上的瀑布落下带动发电机发电,这说明位于高处的重物有做功本领。

在机械运动范围内的能量,除了动能之外,还有势能。为了正确地认识势能,我们先研究重力、弹性力、摩擦力做功的特点,引出保守力和非保守力的概念,然后介绍引力势能、重

力势能和弹性势能。

1. 万有引力、重力、弹性力做功的特点

1）万有引力做功

如图 1.6-6 所示，有两个质量为 m 和 M 的质点，其中质点 M 不动，质点 m 在引力的作用下从点 a 运动到点 b，取点 M 为坐标原点，点 a 和点 b 到坐标原点的距离分别为 r_a 和 r_b，如何求引力所做的功？

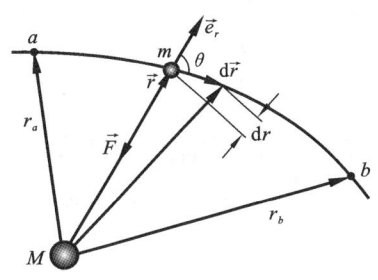

图 1.6-6　万有引力做功

由于引力是变力，所以可以将质点的运动路径分成许多位移元 $\mathrm{d}\vec{r}$，则引力所做的元功为

$$\mathrm{d}W = \vec{F} \cdot \mathrm{d}\vec{r} = -G\frac{mM}{r^2}\vec{e_r} \cdot \mathrm{d}\vec{r} = -G\frac{mM}{r^2}|\vec{e_r}| \cdot |\mathrm{d}\vec{r}|\cos\theta$$

$$= -G\frac{mM}{r^2}\mathrm{d}r$$

从点 a 运动到点 b，引力所做的总功为

$$W = \int_{r_a}^{r_b} -G\frac{mM}{r^2}\mathrm{d}r = GMm\left(\frac{1}{r_b} - \frac{1}{r_a}\right)$$

即

$$W = GMm\left(\frac{1}{r_b} - \frac{1}{r_a}\right) \tag{1.6-13}$$

结论：引力做功只与质点的起始和终末位置有关，而与质点所经过的路径无关。

2）重力做功

如图 1.6-7 所示，若将质点的运动路径分成许多位移元

$$\mathrm{d}\vec{r} = \mathrm{d}x\vec{i} + \mathrm{d}y\vec{j}$$

则重力所做的元功为

$$\mathrm{d}W = m\vec{g} \cdot \mathrm{d}\vec{r} = -mg\vec{j} \cdot (\mathrm{d}x\vec{i} + \mathrm{d}y\vec{j}) = -mg\mathrm{d}y$$

从点 a 沿 acb 路径运动到点 b，则重力所做的功为

$$W = \int_{y_1}^{y_2} -mg\,\mathrm{d}y = -mg(y_2 - y_1) = -(mgy_2 - mgy_1)$$

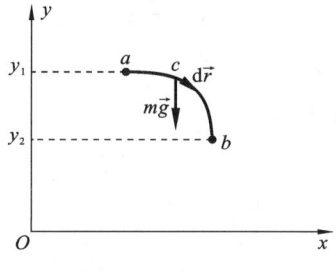

图 1.6-7　重力做功

$$\tag{1.6-14}$$

即

$$W = mgy_1 - mgy_2 \tag{1.6-15}$$

结论：重力做功只与质点的起始和终末位置有关，而与质点所经过的路径无关。

3）弹性力做功

如图 1.6-8 所示，在光滑水平面上放置一根弹簧，弹簧一端固定，另一端与一个质量为 m 的质点相连。弹簧在水平方向不受外力作用时，它不发生形变，此时质点位于 O 点，这个位置称为平衡位置。若在外力的作用下，质点从点 a 被拉到点 b，点 a 和点 b 到平衡位置的距离分别为 x_1 和 x_2，如何求弹性力所做的功？

将质点的运动路径分成许多位移元 $\mathrm{d}x$，在任意一位移元 $\mathrm{d}x$ 内，弹性力可近似看成不变，由胡克定

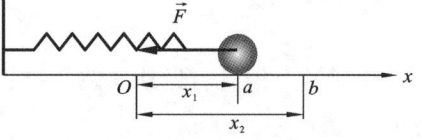

图 1.6-8　弹性力做功

律,得弹性力为

$$\vec{F} = -kx\vec{i}$$

弹性力的元功为

$$dW = \vec{F} \cdot d\vec{x} = -kx\vec{i} \cdot dx\vec{i} = -kxdx$$

弹簧从点 a 到点 b,弹性力所做的功为

$$W = \int_{x_1}^{x_2} -kxdx = \frac{1}{2}kx_1^2 - \frac{1}{2}kx_2^2 \tag{1.6-16}$$

结论:弹性力做功只与质点的起始和终末位置有关,而与质点所经过的路径无关。

4)摩擦力做功

设一个质点在粗糙的平面上运动(假设摩擦力为常量),则摩擦力做功为

$$W = \int \vec{f} \cdot d\vec{s} \tag{1.6-17}$$

结论:摩擦力做功与质点运动的具体路径有关。

2. 保守力与非保守力、保守力做功的数学表达式

1)保守力

(1)定义

物理学上把具有做功只与初始和终末位置有关而与路径无关这一特点的力称为保守力。重力、万有引力和弹性力等都是保守力。

(2)数学表达式

如图 1.6-9 所示,质点在保守力的作用下,从点 a 沿路径 acb 运动到点 b,再沿路径 bda 运动到点 a,则保守力在这一过程中所做的功为

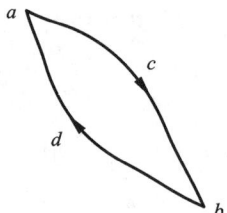

图 1.6-9 保守力做功

$$W = \oint_l \vec{F} \cdot d\vec{r} = \int_{acb} \vec{F} \cdot d\vec{r} + \int_{bda} \vec{F} \cdot d\vec{r}$$

由于, $$\int_{bda} \vec{F} \cdot d\vec{r} = -\int_{adb} \vec{F} \cdot d\vec{r}$$

且 $$\int_{adb} \vec{F} \cdot d\vec{r} = \int_{acb} \vec{F} \cdot d\vec{r}$$

所以**质点沿任意闭合路径运行一周时,保守力做功为零**,即

$$W = \oint_l \vec{F} \cdot d\vec{r} = 0 \tag{1.6-18}$$

保守力做功与路径无关,和物体沿任意路径运动一周保守力做功为零是等价的,都可以作为该力是否为保守力的判据。

2)非保守力

(1)定义

物理学上把具有做功与路径有关的力称为非保守力。摩擦力、爆炸力等就是非保守力。

(2)数学表达式

质点沿任意闭合路径运行一周时,非保守力做功不为零

$$W = \oint_l \vec{F} \cdot \mathrm{d}\vec{r} \neq 0 \tag{1.6-19}$$

当系统中存在摩擦力时,系统总的机械能减少,并转变为热能,通常人们把这个过程称为耗散过程,而把导致耗散的力称为耗散力。

3. 势能

物体具有能量的标志是它能做功,这一结论对质点系也是适用的。若质点系能对其他物体做功或对质点系内的质点做功,就表明质点系具有能量。

由保守力做功的特点可知,不论沿什么路径,只要初位置和末位置相同,保守力对质点所做的功总是相同的。力做功反映了能量的变化,保守力做功反映的是与质点在保守力场中位置有关的能量的变化。与位置相关的能量即为势能,用 E_p 表示。

选取 r_0 为势能零点,即 $E_p(r_0)$,质点在某一位置所具有的势能等于把质点从该位置沿任意路径移到势能为零的点时保守力所做的功:

$$E_p = \int_p^{'0'} \vec{F}_{保} \cdot \mathrm{d}\vec{r} \tag{1.6-20}$$

引入势能以后,保守力做功可用一个统一的公式表示:

$$W = -(E_{p_2} - E_{p_1}) = -\Delta E_p \tag{1.6-21}$$

即保守力做功等于势能增量的负值。保守力做正功时势能减小,与日常生活中利用势能减小来做正功是相符的。

质点相对于势能零点 h 高度的重力势能 $E_p = mgh$;取弹簧自然伸长(无形变)末端为势能零点,形变量 x 处的弹性势能 $E_p = \dfrac{1}{2}kx^2$;取无穷远处为势能零点,其引力势能 $E_p = -G\dfrac{Mm}{r}$。

综上所述,可以概括为以下几点。

(1) 势能是状态的函数:因为在保守力作用下,只要物体的起始和终末位置确定,保守力所做的功也就确定,而与所经过的路径无关,所以说,势能是位置的函数,也是状态的函数。

(2) 某点处系统的势能只有相对意义,势能的值与势能零点的选取有关。

势能零点也可以任意选取,但以简便为原则,选取不同的势能零点,物体的势能就将具有不同的值。但两点间的势能差是绝对的,与势能零点的选取无关。

(3) 势能是由系统内各物体间相互作用的保守力和相对位置决定的能量,因此它是属于系统的。单独谈单个物体的势能是没有意义的。如重力势能是属于由地球和物体所组成的系统。同样,弹性势能和引力势能也是属于有弹性力和引力作用的系统。习惯上称某物体的势能,这只是叙述上的简便而已。

(4) 只有保守力场才能引入势能的概念。

4. 势能曲线

如果把势能和相对位置的关系绘成曲线来讨论物体在保守力作用下的运动,就很方便。**当坐标系和势能零点确定后,质点的势能仅是坐标的函数,即 $E_p = E_p(x, y, z)$。按此函数画出的势能随坐标变化的曲线,称为势能曲线**,如图 1.6-10 所示。

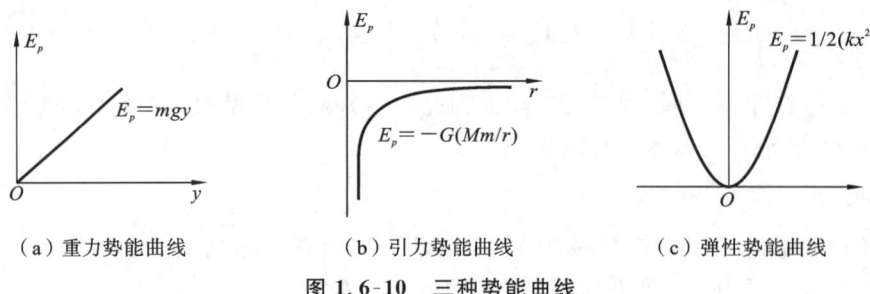

（a）重力势能曲线　　　　（b）引力势能曲线　　　　（c）弹性势能曲线

图 1.6-10　三种势能曲线

1）重力势能

一般选地面或某一水平面为重力势能的零点：

$$E_p = mgy \tag{1.6-22}$$

式中：y 表示质点相对于势能零点的高度。

势能零点以上，重力势能为正；势能零点以下，重力势能为负。

2）引力势能

选无穷远处为引力势能零点：

$$E_p = -G\frac{Mm}{r} \tag{1.6-23}$$

说明：引力势能为负值。

3）弹性势能

选无形变时的弹性势能为零：

$$E_p = \frac{1}{2}kx^2 \tag{1.6-24}$$

无论弹簧是被压缩还是被拉伸，弹性势能总是正的。

势能曲线是势能随相对位置变化的曲线。它为研究势场中物体的运动提供了一种形象化的手段。

以弹簧振子的势能曲线 $E_p = \dfrac{1}{2}kx^2$ 为例，说明势能曲线的应用，如图 1.6-11 所示。

（1）从势能曲线上，可以清晰地看出物体在保守场中运动过程能量的转换关系。$E_p \sim x$ 图中，水平线代表系统的总机械能 E，势能小于 E 的区域（$-A$ 到 A 之间）为物体可以到达的相对位置，当物体到达任意位置 x 时，系统的势能为 E_p，总机械能 E 与 E_p 的差值即为该时刻物体的动能 E_k。

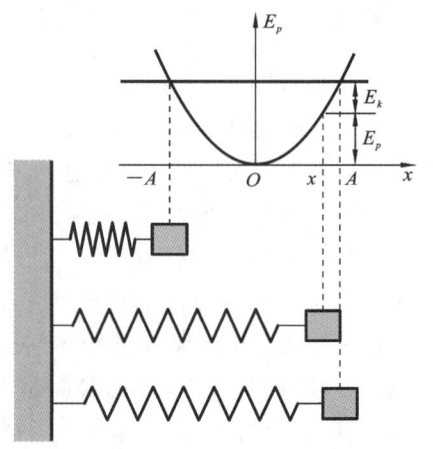

图 1.6-11　保守力做功能量转换过程

（2）由势能曲线上各点的斜率大小和正负可以判定物体所受保守力的大小和方向。

由 $F_x = -\dfrac{\mathrm{d}E_p}{\mathrm{d}x}$ 得

在 $x > 0$ 区间，$\dfrac{\mathrm{d}E_p}{\mathrm{d}x} > 0$，所以 $F_x < 0$。

在 $x<0$ 区间,$\dfrac{\mathrm{d}E_p}{\mathrm{d}x}<0$,所以 $F_x>0$。

即曲线上斜率大处 F_x 大,曲线上斜率小处 F_x 小,斜率为零处 $F_x=0$。

随堂练习

1.27　如图 1.6-12 所示,劲度系数为 k 的弹簧,上端固定,下端悬挂重物。当弹簧伸长 x_0 时,重物在 O 处达到平衡,现取重物在 O 处时的各种势能均为零,则当弹簧长度为原长时,系统的重力势能为 _____;系统的弹性势能为 _____;系统的总势能为 _____。(答案用 k 和 x_0 表示)

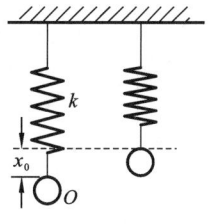

图 1.6-12

1.6.3　功能原理、机械能守恒定律

前面讨论了质点运动的能量(动能和势能)以及动能定理。在许多实际问题中,需要研究由许多个质点组成的质点系,这时系统内的质点,既可能受到系统内各质点之间相互作用的内力,又可能受到系统外对它作用的外力,无论是内力还是外力,都可以看成是保守力或非保守力。

1. 质点系的动能定理

设一系统有 n 个质点,作用于各个质点的力所做的功分别为 $W_1,W_2,\cdots,W_n$,使各个质点由初动能 $E_{k_{10}},E_{k_{20}},\cdots,E_{k_{n0}}$ 变成末动能 $E_{k_1},E_{k_2},\cdots,E_{k_n}$,由质点的动能定理得

$$W_1=E_{k_1}-E_{k_{10}}$$
$$W_2=E_{k_2}-E_{k_{20}}$$
$$\vdots$$
$$W_n=E_{k_n}-E_{k_{n0}}$$

上面各式相加得

$$\sum_{i=1}^{n}W_i=\sum_{i=1}^{n}E_{k_i}-\sum_{i=1}^{n}E_{k_{i0}}$$

简写为
$$W=E_k-E_{k_0} \tag{1.6-25}$$

即作用于质点系的内力和外力所做的功等于系统动能的增量。这就是质点系的动能定理。其中 $W=\sum\limits_{i=1}^{n}W_i$ 为作用于系统内所有质点上的力所做的功;$E_k=\sum\limits_{i=1}^{n}E_{k_i}$ 为系统的末动能,表示系统内各个质点的末动能之和;$E_{k_0}=\sum\limits_{i=1}^{n}E_{k_{i0}}$ 为系统的初动能,表示系统内各个质点的初动能之和。

2. 质点系的功能原理

作用于系统的力可以分为内力和外力,内力又可分为保守内力和非保守内力。

$$W=W_{外力}+W_{内力}=W_{外力}+W_{保守内力}+W_{非保守内力} \tag{1.6-26}$$

而保守内力所做的功等于系统势能增量的负值:

$$W_{保守内力} = -\left(\sum_{i=0}^{n} E_{p_i} - \sum_{i=0}^{n} E_{p_{i0}}\right)$$

所以，

$$W_{外力} + W_{非保守内力} = \left(\sum_{i=0}^{n} E_{k_i} - \sum_{i=0}^{n} E_{k_{i0}}\right) + \left(\sum_{i=0}^{n} E_{p_i} - \sum_{i=0}^{n} E_{p_{i0}}\right)$$

$$= \left(\sum_{i=0}^{n} E_{k_i} + \sum_{i=0}^{n} E_{p_i}\right) - \left(\sum_{i=0}^{n} E_{k_{i0}} + \sum_{i=0}^{n} E_{p_{i0}}\right)$$

系统的动能与势能之和 $E = E_k + E_p$ 为系统的机械能，所以

$$W_{外力} + W_{非保守内力} = E - E_0 \tag{1.6-27}$$

其中：$E = \sum_{i=0}^{n} E_{k_i} + \sum_{i=0}^{n} E_{p_i}$ 为系统的末态机械能，$E_0 = \sum_{i=0}^{n} E_{k_{i0}} + \sum_{i=0}^{n} E_{p_{i0}}$ 为系统的初态机械能。

质点系的功能原理：质点系机械能的增量等于外力和非保守内力对系统所做的功之和。

$W_{外力}$ 是作用于系统所有外力所做的总功，$W_{非保守内力}$ 是系统的非保守内力所做的总功。功是能量变化与转化的量度，是过程量，与过程有关；能量是代表系统在一定状态下所具有的做功本领，是状态量，与状态有关。外力和内力的划分是相对的。

应用功能原理时，首先要选好系统，并且在计算功时要将保守内力的功除外；另外，由于功能原理实际上是从牛顿运动定律导出的，因此只适用于惯性系。

3. 机械能守恒定律

当 $W_{外力} = 0$ 和 $W_{非保守内力} = 0$ 时，

$$E = E_0$$

即

$$\sum_{i=0}^{n} E_{k_i} + \sum_{i=0}^{n} E_{p_i} = \sum_{i=0}^{n} E_{k_{i0}} + \sum_{i=0}^{n} E_{p_{i0}}$$

当作用在质点系的外力和非保守内力都不做功时，质点系的机械能守恒。

或者

$$\sum_{i=0}^{n} E_{k_i} - \sum_{i=0}^{n} E_{k_{i0}} = -\left(\sum_{i=0}^{n} E_{p_i} - \sum_{i=0}^{n} E_{p_{i0}}\right)$$

即

$$\Delta E_k = -\Delta E_p \tag{1.6-28}$$

当系统遵循机械能守恒定律时，质点系的动能和势能可以相互转换，且转换的量值是相等的，动能的变化量等于势能的变化量的负值，二者的转换是通过质点系保守内力做功实现的。

例 1.6-6　　一质点在指向圆心的力 $F = -\dfrac{k}{r^2}$ 的作用下做半径为 r 的圆周运动，该质点的速率为多大？若取距圆心无穷远处的势能为零，它的势能为多大？机械能为多大？

解　　由 $F_n = m\dfrac{v^2}{r}$，$\dfrac{k}{r^2} = m\dfrac{v^2}{r}$ 求得 $v = \sqrt{\dfrac{k}{mr}}$。

根据势能定义 $E_p = \int_r^{\infty} F\,\mathrm{d}r = \int_r^{\infty} \left(-\dfrac{k}{r^2}\right)\mathrm{d}r$ 求得 $E_p = -\dfrac{1}{r}k$。

由机械能 $E=E_k+E_p=\dfrac{1}{2}mv^2-\dfrac{1}{r}k$ 求得 $E=-\dfrac{1}{2r}k$。

例 1.6-7　　如果忽略地球的转动,问物体以多大的速度垂直于地表向上飞行才可以摆脱地球束缚,到达无穷远处?

解　　物体能够脱离地球束缚运动到无穷远处的条件是,它在无穷远处的速度大于等于零,其临界条件就是无穷远处的动能等于零。由于无穷远处为引力势能零点,因此临界条件就是"无穷远处的机械能为零"。飞行过程中,因为只有引力做功,所以机械能守恒。

由 $-\dfrac{GMm}{R}+\dfrac{1}{2}mv^2=0$ 得 $v=\sqrt{\dfrac{2GM}{R}}=11.2 \text{ m}\cdot\text{s}^{-1}$。

例 1.6-8　　如图 1.6-13 所示,质量 m 为 0.1 kg 的木块,在一个水平面上和一根劲度系数 k 为 20 N·m^{-1} 的轻弹簧碰撞,木块将弹簧由原长压缩了 $x=0.4$ m 后,木块静止。假设木块与水平面间的滑动摩擦系数 μ 为 0.25,问在将要发生碰撞时木块的速率 v 为多少?

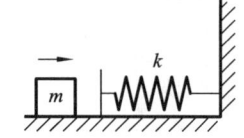

图 1.6-13　子弹弹簧系统

解　　方法一:根据功能原理,木块在水平面上运动时,摩擦力所做的功等于系统(木块和弹簧)机械能的增量。由题意有

$$-f_r x=\dfrac{1}{2}kx^2-\dfrac{1}{2}mv^2$$

而

$$f_r=\mu mg$$

由此得木块开始碰撞弹簧时的速率为

$$v=\sqrt{2\mu gx+\dfrac{kx^2}{m}}=5.83 \text{ m}\cdot\text{s}^{-1}$$

方法二:根据动能定理,摩擦力和弹性力对木块所做的功等于木块动能的增量,应有

$$-\mu mgx-\int_0^x kx\,\mathrm{d}x=0-\dfrac{1}{2}mv^2$$

其中:$\int_0^x kx\,\mathrm{d}x=\dfrac{1}{2}kx^2$。

例 1.6-9　　如图 1.6-14 所示,质量为 m_2 的木块平放在地面上,通过劲度系数为 k 的竖直弹簧与质量为 m_1 的木块相连接,今有一竖直向下的恒力 F 作用在 m_1 上使系统达到平衡。试求当撤去外力 F 时,为使 m_1 向上反弹时能带动 m_2 刚好离开地面,力 F 至少应为多大?

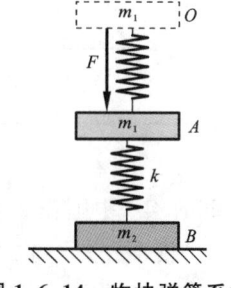

图 1.6-14　物块弹簧系统

解 设在力 F 的作用下，m_1 达到平衡时弹簧的伸长量为 x_0，则

$$F + m_1 g = k x_0 \qquad (1)$$

而 m_2 能离开地面的条件为

$$k x - m_2 g \geqslant 0 \qquad (2)$$

以坐标原点 O 为弹性势能零点和重力势能零点，对于 A、B 两状态，由机械能守恒，有

$$\frac{1}{2} k x_0^2 - m_1 g x_0 = \frac{1}{2} k x^2 + m_1 g x \qquad (3)$$

联立式(1)、式(2)、式(3)，得

$$F \geqslant (m_1 + m_2) g$$

即 F 至少要等于 $(m_1 + m_2)g$ 时，可使 F 撤去后恰使 m_2 抬起。

随堂练习

1.28 如图 1.6-15 所示，一弹簧原长 $l_0 = 0.1$ m，劲度系数 $k = 50$ N/m，其一端固定在半径为 $R = 0.1$ m 的半圆环的端点 A，另一端与一套在半圆环上的小环相连。在把小环由半圆环中 B 点移到另一端 C 点的过程中，弹簧的拉力对小环所做的功为 _____ J。

1.29 质量为 M 的木块静止在光滑的水平面上，一质量为 m 的子弹以速度 v_0 水平射入木块内，并与木块一起运动，在这一过程中，木块对子弹所做的功为 _____，子弹对木块所做的功为 _____。

1.30 劲度系数为 k、原长为 l 的弹簧，一端固定在圆周上的 A 点，圆周的半径 $R = l$，弹簧的另一端点从距 A 点 $2l$ 的 B 点沿圆周移动 $1/4$ 周长到 C 点，如图 1.6-16 所示。求弹性力在此过程中所做的功为 _____ J。

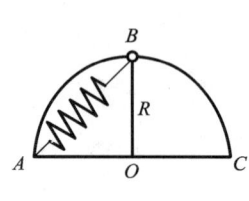

图 1.6-15

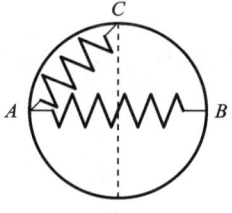

图 1.6-16

---

*1.7 嫦娥工程——力学应用篇

2004 年，中国正式开展月球探测工程，并命名为"嫦娥工程"。嫦娥工程分为"无人月球探测"、"载人登月"和"建立月球基地"三个阶段。2007 年 10 月 24 日 18 时 05 分，"嫦娥一号"成功发射升空，在圆满完成各项使命后，于 2009 年按预定计划受控撞月。图 1.7-1 所示

为"嫦娥一号"探月卫星轨道图。

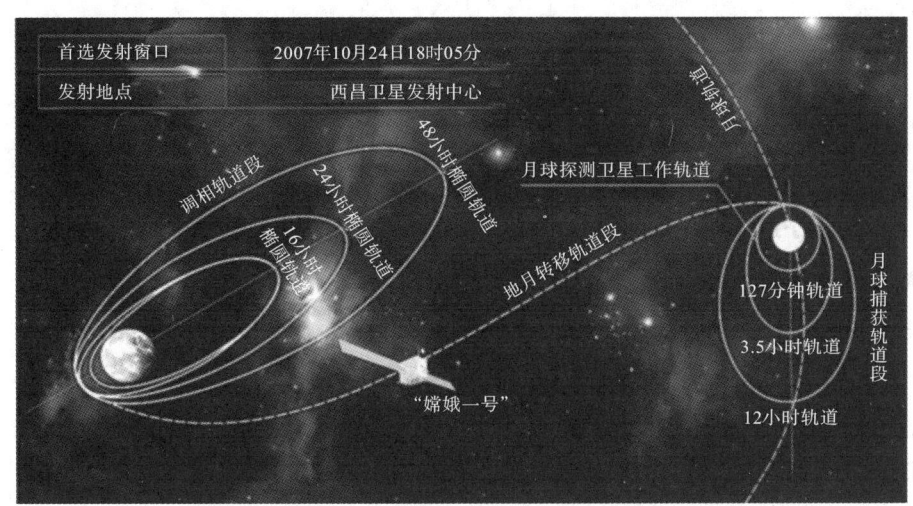

图 1.7-1 "嫦娥一号"探月卫星轨道图 　　　　V1.7-1 嫦娥卫星

1.7.1 "嫦娥一号"的探月过程

1. 升空

2007 年 10 月 24 日 18 时 05 分,长征三号甲运载火箭搭载"嫦娥一号"探月卫星成功进入环绕地球的预定轨道(即 16 小时椭圆轨道)。

2. 环绕地球运行

(1) 第一次变轨。2007 年 10 月 25 日 17 时 55 分,北京航天飞行控制中心按照预定计划向在太空飞行的"嫦娥一号"探月卫星发出变轨指令,对其实施**远地点变轨**。指令发出 130 秒后,卫星近地点高度由约 200 公里抬高到约 600 公里,变轨圆满成功。这次变轨表明,"嫦娥一号"探月卫星推进系统工作正常,也为随后进行的三次近地点变轨奠定了基础。这次变轨是"嫦娥一号"探月卫星在约 16 小时的**大椭圆轨道**上运行一圈半后,在第二个远地点时实施的。

(2) 第二次变轨。2007 年 10 月 26 日 17 时 33 分,北京航天飞行控制中心向"嫦娥一号"探月卫星发出指令,开始实施第二次变轨。这是卫星的第一次**近地点变轨**。11 分钟后,远望三号测量船传来消息,卫星变轨成功。变轨前,北京航天飞行控制中心对轨道参数及控制参数进行了精确计算,随后向在太空飞行了三圈处于近地点的"嫦娥一号"探月卫星发送了高精度控制指令,卫星主发动机准时点火,使卫星进入 24 小时**椭圆轨道**,远地点高度由 5 万多公里提高到 7 万多公里。这次变轨为卫星在预定时间到达设计的地球、月球转移入口点创造了条件。

(3) 第三次变轨。2007 年 10 月 29 日 18 时 01 分,"嫦娥一号"探月卫星成功实施第三次变轨,这也是卫星入轨后的第二次**近地点变轨**。"嫦娥一号"探月卫星在 24 小时椭圆轨道飞行第三圈时,远望三号测量船在近地点顺利发现目标,并把相关数据传送到北京航天飞行控制中心,同时把有关指令发送至"嫦娥一号"探月卫星。实行这次近地点变轨后,卫星由 24 小时椭圆轨道进入 48 小时**椭圆轨道**,远地点高度由 7 万多公里提高到 12 万多公里。"嫦娥一号"探月卫星进入 48 小时椭圆轨道后,先后开启太阳风离子探测器和太阳高能粒子探测器,进行数据采集和环境探测。

3. 实现绕地球、月球转移

2007 年 10 月 31 日 17 时 15 分,"嫦娥一号"探月卫星接到指令,发动机工作 784 秒后,正常关机。17 时 28 分,"嫦娥一号"探月卫星在 48 小时椭圆轨道上运行一圈后,成功实施第三次**近地点变轨**,顺利进入地球、月球转移轨道,开始飞向月球。这也是卫星入轨后的第四次变轨。进入地球、月球转移轨道后,"嫦娥一号"探月卫星在地球、月球转移轨道只进行了一次中途修正,就直飞月球捕获点。

4. 环绕月球运行

(1)第一次制动。2007 年 11 月 5 日 11 时 37 分,北京航天飞行控制中心对"嫦娥一号"探月卫星成功实施了第一次**近月制动**,顺利完成第一次"太空刹车"动作,月球捕获卫星,卫星成功进入 12 小时绕月球**椭圆轨道**。这次制动的目的是降低"嫦娥一号"探月卫星的飞行速度,以防逃逸月球。

(2)第二次制动。2007 年 11 月 6 日 11 时 35 分,北京航天飞行控制中心对"嫦娥一号"探月卫星成功实施了第二次**近月制动**,卫星顺利进入周期为 3.5 小时的环月小**椭圆轨道**。第二次近月制动的主要目的是使"嫦娥一号"探月卫星进一步降低飞行速度,使其进入"过渡"轨道,从而为卫星最终进入工作轨道做准备。

(3)第三次制动。2007 年 11 月 7 日 8 时 24 分,"嫦娥一号"探月卫星主发动机点火,实施第三次**近月制动**。8 时 35 分,"嫦娥一号"探月卫星主发动机关机,第三次近月制动结束。"嫦娥一号"探月卫星从近月点高度 212 公里、远月点高度 8617 公里的椭圆轨道,成功调整到周期为 127 分钟、高度为 200 公里的**圆形越极轨道**,从而正式进入科学探测的工作轨道。

至此,"嫦娥一号"探月卫星经过长途跋涉,耗时 13 天 14 小时 30 分钟,终于成为月球的一颗"人造卫星"。

5. 返回地球过程

(1)飞离月球过程。在"嫦娥一号"探月卫星完成绕月计划后,需要脱离月球的束缚,返回地球。这时就可以再次点燃发动机,给"嫦娥一号"探月卫星加速,提高其绕月环绕高度,直至脱离月球的吸引,奔向地球。

(2)飞向地球过程。在"嫦娥一号"探月卫星飞向地球的过程中也需要调整其飞行速度,改变其航向,直至被地球俘获,继而成为地球的一颗"人造卫星"。

(3)返回地球过程。在"嫦娥一号"探月卫星环绕地球运行的过程中,继续实施变轨,降低绕行速度,选择适当位置,最后在发动机制动及降落伞的作用下安全着陆到地球。

1.7.2 "嫦娥一号"飞行过程中的力学原理

1. 火箭起飞过程中的力学原理

运载火箭上升过程中所遵从的物理原理是我们所熟知的动能定理,即火箭在氢气燃料燃烧后向下喷出火焰所施加的持续反冲力作用下,加速上升,由于"长三甲"是捆绑式分级火箭,每当抛出一级火箭后,整个运载火箭的质量就大大减小,这样就能获得更大的加速度(物体在一定力的作用下,其质量越小,所能获得的加速度就越大(牛顿第二定律),直至将"嫦娥一号"探月卫星的速度提升到发射速度。

如图 1.7-2 所示,在 t 时刻,火箭-燃料系统的质量为 M,速度为 v;在 $t \rightarrow t + \Delta t$ 时间间隔内,有质量为 Δm 的燃料变为气体,并以速度 u 相对火箭喷射出去。

在时刻 $t + \Delta t$,火箭相对选定的惯性参考系的速度为 $v + \Delta v$,而燃烧气体粒子相对选定的惯性参考系的速度则为 $v + \Delta v + u$。

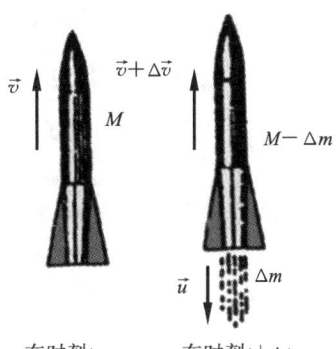

图 1.7-2　火箭起飞力学原理图

$$\vec{p}(t) = M\vec{v}$$
$$\vec{p}(t + \Delta t) = (M - \Delta m)(\vec{v} + \Delta \vec{v}) + \Delta m(\vec{v} + \Delta \vec{v} + \vec{u})$$
$$\Delta \vec{p} = \vec{p}(t + \Delta t) - \vec{p}(t) = M\Delta \vec{v} + \vec{u}\Delta m$$
$$\frac{d\vec{p}}{dt} = M\frac{d\vec{v}}{dt} + \vec{u}\frac{dm}{dt}, \quad \frac{dm}{dt} = -\frac{dM}{dt}$$
$$\frac{d\vec{p}}{dt} = M\frac{d\vec{v}}{dt} - \vec{u}\frac{dM}{dt}$$
$$\vec{F} = \frac{d\vec{p}}{dt} = M\frac{d\vec{v}}{dt} - \vec{u}\frac{dM}{dt}, \quad M\frac{d\vec{v}}{dt} = \vec{F} + \vec{u}\frac{dM}{dt}$$

其中:$\vec{F}$ 为火箭所受的合外力;$\vec{u}\dfrac{dM}{dt}$ 为火箭的推力。如果气体的排出率 $\dfrac{dM}{dt} = 300$ kg/s,气体的喷射速度 $u = 2000$ m/s,则火箭的推力 $F' = 6 \times 10^5$ N。

火箭在大气层内运动的过程中,与大气的摩擦力是很大的,摩擦力做功会使大量的机械能转化为热能,导致火箭表面的温度达到很高。因此,火箭、卫星外层要用由耐高温材料制作的防护罩来保护。

2. 环绕地球、月球运行过程中所遵从的力学原理

"嫦娥一号"探月卫星在环绕地球、月球无动力运行的过程中,只受到地球、月球所施加的万有引力,万有引力是保守力,则绕地球、月球的飞行机械能守恒;同时所受的外力矩为零,角动量也守恒,$mv_1 r_1 = mv_2 r_2$,显然其飞行的高度不同,其运行的速度也不同。在近地点、近月点运行的速度快,而在远地点、远月点运行的速度慢(即卫星离地球点、月球点的距离越远,其运行的速度就越小)。在"嫦娥一号"探月卫星数次变轨(绕地球、月球)的过程中,由于其距离地球点、月球点表面的高度不同,其绕行的速度也就不一样。

3. 环绕地球、月球转移(由"绕地"向"绕月"转移和由"绕月"向"绕地"转移)过程中所遵从的力学原理

"嫦娥一号"探月卫星在近地点或远地点点火加速,v 变大,此时其所需的向心力 $F_n = \dfrac{mv^2}{r}$ 变大,当万有引力 $F_{引} = \dfrac{GMm}{r^2}$ 不足以提供向心力时,"嫦娥一号"探月卫星就做离心运动,运动到较高轨道时做椭圆运动,一圈圈绕地球飞行,轨道一次次抬高;当远地点高度提高到 7

万多公里时，为"嫦娥一号"探月卫星的地球、月球转移入口点创造了条件。

4. "嫦娥一号"探月卫星着陆月球过程中所遵从的力学原理

卫星由于受地球引力的作用，其下降的运动速度会不断增大，必须通过制动及降落伞为返回的卫星减速，以便安全着陆。在"登月车"着陆月球时，原理大致相同。

一般高速运动的物体所受空气阻力 f 的大小与速率的二次方成正比，求解运动方程是一个非线性问题。下面建立动力学方程：

$$m\frac{\mathrm{d}^2\vec{r}}{\mathrm{d}t^2} = m\vec{g} - \vec{f}$$

在直角坐标系下可正交分解为

$$m\frac{\mathrm{d}^2x}{\mathrm{d}t^2} = -k\left(\frac{\mathrm{d}x}{\mathrm{d}t}\right)^2$$

$$m\frac{\mathrm{d}^2y}{\mathrm{d}t^2} = mg - k\left(\frac{\mathrm{d}y}{\mathrm{d}t}\right)^2$$

由水平方向的动力学方程可得

$$\frac{\mathrm{d}^2x}{\mathrm{d}t^2} = -\frac{k}{m}\left(\frac{\mathrm{d}x}{\mathrm{d}t}\right)^2 \Leftrightarrow \frac{\mathrm{d}v_x}{\mathrm{d}t} = -\frac{k}{m}\left(\frac{\mathrm{d}x}{\mathrm{d}t}\right)^2 \Leftrightarrow \frac{\mathrm{d}v_x}{\mathrm{d}x}\frac{\mathrm{d}x}{\mathrm{d}t} = -\frac{k}{m}v_x^2$$

再积分，设起始条件 $v_x = v'_{ax}$，v'_{ax} 为最高点 x 方向的分量，

$$\int_{v'_{ax}}^{v}\frac{\mathrm{d}v_x}{v_x} = -\int_0^x\frac{k}{m}\mathrm{d}x \Leftrightarrow \ln\frac{v_x}{v'_{ax}} = -\frac{k}{m}x$$

则速度

$$v_x = v'_{ax}e^{-\frac{k}{m}x}$$

当 k 与 m 一定时，$t\to\infty$，由 $v_x = v'_{ax}e^{-\frac{k}{m}x}$，物体的速度逐渐减小到零。竖直方向的速度表达式也有类似的表达式，可自行推导。

总习题一

一、选择题

1.1 质点的运动方程为 $x = 3t - 5t^2 + 6$（SI），则质点做（　　）。

A. 匀加速直线运动，加速度沿 x 轴正方向

B. 匀加速直线运动，加速度沿 x 轴负方向

C. 变加速直线运动，加速度沿 x 轴正方向

D. 变加速直线运动，加速度沿 x 轴负方向

1.2 一辆牵引车从 $t=0$ 时开始做直线运动，它的速度与时间的关系为 $v=bt^2$，b 为正常数，该车从 $t=0$ 开始经过时间 t 所走过的距离为（　　）。

A. bt^3 　　　　 B. $\dfrac{bt^3}{3}$ 　　　　 C. $3bt^2$ 　　　　 D. $\dfrac{bt^2}{3}$

1.3 质点做曲线运动，$\vec{r}$ 表示位置矢量，$\vec{v}$ 表示速度，$\vec{a}$ 表示加速度，S 表示路程，a_t 表示切向加速度，下列表达式中，（　　）。

(1) $\mathrm{d}v/\mathrm{d}t=a$，　　(2) $\mathrm{d}r/\mathrm{d}t=v$，　　(3) $\mathrm{d}S/\mathrm{d}t=v$，　　(4) $\left|\dfrac{\overrightarrow{\mathrm{d}v}}{\mathrm{d}t}\right|=a_t$。

A. 只有(1)、(4)是对的　　　　　　　　B. 只有(2)、(4)是对的

C. 只有(2)是对的　　　　　　　　　　D. 只有(3)是对的

1.4 如总习题 1.4 图所示，已知 A、B 间用不伸长的细绳连接，当 A 以恒定的速度 v_0 向左运动时，则 B 的速度大小为（　　）。

A. $v=v_0$　　　　B. $v=v_0\cos\theta$　　　　C. $v=\dfrac{v_0}{\cos\theta}$　　　　D. $v=v_0\sin\theta$

1.5 质点沿半径为 R 的圆周按下列规律运动，路程（弧长）$s=at-\dfrac{c}{2}t^2$，式中 a、c 为正常数，且 $\dfrac{a^2}{c}<R$。则在切向加速度与法向加速度的数值达到相等以前所经历的时间为（　　）。

A. $\dfrac{a}{c}-\sqrt{\dfrac{R}{c}}$　　　B. $\dfrac{a}{c}+\sqrt{\dfrac{R}{c}}$　　　C. $\dfrac{a}{c}-cR^2$　　　D. $\dfrac{a}{c}+cR^2$

1.6 在相对地面静止的坐标系内，A、B 两船都以 2 m/s 速率匀速行驶，A 船沿 x 轴正向，B 船沿 y 轴正向。今在 A 船上设置与静止坐标系方向相同的坐标系（x,y 方向单位矢量用 $\vec{i}$、$\vec{j}$ 表示），那么在 A 船上的坐标系中，B 船的速度（以 m/s 为单位）为（　　）。

A. $2\vec{i}+2\vec{j}$　　　B. $-2\vec{i}+2\vec{j}$　　　C. $-2\vec{i}-2\vec{j}$　　　D. $2\vec{i}-2\vec{j}$

1.7 质量为 m 的质点，以不变速率 v 沿总习题 1.7 图中正三角形 ABC 的水平光滑轨道运动。质点越过 A 角时，轨道作用于质点的冲量的大小为（　　）。

A. mv　　　B. $\sqrt{2}mv$　　　C. $\sqrt{3}mv$　　　D. $2mv$

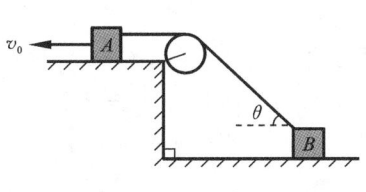

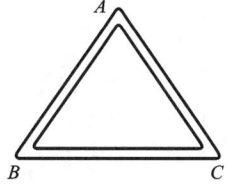

总习题 1.4 图　　　　　　　　　　总习题 1.7 图

1.8 一个质点同时在几个力的作用下的位移为 $\Delta\vec{r}=4\vec{i}-5\vec{j}+6\vec{k}$，其中一个恒力为 $\vec{F}=-3\vec{i}-5\vec{j}+9\vec{k}$，则此力在该位移过程中所做的功为（　　）。

A. 67 J　　　　　B. 91 J　　　　　C. 17 J　　　　　D. -67 J

1.9 质量为 m 的一艘宇宙飞船关闭发动机返回地面时，可认为该飞船只在地球的引力场中运动。已知地球的质量为 M，万有引力恒量为 G。当它从距地球中心 R_1 处下降到 R_2 处时，飞船增加的动能应为（　　）。

A. $\dfrac{GMm}{R_2}$　　　B. $\dfrac{GMm}{R_2^2}$　　　C. $GMm\dfrac{R_1-R_2}{R_1R_2}$

D. $GMm\dfrac{R_1-R_2}{R_1^2}$　　　E. $GMm\dfrac{R_1-R_2}{R_1^2R_2^2}$

1.10 有一劲度系数为 k 的轻弹簧,原长为 L_0,将它吊在天花板上,当它下端挂一托盘平衡时,其长度变为 L_1,然后在托盘中放一重物,弹簧长度变为 L_2,则弹簧由 L_1 伸长至 L_2 的过程中,弹性力所做的功为(　　　)。

A. $-\int_{L_1}^{L_2} kx\,\mathrm{d}x$　　　　B. $\int_{L_1}^{L_2} kx\,\mathrm{d}x$　　　　C. $-\int_{L_1-L_0}^{L_2-L_0} kx\,\mathrm{d}x$　　　　D. $\int_{L_1-L_0}^{L_2-L_0} kx\,\mathrm{d}x$

二、填空题

1.11 已知质点的运动方程为 $\vec{r}(t)=5t\vec{i}-2t^2\vec{j}+6\vec{k}$(SI),则该质点的初速度为＿＿＿＿＿＿,$t=2$ s 末时的加速度为＿＿＿＿＿＿。

1.12 在一个转动的齿轮上,一个齿尖 P 沿半径为 R 的圆周运动,其路程 S 随时间的变化规律为 $S=v_0t+\dfrac{1}{2}bt^2$,式中 v_0 和 b 都是正常量,则 t 时刻齿尖 P 的速度大小为＿＿＿＿＿＿,加速度大小为＿＿＿＿＿＿。

1.13 一质点沿半径为 R 的圆周运动,其路程 S 随时间 t 变化的规律为 $S=bt-\dfrac{1}{2}ct^2$(SI),式中 b、c 为大于零的常量,且 $b^2>Rc$,则此质点运动的切向加速度 $a_t=$＿＿＿＿＿＿;法向加速度 $a_n=$＿＿＿＿＿＿。

1.14 一圆锥摆的摆长为 L,摆锤质量为 m,在水平面上以角速度 ω 做匀速转动,摆线与铅直方向的夹角为 θ,如总习题 1.14 图所示,则小球在转动一圈的过程中所受合力的冲量大小为＿＿＿＿＿＿,所受绳子拉力的冲量大小为＿＿＿＿＿＿。

1.15 一个力 F 作用在质量为 2 kg 的质点上,使之沿 x 轴运动,已知在此力的作用下质点的运动方程为 $x=3t-4t^2+t^3$(SI),则在 0 到 4 s 内力 F 的冲量大小为＿＿＿＿＿＿。

1.16 一物体质量 $M=2$ kg,在合外力 $\vec{F}=(3+2t)\vec{i}$(SI) 的作用下,从静止出发沿 x 轴做直线运动,则当 $t=1$ s 时物体的速度为＿＿＿＿＿＿。

1.17 一质点在如总习题 1.17 图所示的坐标平面内做圆周运动,有一力 $\vec{F}=F_0(x\vec{i}+y\vec{j})$ 作用在质点上。在该质点从坐标原点运动到 $(0,2R)$ 位置的过程中,力 $\vec{F}$ 对它所做的功为＿＿＿＿＿＿。

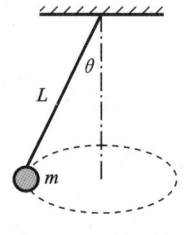

总习题 1.14 图

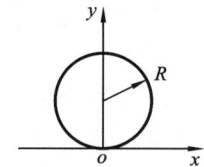

总习题 1.17 图

1.18 质量为 $m=0.5$ kg 的质点,在 xoy 坐标平面内运动,其运动方程为 $x=5t$,$y=0.5t^2$(SI),从 $t=2$ s 到 $t=4$ s 这段时间内,外力对质点做的功为＿＿＿＿＿＿。

1.19 一个人从 10 m 深的井中提水,开始时桶中装有 10 kg 的水,由于水桶漏水,每升高 1 m 要漏掉 0.2 kg 的水,当水桶匀速地从井底提到井口时,人所做的功为＿＿＿＿＿＿。

三、计算题

1.20 一质点沿 x 轴运动,其加速度为 $a=4t$(SI),已知当 $t=0$ 时,质点位于 $x_0=10$ m 处,初速度 $v_0=0$。试求其位置和时间的关系式。

1.21 一飞轮边缘上一点所经过的路程与时间的关系为 $s=t^3+2t^2$(路程 s 以 cm 计,时间 t 以 s 计)。已知 2 s 时,加速度的大小为 $a=16\sqrt{2}$ cm·s^{-2}。求:(1) 飞轮的半径;(2) $t=2$ s 时飞轮的角速度和角加速度。

1.22 质量为 m 的质点沿半径为 R 的圆周按规律 $s=v_0t+\dfrac{1}{2}at^2$ 运动,其中 s 是路程,t 是时间,v_0、a 是常数。求:t 时刻作用于质点的切向力和法向力。

1.23 一质量为 10 kg 的质点,受到方向不变的力 $F=30+40t$(SI)作用,若物体的初速度为 10 m/s,方向与力 F 的方向相同,求:

(1) 在开始的 2 s 内,此力冲量的大小;

(2) 2 s 末质点速度的大小。

1.24 如总习题 1.24 图所示,传送带以 3 m/s 的速度水平向右运动,沙子从高度 $h=0.8$ m 处以每秒 10 kg 的流量落到传送带上,求在沙子落入传送带的过程中,传送带给沙子的作用力。($g=10$ m/s^2)

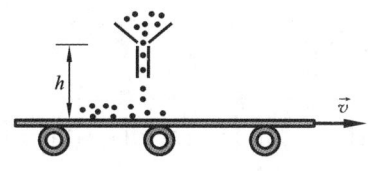

总习题 1.24 图

1.25 一沿 x 轴正方向的力作用在一质量为 3.0 kg 的质点上,已知质点的运动方程为 $x=3t-4t^2+t^3$(SI),试求:

(1) 力在最初 4 s 内做的功;

(2) 当 $t=3$ s 时,力的瞬时功率。

第 1 章测试题

第2章
刚体力学

第1章研究的质点力学忽略了物体的形状和大小。一般来说,在外力的作用下,物体的形状和大小要发生变化。本章将引入另外一个力学模型——刚体,主要讨论刚体的定轴转动,内容包括刚体运动学和刚体动力学。

本章的每一个概念、定理和定律都与质点力学的内容相对应,在学习时,应该注意使用类比的方法、联想记忆。

2.1　刚体运动的描述

基本要求:理解刚体模型、刚体定轴转动的运动方程、角速度和角加速度的概念。

2.1.1　刚体模型

第1章讨论了质点的力学规律。质点模型突出了物体具有质量和占有空间位置,忽略了物体的形状和大小,因此无须考虑其形变以及是否发生转动等问题。实际情况是,物体都有一定的形状和大小,并且在外力的作用下,物体的形状和大小要发生变化;或者物体上各点的运动情况不一样,其形状和大小不能忽略。刚体是指在运动中和受力作用后,形状和大小不变且内部各点的相对位置不变的物体。绝对刚体实际上是不存在的,只是一种理想模型,因为任何物体在受力作用后,都或多或少地变形,如果变形的程度相对于物体本身几何尺寸来说极其微小,在研究物体运动时,变形就可以忽略不计。把许多固体视为刚体,所得到的结果在工程上一般已有足够的准确度。

刚体可以看成是由无数个质点组成的质点系,在这个质点系中,质点之间的相对位置保持不变,即刚体可以看成一个包含由大量质点且各个质点间距离保持不变的质点系。研究刚体的运动规律,要先讨论每个质点的运动规律,然后把构成刚体的全部质点的运动加以综合,就可以得到刚体的运动规律。

2.1.2　刚体的平动和转动

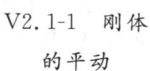

V2.1-1　刚体
的平动

V2.1-2　刚体
的转动

　　刚体的运动可分为平动和转动（转动又可分为定轴转动和非定轴转动），其他较复杂的运动可以看成是这两种基本运动的叠加，或一种转动与另外一种转动的叠加。如图 2.1-1(a)所示，当刚体中所有点的运动轨迹都保持完全相同时，或者说刚体内任意两点间的连线总是平行于它们的初始位置间的连线时，这种运动称为平动。

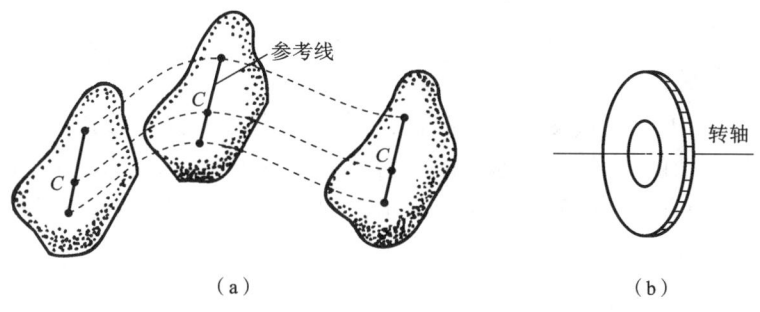

参考线

转轴

（a）　　　　　　　　　（b）

图 2.1-1　刚体的平动和转动

　　对于刚体的平动，由于各个质点在同一时间内的位移都相同，同一时刻的速度和加速度也相等，因此刚体的平动情况可以用一个点（通常用质心）的运动来代表，即刚体可以视为质点，这个质点的质量等于刚体的质量。

　　如图 2.1-1(b)所示，刚体中所有的点都绕同一条直线做圆周运动，这种运动称为**转动**。这条直线称为**转轴**。若转轴总是固定不动的，则称为**定轴转动**。例如，电动机转子的转动，房间的门、窗的转动等都是定轴转动。

　　一般刚体的运动比较复杂，但无论运动多么复杂，都可将它视为平动和转动的合成。如图 2.1-2 所示，正在行驶的汽车车轮一边绕车轴转动，一边在路上前行。本书只讨论刚体的定轴转动。

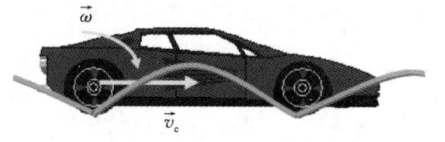

$\vec{\omega}$

$\vec{v}_c$

图 2.1-2　一般的复杂转动

2.1.3　刚体定轴转动的描述

V2.1-3　刚体的
定轴转动

　　刚体做定轴转动时，它的每一个质点都在各自垂直于转轴的转动平面内做圆周运动，各转动平面相互平行。只要弄清楚了一个转动平面内各质点的运动情况，整个刚体的运动情况就清楚了。因此，可以取任一转动平面分析刚体定轴转动的问题。

　　如图 2.1-3 所示，取任一垂直于定轴的平面作为**转动平面**，O 为转轴与转动平面的交点，P 为刚体上的一个质点，P 在这一转动平面内绕点 O 做圆周运动，具有一定的角位移、角速度和角加速度。显然，刚体中任何其他质点也都在各自的转动平面内做圆周运动，而且都具

有与 P 相等的角位移、角速度和角加速度。在质点运动学中讨论过的角位移、角速度和角加速度等概念以及有关的公式都适用于刚体的定轴转动。至于刚体内各个质点的速度和加速度,由各质点到转轴的距离和方位的不同而各不相同。转动中的角速度和角加速度等角量,速度与加速度等线量之间的关系仍然由第 1 章第 1.2 节"圆周运动"中的式 (1.2-2)、式(1.2-3)及式(1.2-4)等表示。

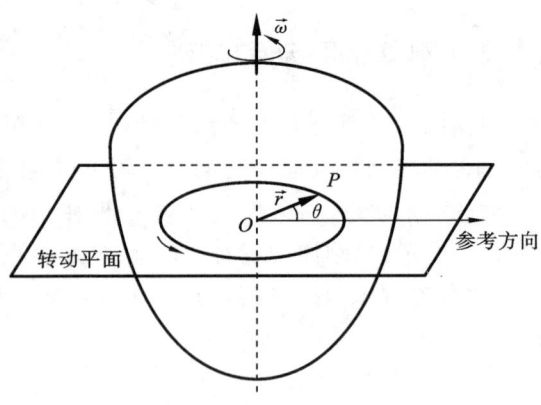

图 2.1-3　刚体定轴转动

角速度可以定义为矢量,用 $\vec{\omega}$ 表示,它的方向由右手螺旋定则确定,即让右手四指弯曲方向与刚体转动的方向一致,拇指的方向便是角速度矢量的方向,如图 2.1-4 所示。

显然,在定轴转动的情况下,角速度的方向沿转轴的方向,因此,绕同一转轴不同旋转方向的定轴转动的转动方向可以用正负号来表示。如图 2.1-5 所示,角速度的方向与坐标轴的正方向相同时取正,反之取负。

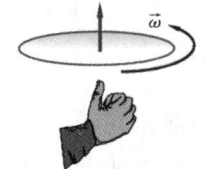

图 2.1-4　右手螺旋定则

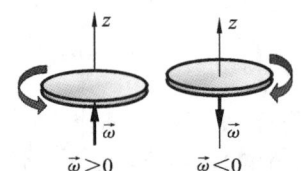

图 2.1-5　角速度矢量

角加速度也是矢量,用 $\vec{\beta}$ 表示。在定轴转动中,当刚体转动加快时,$\vec{\beta}$ 和 $\vec{\omega}$ 方向相同;当刚体转动减慢时,$\vec{\beta}$ 和 $\vec{\omega}$ 方向相反。由于在刚体定轴转动时,角速度、角加速度方向只会沿转轴的两个方向,所以常作为标量处理。

例 2.1-1　　　一转动的轮子由于受摩擦力矩的作用,在 5 s 内角速度由 $20\pi(\mathrm{rad \cdot s^{-2}})$ 匀减速地降到 $10\pi(\mathrm{rad \cdot s^{-2}})$。求:(1)角加速度;(2)在此 5 s 内转过的圈数;(3)还需要多少时间轮子停止转动。

解　　　(1)根据题意,角加速度为恒量

$$\beta = \frac{\omega - \omega_0}{t} = \frac{10\pi - 20\pi}{5} = -2\pi \ (\mathrm{rad/s^2})$$

(2)由于 $\theta - \theta_0 = \dfrac{\omega^2 - \omega_0^2}{2\beta} = \dfrac{(10\pi)^2 - (20\pi)^2}{2 \times (-\pi)} = 150\pi \ (\mathrm{rad})$

所以在此 5 s 内转过的圈数为　　$N = \dfrac{150\pi}{2\pi} = 75$ 圈

(3)由 $\omega_0 = 10\pi \ (\mathrm{rad/s})$,$\omega = 0$ 得

$$t = \frac{\omega - \omega_0}{\beta} = \frac{0 - 10\pi}{-2\pi} = 5 \ \mathrm{s}$$

随堂练习

2.1 半径为 30 cm 的飞轮，从静止开始以 0.5 rad·s^{-2} 的角加速度匀加速转动，则飞轮边缘上一点在转过 240°时的切向加速度为_____，法向加速度为_____。

2.2 一绕定轴转动的刚体，某时刻的角速度为 ω，角加速度为 β，则其转动加快的依据是(　　)。

  A. $\beta>0$ B. $\omega>0,\beta>0$ C. $\omega<0,\beta>0$ D. $\omega>0,\beta<0$

2.2　力矩、转动定律、转动惯量

基本要求：理解转动惯量的概念并会计算简单刚体的转动惯量；掌握刚体绕定轴的转动定律，会求解定轴转动刚体和质点的联动问题。

2.2.1　力矩

  在第 2.1 节中，我们讨论了刚体定轴转动的运动学问题，本节讨论刚体定轴转动的动力学问题，即研究刚体获得角加速度的原因和刚体定轴转动所遵循的规律。为此我们先引入力矩的概念。

  由牛顿运动定律可知，力作用在质点上将导致质点运动状态发生改变，但作用于刚体上的力不一定改变刚体的转动状态。力对刚体转动的影响，不仅与力的大小和方向有关，还与力相对于转轴的位置有关。

  如图 2.2-1 所示，用扳手拧螺母，如果手的位置靠近螺母，则需要很大的力（F_A）；若手的位置远离螺母，则用力（F_B）较小。另外，如果手的作用力（F_C）通过转轴，则无论作用力多大，都无法转动。当用手关门时，力的作用线和门的转轴之间的距离越大，越容易把门关上，如果力的作用线通过门的转轴，或者力的方向与转轴平行，则不论用多大的力也不能把门关上。因此，为了描述力对刚体转动的作用，需要引入力对转轴的力矩这一新的物理量，用 M 表示。

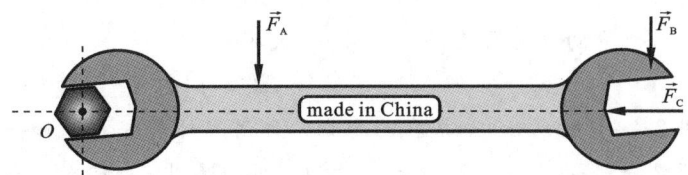

图 2.2-1　扳手拧螺母

  如图 2.2-2 所示，设刚体所受的外力 F 在转动平面内，作用点为 P（位矢为 $\vec{r}$），$\vec{r}$ 与 $\vec{F}$ 的夹角为 θ，作用线到转轴的距离为 d（称为该力对转轴的力臂），该力相对于转轴的**力矩**大小为

$$M=Fd=Fr\sin\theta \tag{2.2-1}$$

一般情况下，F 不在转动的平面内，我们将 F 分解为与转轴平行的分量及与转轴垂直的分量即可，因此式 (2.2-1) 中的 F 应理解为外力在转动平面内的分力。应当指出，力矩是矢量，其方向由右手螺旋定则确定（见图 2.2-2），方向沿着转轴的方向，力矩与转轴的方向相同时取正，反之取负。因此，力矩 $\vec{M}$ 可用 $\vec{r}$ 与 $\vec{F}$ 的叉乘表示

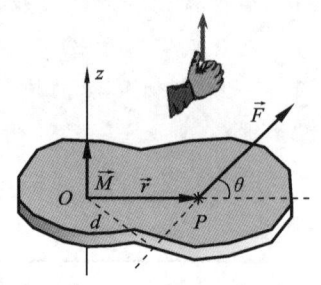

$$\vec{M} = \vec{r} \times \vec{F} \qquad (2.2\text{-}2)$$

可以证明，如果有几个力同时作用在一个绕定轴转动的刚体上，它们的合力矩等于各个力对转轴力矩的矢量和。

力对转轴力矩有如下一些性质：

（1）与转轴垂直但通过转轴的力对转动不产生力矩。

图 2.2-2   力矩的定义

（2）与转轴平行的力对转轴不产生力矩。

（3）刚体内各质点间内力对转轴不产生力矩。

（4）当力的作用点沿着作用线移动时，力臂不变，力矩也不变。

（5）一对相互作用内力对同一条转轴的力矩之和为零。

例 2.2-1   两个大小相等、方向相反的力称为力偶。如图 2.2-3 所示，力偶作用在平板形状的刚体上，$f_1 = f_2 = f$，二力作用线的距离为 d，证明力偶对任意垂直于平面的转轴力矩都等于 fd。

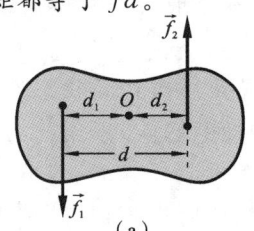 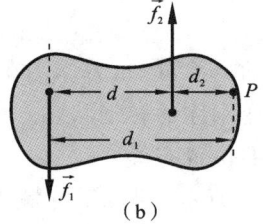

(a)   (b)

图 2.2-3   力偶

解   如图 2.2-3(a) 所示，在两个力的作用线中间任意选取一个转轴 O，它到两个力的距离分别是 d_1、d_2，则 $d_1 + d_2 = d$。可以看出，两个力相对于转轴 O 的力矩方向都是垂直纸面向外的，大小分别为

$$M_1 = f_1 d_1 = f d_1, \quad M_2 = f_2 d_2 = f d_2$$

合外力矩方向也是垂直纸面向外的，大小为

$$M = M_1 + M_2 = f_1 d_1 + f_2 d_2 = f(d_1 + d_2) = fd$$

如图 2.2-3(b) 所示，如果在两个力的作用线外部任意选择一个转轴 P，它到两个力的距离分别是 d_1、d_2，则 $d_1 - d_2 = d$。可以看出，f_1 相对于转轴 P 的力矩方向是垂直纸面向外的，而 f_2 相对于转轴 P 的力矩方向是垂直纸面向内的。以垂直纸面向外方向为正，合外力矩为

$$M = M_1 - M_2 = f(d_1 - d_2) = fd$$

可见，力偶的力矩与转轴的位置无关。

2.2.2 转动定律

为了研究力矩对刚体定轴转动的作用效果,我们先来考察一个质点 P 围绕转轴做半径为 r 的圆周运动。力 F 作用在质点上,分解为法向力 F_n 和切力 F_τ。法向力通过转轴,其力矩为零。

根据牛顿运动定律,切向力对转轴的力矩为

$$M = F_\tau r = ma_\tau r = mr^2\beta \tag{2.2-3}$$

即质点的角加速度与质点所受的力矩成正比。

可以把刚体看成是由许多个质点组成的,对于质点 i,假设它的质量为 Δm_i,所受的外力为 $\vec{F_i}$,根据式(2.2-3),则有

$$M_i = \Delta m_i r_i^2 \beta$$

对刚体内所有质点求和,有

$$\sum M_i = \sum \Delta m_i r_i^2 \beta = \left(\sum \Delta m_i r_i^2\right)\beta$$

定义

$$J = \sum \Delta m_i r_i^2 \tag{2.2-4}$$

为转动惯量,考虑到刚体内部质点之间力矩互相抵消,合外力矩 $M = \sum M_i$,得

$$M = J\beta \tag{2.2-5}$$

写成矢量形式为

$$\vec{M} = J\vec{\beta} \tag{2.2-6}$$

我们得到刚体的转动定律:刚体在合外力矩的作用下,刚体所获得的角加速度与它所受的合外力矩成正比,与刚体的转动惯量成反比。转动定律是解决刚体定轴转动的基本定律,其地位与质点动力学中的牛顿第二定律相当。

2.2.3 转动惯量

当合外力矩相同时,转动惯量大,角加速度小;转动惯量小,角加速度大。因此,转动惯量是反映刚体转动惯性大小的物理量。

刚体的转动惯量等于刚体上各质点的质量与各质点到转轴距离平方的乘积之和。它与刚体的形状、质量分布以及转轴的位置有关,也就是说,它只与绕定轴转动的刚体本身的性质和转轴的位置有关。

转动惯量有可加性,当一个刚体由几部分组成时,可以分别计算各个部分对转轴的转动惯量,然后把结果相加就可以得到整个刚体的转动惯量。对于离散型刚体,可按照式(2.2-4)计算转动惯量。对于质量连续型刚体,转动惯量的计算可用如下定积分计算

$$J = \int r^2 \, \mathrm{d}m \tag{2.2-7}$$

一维连续型刚体:$\mathrm{d}m = \lambda \mathrm{d}l$,$\lambda$ 表示线密度,即单位长度的质量;

二维连续型刚体:$\mathrm{d}m = \sigma \mathrm{d}s$,$\sigma$ 表示面密度,即单位面积的质量;

三维连续型刚体：$\mathrm{d}m = \rho\mathrm{d}V$，$\rho$ 表示体密度，即单位体积的质量。

例 2.2-2　一个质量为 m、长为 l 的均匀细棒，求通过棒中心或端点并与棒垂直的轴的转动惯量。

解　（1）**建立坐标系**，如图 2.2-4 所示。

（2）设细棒的线密度为 λ，取一个距离转轴为 x 处的质元为

$$\mathrm{d}m = \lambda\mathrm{d}x$$

则此质元的**转动惯量**为

$$\mathrm{d}J = x^2\mathrm{d}m = \lambda x^2\mathrm{d}x$$

（3）**积分**。对于 OO' 轴，积分得

$$J = \int_{-l/2}^{l/2} \lambda x^2\mathrm{d}x = \frac{1}{12}\lambda l^3 = \frac{1}{12}ml^2$$

对于 AA' 轴，积分得

$$J = \int_0^l \lambda x^2\mathrm{d}x = \frac{1}{3}\lambda l^3 = \frac{1}{3}ml^2$$

图 2.2-4　建立坐标系

例 2.2-3　如图 2.2-5 所示，轴与圆环平面垂直并通过其圆心，求质量为 m、半径为 R 的均匀细圆环的转动惯量。

解　将圆环切割为无限多段细小的质元，每个质元到转轴的垂直距离均为 R，根据转动惯量的定义式，

$$\mathrm{d}J = R^2\mathrm{d}m$$

$$J = \int_L R^2\mathrm{d}m = R^2\int_L \mathrm{d}m = mR^2$$

上式的定积分就表示对圆环上所有质元求和，等于圆环的总质量。

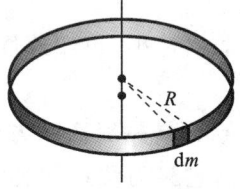

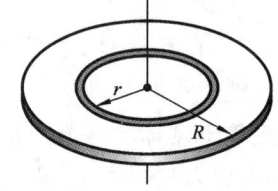

图 2.2-5　均匀圆环　　　　**图 2.2-6　均匀圆盘**

例 2.2-4　如图 2.2-6 所示，轴与圆盘平面垂直并通过其圆心，求质量为 m、半径为 R 的均匀圆盘的转动惯量。

解　圆盘可以认为是由许多个圆环组成的。取任一半径为 r、宽为 $\mathrm{d}r$ 的薄圆环（图 2.2-6 中的阴影所示），该圆环的面积 $\mathrm{d}S = 2\pi r\mathrm{d}r$，质量与面积成正比 $\mathrm{d}m = \sigma\mathrm{d}S$，其中 σ 表示单位面积的圆盘质量 $\sigma = \dfrac{m}{\pi R^2}$，根据转动惯量的定义式，其转动惯量为

$$\mathrm{d}J = r^2\,\mathrm{d}m = \frac{m}{R^2}2r^3\,\mathrm{d}r$$

$$J = \int_0^R \frac{m}{R^2}2r^3\,\mathrm{d}r = \frac{1}{2}mR^2$$

如图 2.2-7 所示,设通过刚体质心的轴线为 Z_C,刚体相对于这个轴线的转动惯量为 J_C;如果有另一轴线 Z 与通过质心的轴线 Z_C 相平行,则刚体对通过 Z 轴的转动惯量为

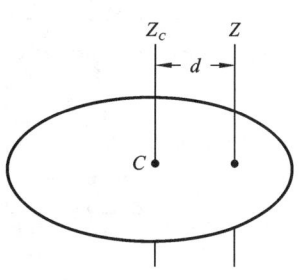

图 2.2-7　平行轴定理

$$J = J_C + md^2 \qquad (2.2\text{-}8)$$

式中:m 为刚体的质量,d 为两平行轴之间的距离,此式称为**平行轴定理**。

常见均匀刚体的转动惯量见表 2.1。

表 2.1　常见均匀刚体的转动惯量

细棒　$\frac{1}{12}ml^2$	细棒　$\frac{1}{3}ml^2$
圆环、圆筒　mR^2	圆柱、圆盘　$\frac{1}{2}mR^2$
矩形薄板　$\frac{1}{12}m(a^2+b^2)$	空心圆柱　$\frac{1}{2}m(R_1^2+R_2^2)$
薄球壳　$\frac{2}{3}mR^2$	球体　$\frac{2}{5}mR^2$

例 2.2-5　　图 2.2-8 所示的为"阿特伍德机",一根轻绳跨过定滑轮,其两端分别悬挂着质量为 m_1 和 m_2 的物体,且 $m_2 > m_1$。滑轮半径为 R,质量为 m_3(可视为匀质圆盘),绳不能伸长,绳与滑轮间也无相对滑动。忽略轴处摩擦,试求物体的加速度和绳子的张力。

解　　由题意可知,m_1 和 m_2 做平动,m_3 做转动。将 m_1、m_2 和 m_3 隔离,做受力图,如图 2.2-8(b)所示。由于滑轮的质量不能忽略,所以绳子两边的张力不等,但是有

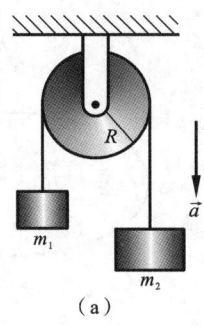

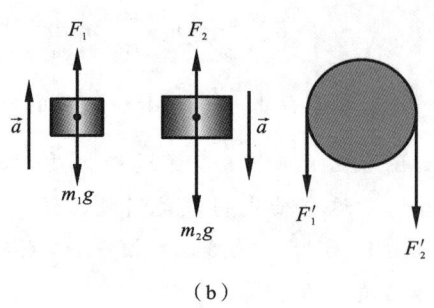

（a）   （b）

图 2.2-8   阿特伍德机

$$F_1=F_1', \quad F_2=F_2'$$

因为绳子不能伸长，所以 m_1 和 m_2 的加速度大小相同。根据牛顿第二定律，并以各自的正方向为正方向，有

$$m_1: \qquad\qquad F_1-m_1g=m_1a \qquad\qquad (1)$$

$$m_2: \qquad\qquad m_2g-F_2=m_2a \qquad\qquad (2)$$

对于 m_3 来说，取逆时针为转动正方向。由于重力和轴承的支持力对轴无力矩作用，所以根据转动定律，有

$$m_3: \qquad\qquad F_2'R-F_1'R=J\beta \qquad\qquad (3)$$

其中转动惯量为 $J=\dfrac{1}{2}m_3R^2$。

因为绳与滑轮之间无相对滑动，故有

$$a=R\beta \qquad\qquad (4)$$

求解上述方程，可得

$$a=\frac{(m_2-m_1)g}{m_1+m_2+\frac{1}{2}m_3}, \quad F_1=\frac{m_1\left(2m_2+\frac{1}{2}m_3\right)g}{m_1+m_2+\frac{1}{2}m_3}, \quad F_2=\frac{m_2\left(2m_1+\frac{1}{2}m_3\right)g}{m_1+m_2+\frac{1}{2}m_3}$$

例 2.2-6   如图 2.2-9 所示，一根长为 l、质量为 m 的匀质细杆竖直放置，其下端与一固定铰链相连，并可以绕其转动。由于此竖直放置的细杆处于非稳定状态，其受到微小扰动时，细杆在重力的作用下由静止开始绕铰链转动。试计算细杆转到与竖直线成 θ 角时的角速度与角加速度。

解   细杆受重力 mg 和铰链对细杆的约束力 N，由于细杆是匀质的，所以重力作用在细杆的重心处。以铰链为转轴，当细杆转到与竖直线成 θ 角时，重力的力矩为 $\dfrac{1}{2}mgl\sin\theta$，而约束力通过转轴，力矩为零。根据转动定律，得

$$\frac{1}{2}mgl\sin\theta=J\beta$$

其中：细杆通过一端的转动惯量为 $J=\dfrac{1}{3}ml^2$，因此细杆转到与竖直线成 θ 角时的角

加速度为

$$\beta = \frac{3g}{2l}\sin\theta$$

由角加速度的定义式得

$$\frac{\mathrm{d}\omega}{\mathrm{d}t} = \frac{3g}{2l}\sin\theta$$

进行变换，

$$\frac{\mathrm{d}\omega}{\mathrm{d}t} = \frac{\mathrm{d}\omega}{\mathrm{d}\theta}\frac{\mathrm{d}\theta}{\mathrm{d}t} = \omega\frac{\mathrm{d}\omega}{\mathrm{d}\theta}$$

所以，

$$\omega\mathrm{d}\omega = \frac{3g}{2l}\sin\theta\mathrm{d}\theta$$

两边积分，

$$\int_0^\omega \omega\mathrm{d}\omega = \int_0^\theta \frac{3g}{2l}\sin\theta\mathrm{d}\theta$$

化简得细杆转到与竖直线成 θ 角时的加速度为

$$\omega = \sqrt{\frac{3g}{l}(1-\cos\theta)}$$

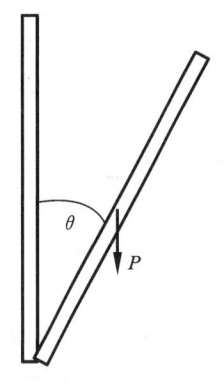

图 2.2-9　匀质竖直细杆

随堂练习

2.3 转动惯量为 25 kg·m²、半径为 0.5 m 的定滑轮绕中心轴转动，其边缘受到 10 N 的切向摩擦阻力，则阻力矩的大小为_____，其角加速度的大小为_____。

2.4 一根轻绳绕在半径为 r 的重滑轮上，轮对轴的转动惯量为 J，一是以力 F 向下拉绳使轮转动；二是以重量等于 F 的重物挂在绳上使之转动，若两种情况使轮边缘获得的切向加速度分别为 a_1 和 a_2，则有（　　）。

A. $a_1 = a_2$　　　　B. $a_1 > a_2$　　　　C. $a_1 < a_2$　　　　D. 无法确定

2.5 关于刚体对轴的转动惯量，下列说法中正确的是（　　）。

A. 只取决于刚体的质量，与质量的空间分布和轴的位置无关

B. 取决于刚体的质量和质量的空间分布，与轴的位置无关

C. 取决于刚体的质量、质量的空间分布和轴的位置

D. 只取决于转轴的位置，与刚体的质量和质量的空间分布无关

2.6 均匀细棒 OA 可绕通过其一端 O 而与棒垂直的水平固定光滑轴转动，如图 2.2-10 所示。今使棒从水平位置由静止开始自由下落，在棒摆动到竖直位置的过程中，下述说法正确的是（　　）。

A. 角速度从小到大，角加速度从大到小

B. 角速度从小到大，角加速度从小到大

C. 角速度从大到小，角加速度从大到小

D. 角速度从大到小，角加速度从小到大

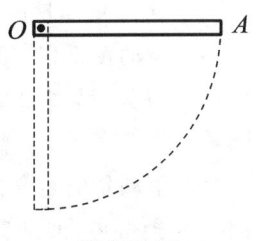

图 2.2-10

2.7 判断正误。

（1）刚体受到的合外力不为零,则合外力矩一定不为零。（   ）

（2）若外力穿过转轴,则它产生的力矩为零。   （   ）

（3）若外力平行于转轴,则它对转轴的力矩为零。   （   ）

2.3   角动量与角动量守恒定律

基本要求：理解质点和刚体的角动量的概念、角动量守恒定律及其条件；会应用角动量守恒定律解决含定轴转动刚体在内的简单系统的力学问题。

2.3.1   质点的角动量

讨论质点运动时,我们用动量来描述机械运动的状态,并讨论在机械运动过程中所遵循的动量守恒定律。同样,在讨论质点相对于空间某一定点的运动时,我们也可以用角动量来描述物体的运动状态。角动量是一个很重要的概念,在转动问题中,它所起的作用与(线)动量所起的作用类似。

如图 2.3-1(a)所示,一个质量为 m 的质点,以速度 $\vec{v}$ 运动,相对于坐标原点 O 的位置矢量为 $\vec{r}$,定义质点对坐标原点 O 的角动量为该质点的位置矢量与动量的矢量积,即

$$\vec{L} = \vec{r} \times \vec{P} = \vec{r} \times m\vec{v} \tag{2.3-1}$$

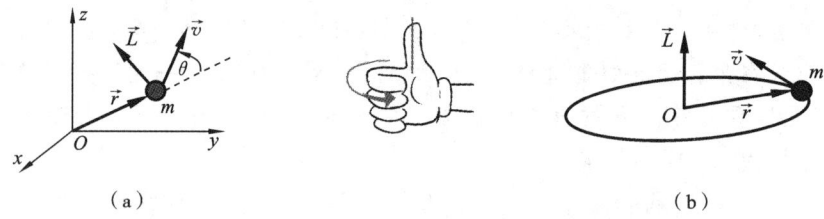

（a）   （b）

图 2.3-1   质点任意运动和圆周运动的角动量

角动量是矢量,大小为 $L = rmv\sin\theta$。式中,θ 为质点动量与质点位置矢量的夹角。角动量的方向由右手螺旋法则来确定。角动量的单位是 $kg \cdot m^2 \cdot s^{-1}$。

如图 2.3-1(b)所示,若质点做圆周运动,$\vec{v} \perp \vec{r}$,且在同一平面内,则角动量的大小为 $L = rmv = mr^2\omega$,写成矢量形式为 $\vec{L} = mr^2\vec{\omega}$。

关于质点角动量的说明有以下两点。

（1）角动量不仅与质点的运动有关,还与参考点有关。对于不同的参考点,同一质点有不同的位置矢量,因而角动量也不相同。因此,在说明一个质点的角动量时,必须指明是相对于哪一个参考点。

（2）角动量的定义式 $\vec{L} = \vec{r} \times \vec{P} = \vec{r} \times m\vec{v}$ 与力矩的定义式 $\vec{M} = \vec{r} \times \vec{F}$ 形式相同,故角动量有时也称动量矩,即动量对转轴的矩。

例 2.3-1　　如图 2.3-2 所示，一个动量为 mv 的质点沿着直线运动，坐标原点 O 在直线外距离为 d 的位置。问该质点相对于原点 O 的角动量为多大？

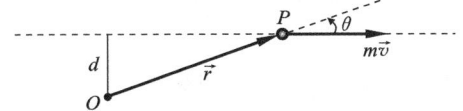

图 2.3-2　质点直线运动的角动量

解　　随着运动的进行，质点与原点 O 之间连线的方向不断转动，所以应该有角动量。依据定义，直线运动质点的角动量大小为

$$L = |\vec{L}| = |\vec{r} \times \vec{P}| = |\vec{r} \times m\vec{v}| = mvr\sin\theta = mvd$$

显然，此角动量的大小为常量。说明质点做匀速直线运动时，尽管位置矢量 $\vec{r}$ 变化，但是质点的角动量 L 保持不变。

2.3.2　刚体定轴转动的角动量

如图 2.3-3 所示，当刚体以角速度 ω 绕定轴转动时，刚体上的每个质元都以相同的角速度绕转轴转动，质元 m_i 对转轴的角动量为 $L_i = mr_i^2\omega$，考虑到刚体上任一质元对转轴 z 的角动量都具有相同的方向，于是刚体上所有质元对转轴的角动量之和，即刚体的角动量为

$$L = \sum m_i r_i^2 \omega = \left(\sum m_i r_i^2\right)\omega \qquad (2.3\text{-}2)$$

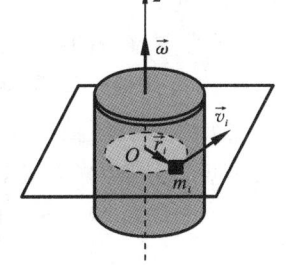

上式中括弧里的求和运算为刚体对定轴 z 的转动惯量，于是，**刚体的角动量**可写为 $L = J\omega$，写成矢量形式为 $\vec{L} = J\vec{\omega}$。角动量的方向与角速度的方向一致，与转轴平行。

刚体的角动量还可以通过类比的方法来认识。前面已经学习　图 2.3-3　刚体的角动量
过，刚体的转动定律与牛顿第二定律有高度的相似性

$$\vec{M} = J\vec{\beta} = \frac{\mathrm{d}(J\vec{\omega})}{\mathrm{d}t} \Leftrightarrow \vec{F} = m\vec{a} = \frac{\mathrm{d}(m\vec{v})}{\mathrm{d}t}$$

从上式可以看出，$J\omega$ 这个物理量与质点平动的动量 mv 有对应关系，它可以看成"转动的动量"，称为"刚体的角动量"。

2.3.3　刚体定轴转动的角动量定理

力的时间累积作用是使质点的动量发生变化，那么力矩的累积作用对定轴转动的刚体会产生什么效果呢？

由转动定律

$$\vec{M} = J\vec{\beta} = J\frac{\mathrm{d}\vec{\omega}}{\mathrm{d}t} = \frac{\mathrm{d}\vec{L}}{\mathrm{d}t}$$

得
$$\vec{M}dt = d\vec{L}$$

积分得

$$\int_{t_0}^{t} \vec{M}dt = \int_{\vec{L}_0}^{\vec{L}} d\vec{L} = \vec{L} - \vec{L}_0 \qquad (2.3\text{-}3)$$

式中：$\vec{L}_0$ 和 $\vec{L}$ 分别为刚体在时刻 t_0 和 t 的角动量；$\int_{t_0}^{t} \vec{M}dt$ 为刚体在时间间隔 $t-t_0$ 内所受的冲量矩。

式(2.3-3)表明：**当转轴给定时，作用在刚体上的冲量矩等于刚体角动量的增量，这一结论称为刚体定轴转动的角动量定理。**

2.3.4 刚体定轴转动的角动量守恒定律

在定轴转动中，若刚体所受的合外力矩为零，即 $M=0$，则由式(2.3-3)得

$$\vec{L} = J\vec{\omega} = 恒矢量 \qquad (2.3\text{-}4)$$

得到刚体定轴转动的**角动量守恒定律**：当刚体所受的合外力矩为零时，刚体的角动量保持不变。

角动量守恒定律与能量守恒定律、动量守恒定律一样，都是在不同的理想条件下，用经典牛顿力学定律推导出来的，但它们的使用范围却远远超出原有条件的限制。它们不仅适用于牛顿力学有效的所有经典物理范围，也适用于牛顿力学失效的近代物理理论——量子力学和相对论。上述三条守恒定律不但比牛顿力学更基本、更普遍，而且是近代物理理论的基础，成为更普适的物理定律。

刚体角动量守恒分为以下三种情况。

(1) 刚体绕转轴转动时，如果转动惯量不变，由于角动量为恒量，则角速度为恒量，即刚体做匀速转动。

(2) 刚体绕转轴转动时，如果转动惯量可以改变，由于角动量为恒量

V2.3-1　茹科夫斯基凳实验

$$J\omega = J_0\omega_0 \Rightarrow \omega = \frac{J_0\omega_0}{J}$$

则此时刚体的角速度随转动惯量的变化而变化，但二者的乘积不变。当转动惯量变大时，角速度变小；当转动惯量变小时，角速度变大。

(3) 对于由几个物体组成的系统，如果它们都围绕同一定轴转动，那么，当系统所受合外力矩为零时，系统对该定轴的总角动量不变。如果系统原来是静止的，则总角动量为零。当通过内力使物体一部分发生了角动量变化，另一部分必产生相反的变化，以维持系统的总角动量不变。

例 2.3-2　　如图 2.3-4 所示，工程上常用摩擦力使得两个同轴转动的飞轮啮合，达到共同的转速。若 $J_A = 10\ \text{kg} \cdot \text{m}^2$，$J_B = 20\ \text{kg} \cdot \text{m}^2$；开始时 B 轮静止不动，A 轮的角速度 $\omega_A = 300\ \text{rev/min}$。啮合之后，两轮的共同转速多大？

解　　两轮之间的摩擦力属于内力，系统的角动量守恒定律为

$$J_A\omega_A + J_B\omega_B = (J_A + J_B)\omega$$

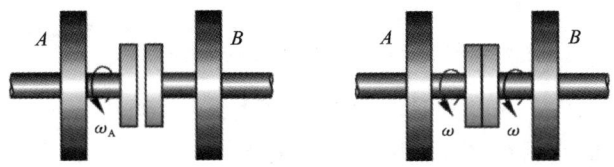

图 2.3-4 飞轮啮合

可得

$$\omega = \frac{J_A \omega_A + J_B \omega_B}{J_A + J_B} = \frac{10 \times 300 + 0}{10 + 20} = 100 \text{ rev/min}$$

例 2.3-3　　如图 2.3-5 所示,长为 h、质量为 m_1 的均匀细棒能绕一端自由转动。开始时,细棒静止于光滑的水平桌面上。现有一质量为 m_2 的子弹,以水平速度 v_0 垂直射入细棒下端而不复出。求细棒和子弹开始一起运动时的角速度。

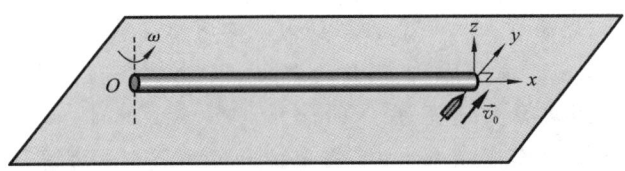

图 2.3-5 子弹打细棒

解　　细棒的转动只能在桌面上,所以只考虑平行于桌面的作用力,垂直于桌面的作用力皆不考虑。在水平方向,唯一可能存在的作用外力就是通过转轴产生的,因此力矩为零。该系统的角动量守恒。

子弹与细棒接触前做直线运动,它相对于转轴的角动量为 $m_2 v_0 x$。碰撞后,子弹与细棒一起运动,它们相对于转轴的总转动惯量为 $\frac{1}{3} m_1 x^2 + m_2 x^2$。设共同的角速度为 ω,根据角动量守恒定律,

$$m_2 v_0 x = \left(\frac{1}{3} m_1 x^2 + m_2 x^2 \right) \omega$$

可得

$$\omega = \frac{3 m_2 v_0}{(3 m_2 + m_1) x}$$

例 2.3-4　　如图 2.3-6 所示,一长为 l、质量为 M 的杆可绕支点 O 自由转动。一质量为 m、速度为 v 的子弹射入距支点为 a 的杆内。若杆的偏转角为 $30°$,问子弹的初速度为多少。

解　　把子弹和杆看成是一个系统。系统所受的力有重力和轴对杆的约束力。在子弹射入杆的极短时间内,重力和约束力均通过轴,因而它们对轴的**力矩均为零**(由于杆受支点作用力,所以系统水平方向合外力不为零,动量不守恒),系统的**角动量**

守恒，于是有

$$mva = \left(\frac{1}{3}Ml^2 + ma^2\right)\omega$$

子弹射入杆内，在摆动过程中只有重力做功，故以子弹、杆和地球为系统，系统的机械能守恒。于是有

$$\frac{1}{2}\left(\frac{1}{3}Ml^2 + ma^2\right)\omega^2$$

$$= mga(1-\cos 30°) + Mg\frac{1}{2}l(1-\cos 30°)$$

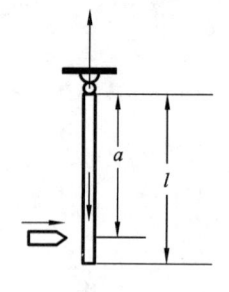

图2.3-6　子弹细杆系统

解上述方程，得

$$v = \frac{1}{ma}\sqrt{\frac{g}{6}(2-\sqrt{3})(Ml+2ma)(Ml^2+3ma^2)}$$

随堂练习

2.8　一质量为 m、速率为 v 的质点做半径为 r 的匀速圆周运动，其角动量大小为_____。

2.9　某恒星诞生之初转动惯量为 J，角速度为 ω。当燃料耗尽之后坍塌为白矮星，转动惯量为 $J/4$，此时其转动角速度为_____。

2.10　花样滑冰运动员绕竖直轴旋转，当他伸开双臂旋转时的转动惯量为 J_0，角速度为 ω_0；当他突然收回双臂时，转动惯量减少 $\frac{2}{3}J_0$，则角速度为_____。

2.11　刚体角动量守恒的充分且必要的条件是（　　）。
A. 刚体不受外力矩的作用
B. 刚体所受合外力矩为零
C. 刚体所受的合外力和合外力矩均为零
D. 刚体的转动惯量和角速度均保持不变

2.12　某刚体绕定轴做匀变速转动时，对于刚体上距转轴为 r 的任一质元 Δm 来说，它的法向加速度和切向加速度分别用 a_n 和 a_τ 来表示，则下列表述中正确的是（　　）。
A. a_n、a_τ 的大小均随时间变化而变化
B. a_n、a_τ 的大小均保持不变
C. a_n 的大小变化，a_τ 的大小恒定不变
D. a_n 的大小恒定不变，a_τ 的大小变化

2.13　有两个力作用在一个有固定转轴的刚体，
(1) 这两个力都平行于轴作用时，它们对轴的合力矩一定是零，
(2) 这两个力都垂直于轴作用时，它们对轴的合力矩可能是零，
(3) 当这两个力的合力为零时，它们对轴的合力矩也一定是零，
(4) 当这两个力对轴的合力矩为零时，它们的合力也一定是零，
则下面（　　）。

A. 只有(1)是正确的

B. (1)、(2)正确,(3)、(4)错误

C. (1)、(2)、(3)都正确,(4)错误

D. (1)、(2)、(3)、(4)都正确

2.14 一个人张开双臂手握哑铃坐在转椅上,让转椅转动起来,若此后无外力矩作用,则当此人收回双臂时,人和转椅这一系统的(　　)。

A. 转速加大,转动动能不变　　　　　B. 角动量加大

C. 转速和转动动能都减小　　　　　D. 角动量保持不变

2.15 判断正误。

(1) 刚体内部的相互作用力不能改变刚体的角动量。　(　　)

(2) 若刚体的角动量守恒,则刚体所受的合外力为零。　(　　)

(3) 若外力平行于转轴,则刚体的角动量守恒。　　　(　　)

(4) 若外力的延长线穿过转轴,则刚体角动量守恒。　(　　)

2.4　刚体定轴转动的动能定理

基本要求:理解力矩做功、刚体的转动动能和重力势能的概念;会应用刚体转动的动能定理、机械能守恒定律分析含有定轴转动的简单系统的力学问题。

2.4.1　力矩做的功

在质点力学中,我们知道,当质点在力的方向上发生位移时,则这个力对质点做功。同样,刚体在力矩的作用下发生了转动,则这个力矩对刚体做功,下面我们详细讨论。如图 2.4-1 所示,刚体在外力 F 的作用下,绕转轴转过的角位移为 $\mathrm{d}\theta$,元位移大小为 $\mathrm{d}s = r\mathrm{d}\theta$。根据功的定义式,可知力 $\vec{F}$ 在这段元位移内所做的功为

$$\mathrm{d}W = F\mathrm{d}s\cos\alpha = Fr\mathrm{d}\theta\cos\left(\frac{\pi}{2} - \varphi\right) = Fr\mathrm{d}\theta\sin\varphi$$

由于力 $\vec{F}$ 对转轴的力矩为 $M = Fr\sin\varphi$,所以

$$\mathrm{d}W = M\mathrm{d}\theta \qquad (2.4\text{-}1)$$

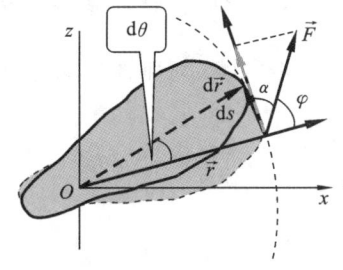

图 2.4-1　力矩做功

即力矩所做的功等于力矩与角位移的乘积。

当刚体转动 θ 时,力矩所做的功为

$$W = \int_0^\theta M\mathrm{d}\theta \qquad (2.4\text{-}2)$$

如果力矩的大小和方向不变,则当刚体转动 θ 时,力矩所做的功为

$$W = \int_0^\theta M\mathrm{d}\theta = M\int_0^\theta \mathrm{d}\theta = M\theta \qquad (2.4\text{-}3)$$

即恒力矩对绕定轴转动的刚体所做的功等于力矩的大小与刚体转动角度 θ 的乘积。力矩做

功的实质仍然是力做功。只是对于刚体转动的情况,这个功不是用力的位移来表示,而是用力矩的角位移来表示。

力对质点做功的快慢可以用功率来表示,同样,力矩对刚体做功的快慢可以用力矩的功率来表示。对于刚体在恒力矩的作用下,力矩的功率为

$$P = \frac{dW}{dt} = M \frac{d\theta}{dt} = M\omega \tag{2.4-4}$$

即力矩的功率等于力矩与角速度的乘积。当功率一定时,转速越大,力矩越小;转速越小,力矩越大。

2.4.2 刚体的转动动能

质量为 m、速度为 v 的质点的动能为 $\frac{1}{2}mv^2$,那么绕定轴转动的刚体的动能为多少呢?

设刚体以角速度 ω 做定轴转动,取一质元 Δm_i,距转轴 r_i,则此质元的速度为 $v_i = r_i\omega$,动能为

$$E_{ki} = \frac{1}{2}\Delta m_i v_i^2 = \frac{1}{2}\Delta m_i r_i^2 \omega^2$$

整个刚体的动能就是各个质元的动能之和

$$E_k = \sum E_{ki} = \sum \frac{1}{2}\Delta m_i r_i^2 \omega^2 = \frac{1}{2}\left(\sum \Delta m_i r_i^2\right)\omega^2$$

用转动惯量表示,则有

$$E_k = \frac{1}{2}J\omega^2 \tag{2.4-5}$$

即刚体绕定轴转动的转动动能等于刚体的转动惯量与角速度的平方的乘积的一半。

2.4.3 刚体绕定轴转动的动能定理

当外力矩对刚体做功时,刚体的转动动能要发生变化。由转动定律

$$M = J\beta = J\frac{d\omega}{dt}$$

得

$$dW = J\frac{d\omega}{dt}d\theta = J\frac{d\theta}{dt}d\omega = J\omega d\omega$$

若在 t 时间内,由于合外力矩对刚体做功,使得刚体的角速度从 ω_0 变成 ω,那么合外力矩对刚体所做的功为

$$W = \int dW = J\int_{\omega_0}^{\omega} \omega d\omega$$

即

$$W = \frac{1}{2}J\omega^2 - \frac{1}{2}J\omega_0^2 \tag{2.4-6}$$

式 2.4-6 表明,合外力矩对绕定轴转动的刚体所做的功等于刚体的转动动能的增量。

例 2.4-1　如图 2.4-2 所示，质量为 m、长为 l 的均匀细棒，可绕过其中一端 O 点自由旋转，转轴处摩擦力可忽略不计。最初细棒在水平位置，然后任其自由转下，求棒经过竖直位置时的角速度。

解　选均匀细棒为研究对象，它在自由下落过程中受重力和轴承的支持力。显然轴承的支持力没有位移，不做功，所以在运动过程中只有重力做功。

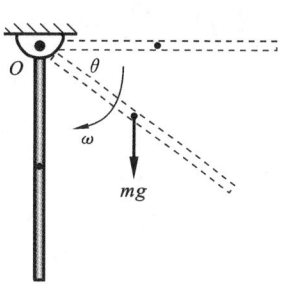

方法一：在下落的中间过程中，当棒的角度为 θ 时，重力的力臂为 $\dfrac{l}{2}\cos\theta$。

重力的力矩

$$M = mg\,\frac{l}{2}\cos\theta$$

力矩做功

$$W = \int_0^{\frac{\pi}{2}} M\mathrm{d}\theta = mg\,\frac{l}{2}\int_0^{\frac{\pi}{2}}\cos\theta\mathrm{d}\theta = \frac{1}{2}mgl$$

图 2.4-2　细棒转动

根据动能定理得

$$W = \frac{1}{2}J\omega^2 = \frac{1}{2}\left(\frac{1}{3}ml^2\right)\omega^2 \Rightarrow \omega = \sqrt{\frac{3g}{l}}$$

方法二：根据动能定理，重心下降，重力做功，使得棒的动能增加，

$$mg\,\frac{l}{2} = \frac{1}{2}\left(\frac{1}{3}ml^2\right)\omega^2 \Rightarrow \omega = \sqrt{\frac{3g}{l}}$$

例 2.4-2　如图 2.4-3 所示，有一质量为 m、长为 l 的匀质细杆，开始时处于静止状态，它可以自由地绕水平轴 O 点旋转。今有一质量为 m 的子弹以速度 $2v$ 垂直击中杆的下端，并以速度 v 从中穿出。试求：

（1）子弹穿出后细杆下端的线速度；

（2）细杆摆动的最大角度。

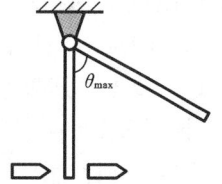

图 2.4-3　子弹细杆系统

解　（1）以子弹和细杆组成的系统为研究对象，合外力矩为零，角动量守恒，则有

$$m \cdot 2v \cdot l = m \cdot v \cdot l + \frac{1}{3}ml^2\omega$$

解得

$$\omega = \frac{3v}{l}$$

$$v = \omega l = 3v$$

（2）细杆上摆过程机械能守恒，故有

$$\frac{1}{2}J\omega^2 = mg\left(\frac{l}{2} - \frac{l}{2}\cos\theta\right)$$

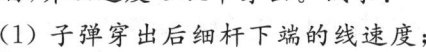

解得

$$\theta = \arccos\left(\frac{gl - 3v^2}{gl}\right)$$

随堂练习

2.16 转动惯量为 9.0 kg·m² 的定滑轮受到 18 N·m 的力矩作用而转过了 3.0 rad,则滑轮的角加速度为_____ rad/s²,力矩做功_____ J。

2.17 一位转动惯量为 J_0 的花样滑冰运动员以角速度 ω_0 自转,其角动量为_____;转动动能为_____。当其收回手臂使转动惯量减为 $J_0/3$ 时,则其角动量变为_____;转动动能变为_____。

*2.5 刚体力学应用篇

2.5.1 陀螺仪

绕一个支点高速(每分钟几十万转)转动的刚体称为**陀螺**。通常所说的陀螺是特指对称陀螺,它是一个质量均匀分布的、具有轴对称形状的刚体,其几何对称轴就是它的自转轴。若不受任何外力矩的作用,则物体的自转轴在惯性空间中的指向保持稳定不变,即指向一个固定的方向;同时反抗任何改变转子轴向的力量。这种物理现象称为定轴性或稳定性。其稳定性随以下的物理量而改变。

(1) 转子的转动惯量愈大,稳定性愈好;

(2) 转子角速度愈大,稳定性愈好。

转动惯量是描述刚体在转动中的惯性大小的物理量。当以相同的力矩分别作用于两个绕定轴转动的不同刚体时,它们所获得的角速度是不一样的,转动惯量大的刚体所获得的角速度小,也就是保持原有转动状态的惯性大;反之,转动惯量小的刚体所获得的角速度大,也就是保持原有转动状态的惯性小。

图 2.5-1 机械陀螺仪的结构

机械陀螺仪的结构如图 2.5-1 所示。由于陀螺仪结构的高度对称性,所以重力是通过转轴的;又由于陀螺仪结构的高度润滑,不考虑摩擦力和空气阻力,所以合外力矩为 0,角动量守恒。整个陀螺仪的转动惯量不变,由于角动量守恒,则角速度不变,即转轴指向不变。测量陀螺仪的转轴指向,相对于三个"环"所在轴的夹角变化和飞行器自身的加速度,可以持续计算出飞行器相对于出发点空间位置的变化,从而实现定向功能和导航功能。陀螺仪广泛应用于飞机、轮船和导弹上。

V2.5-1 王亚平在空间站表演角动量守恒

2.5.2　体育运动中的力学原理

在体育比赛中都看到过运动员腾空跃起的美妙动作,如体操、跳水、跳高、蹦床等,特别是在体操和跳水两个项目中,空中的动作更是令人眼花缭乱,美不胜收。

体操与滑冰运动员做旋转动作时,先将两臂与腿伸开,绕通过足尖的竖直轴以一定的角速度旋转,然后将两臂与腿迅速收拢,由于转动惯量减小而使旋转速度加快,转速可提高 2～3 倍;跳水运动员在空中翻筋斗时(见图 2.5-2),跳水运动员将两臂伸直,并以某一角速度离开跳板,跳在空中时,将臂和腿尽量卷缩起来,以减小对横贯腰部转轴的转动惯量,因而角速度增大,在空中迅速翻转,当快接近水面时,再伸直臂和腿以增大转动惯量,角速度减小,以便竖直地进入水中。我们在欣赏力与美结合的同时,有没有想过空中动作的力学原理呢?

其实,这是巧妙地运用了刚体角动量守恒的原理:物体围绕转轴而转动的角速度与物体相对转轴的转动惯量的乘积是一个守恒量,即 $J\omega = J_0\omega_0$。根据这个原理,如果在满足守恒条件的情况下,要使旋转速度加快,就应该减小转动惯量,想使旋转速度减慢,就应该增大转动惯量。

2.5.3　直升机的尾桨

当安装在直升机上方的旋翼转动时,根据角动量守恒定律,它必然引起机身反向打转,以维持总的角动量为零。为了防止机身打转,通常在直升机的尾部侧向安装一个小的辅助螺旋桨,称为尾桨,它提供一个附加的水平力,其力矩可抵消旋翼给机身的反作用力矩,如图 2.5-3 所示。

V2.5-2　全红婵
跳水视频

V2.5-3　花样
滑冰视频

V2.5-4　单旋翼
飞机

V2.5-5　双旋翼
飞机

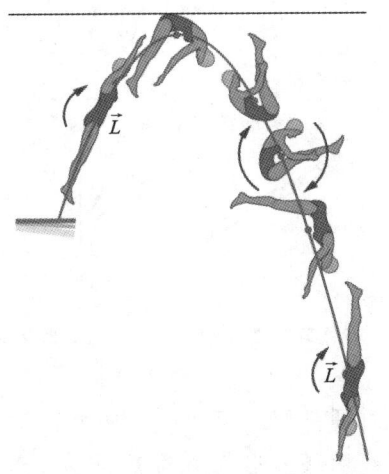

图 2.5-2　跳水运动员

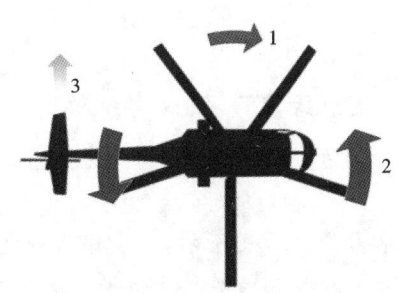

图 2.5-3　直升机的主旋翼、尾桨

总习题二

一、选择题

2.1 如总习题 2.1 图所示，一圆盘绕通过盘心且与盘面垂直的轴 O 以角速度 ω 做逆时针转动。今将两个大小相等、方向相反、但不在同一条直线上的力 $\vec{F}$ 和 $-\vec{F}$ 沿盘面同时作用到圆盘上，则圆盘的角速度（　　）。

A. 必然减小　　　　　B. 必然增大　　　　　C. 不会变化　　　　　D. 如何变化，不能确定

2.2 均匀细棒 OA 可绕通过其一端 O 而与棒垂直的水平固定光滑轴转动。今使棒从水平位置由静止开始自由下落，在棒摆动到竖直位置的过程中，下述说法正确的是（　　）。

A. 角速度从小到大，角加速度从大到小

B. 角速度从小到大，角加速度从小到大

C. 角速度从大到小，角加速度从大到小

D. 角速度从大到小，角加速度从小到大

2.3 如总习题 2.3 图所示，A、B 为两个相同的绕着轻绳的定滑轮，A 滑轮挂一质量为 M 的物体，B 滑轮受拉力 F 且 $F = Mg$。设 A、B 两滑轮的角加速度分别为 β_A、β_B，不计滑轮与轴的摩擦，则有（　　）。

A. $\beta_A = \beta_B$

B. $\beta_A > \beta_B$

C. $\beta_A < \beta_B$

D. 开始时 $\beta_A = \beta_B$，以后 $\beta_A < \beta_B$

2.4 如总习题 2.4 图所示，一均匀细杆可绕通过其一端的水平轴在竖直平面内自由转动，杆长为 $\frac{5}{3}$ m。今使杆与竖直方向成 $60°$ 角时由静止释放（g 取 10 m·s^{-2}），则杆的最大角速度为（　　）。

A. 3 rad·s^{-1}　　　　B. π rad·s^{-1}　　　　C. $\sqrt{0.3}$ rad·s^{-1}　　　　D. $\sqrt{\dfrac{2}{3}}$ m·s^{-1}

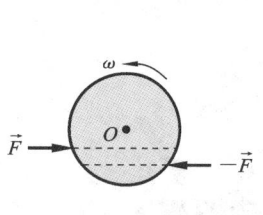

总习题 2.1 图

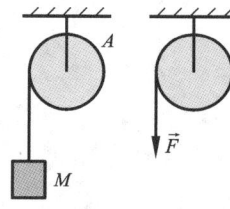

总习题 2.3 图

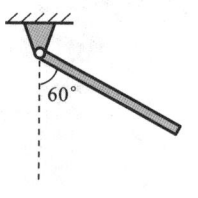

总习题 2.4 图

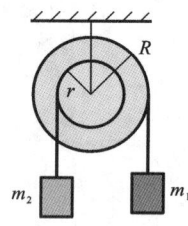

总习题 2.5 图

2.5 如总习题 2.5 图所示，一个组合轮是由两个匀质圆盘固结而成的，内、外圆盘的半径分别为 r 和 R。两圆盘的边缘上均绕有细绳，细绳的下端各系着质量为 m_1、m_2 的物体，这一系统由静止开始运动。当物体 m_1 下落 h 时，该系统的总动能为（　　）。

A. $m_1 gh$　　　　　B. $m_2 gh$　　　　　C. $(m_1 - m_2)gh$　　　　　D. $\left(m_1 - \dfrac{r}{R}m_2\right)gh$

2.6　如总习题 2.6 图所示，一匀质细杆可绕通过上端与杆垂直的水平光滑固定轴 O 旋转，初始状态为静止悬挂。现有一颗子弹自左方水平打击细杆。设子弹与细杆之间为非弹性碰撞，则在碰撞过程中对细杆与子弹这一系统，（　　）。

　　A. 只有机械能守恒　　　　　　　　B. 只有动量守恒

　　C. 只有对转轴 O 的角动量守恒　　　D. 机械能、动量和角动量均守恒

2.7　人造地球卫星绕地球做椭圆运动（地球在椭圆的一个焦点上）。卫星的动量和角动量说法正确的是（　　）。

　　A. 动量不守恒，角动量不守恒　　　　B. 动量守恒，角动量不守恒

　　C. 动量不守恒，角动量守恒　　　　　D. 动量守恒，角动量守恒

2.8　如总习题 2.8 图所示，一静止的均匀细棒，长为 L、质量为 M，可绕过棒的端点且垂直于棒的光滑轴 O 在水平面内转动，转动惯量为 $\dfrac{1}{3}ML^2$。一质量为 m、速率为 v 的子弹在水平面内沿与棒垂直的方向射入棒的自由端，设击穿棒后子弹的速率减小为 $\dfrac{1}{2}v$，则这时棒的角速度应为（　　）。

　　A. $\dfrac{mv}{ML}$　　　　　B. $\dfrac{3mv}{2ML}$　　　　　C. $\dfrac{5mv}{3ML}$　　　　　D. $\dfrac{7mv}{4ML}$

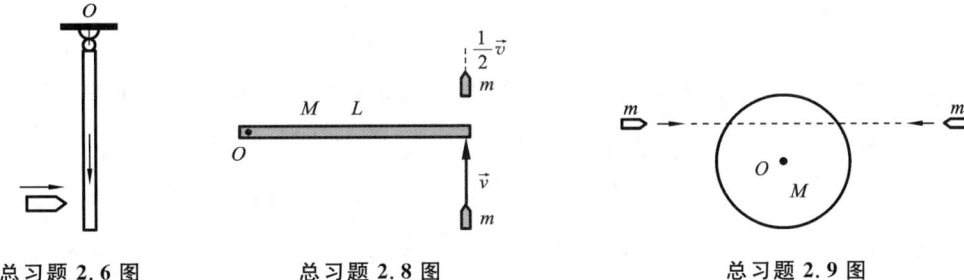

总习题 2.6 图　　　　　　**总习题 2.8 图**　　　　　　**总习题 2.9 图**

2.9　一圆盘正绕垂直于盘面的水平光滑固定轴 O 转动，如总习题 2.9 图所示射来两个质量相同、速度大小相同、方向相反并在一条直线上的子弹，子弹射入圆盘且留在盘内，则子弹射入后的瞬间，圆盘的角速度 ω（　　）。

　　A. 增大　　　　　B. 不变　　　　　C. 减小　　　　　D. 不能确定

二、填空题

2.10　一做定轴转动的物体，对转轴的转动惯量 $J = 3.0 \text{ kg} \cdot \text{m}^2$，角速度 $\omega_0 = 6.0 \text{ rad/s}$，现对物体加一恒定的制动力矩 $M = -12 \text{ N} \cdot \text{m}$，当物体的角速度减慢到 $\omega = 2.0 \text{ rad/s}$ 时，物体又转过了角度 $\Delta\theta = $ _____。

2.11　绕定轴转动的飞轮均匀地减速，$t = 0 \text{ s}$ 时角速度为 $\omega_0 = 5 \text{ rad/s}$，$t = 20 \text{ s}$ 时角速度为 $\omega = 0.8\omega_0$，则飞轮的角加速度 $\beta = $ _____，$t = 0 \text{ s}$ 到 $t = 100 \text{ s}$ 时间内飞轮所转过的角度 $\theta = $ _____。

2.12　在半径为 R 具有光滑轴的定滑轮边缘绕一细绳，绳的下端挂一质量为 m 的物体，绳的

质量可以忽略不计，绳与定滑轮之间无相对滑动。若物体下落的加速度为 a，则定滑轮对轴的转动惯量 $J=$ _____。

2.13 半径为 0.1 m，质量为 0.1 kg 的匀质薄圆盘，可绕过圆心且垂直于盘面的轴转动。现有一变力 $F=0.5t+0.3t^2$（F 以牛顿、t 以秒计）沿切线方向作用于圆盘边缘。如果圆盘最初处于静止状态，那么它在第 3 s 末的角加速度等于_____，角速度等于_____。

2.14 如总习题 2.14 图所示，一轻绳绕于半径 $r=0.2$ m 的飞轮边缘，并施以 $F=98$ N 的拉力，若不计轴的摩擦，则飞轮的角加速度等于 39.2 rad/s^2，此飞轮的转动惯量为_____。

2.15 如总习题 2.15 图所示，滑块 A、重物 B 和滑轮 C 的质量分别为 m_A、m_B 和 m_C，滑轮的半径为 R，滑轮对轴的转动惯量 $J=\frac{1}{2}m_C R^2$。滑块 A 与桌面间、滑轮与轴承之间均无摩擦，绳的质量可不计，绳与滑轮之间无相对滑动。滑块 A 的加速度 $a=$ _____。

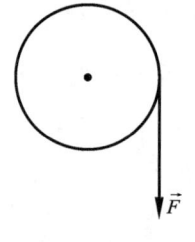

总习题 2.14 图

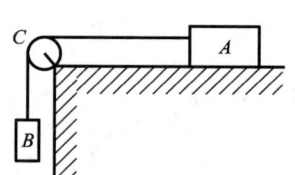

总习题 2.15 图

2.16 一根均匀棒，长为 l，质量为 m，可绕通过其一端且与其垂直的固定轴在竖直面内自由转动。开始时棒静止在水平位置，当它自由下摆时，它的初角速度等于_____，初角加速度等于_____。已知均匀棒对于通过其一端垂直于棒的轴的转动惯量为 $\frac{1}{3}ml^2$。

2.17 一滑冰者开始张开手臂绕自身竖直轴旋转，其动能为 E_0，转动惯量为 J_0，若他将手臂收拢，其转动惯量变为 $\frac{1}{2}J_0$，则其动能将变为_____。（摩擦可忽略不计）

三、计算题

2.18 如总习题 2.18 图所示，重物的质量 $m_1>m_2$；定滑轮的半径为 r，转动惯量为 J；软绳与滑轮之间无相对滑动，滑轮的轮轴处无摩擦，物体 Ⅱ 与水平支撑面之间的摩擦系数为 μ。计算：

（1）系统的加速度 a 及绳中的张力 T_1 与 T_2（设绳子与滑轮间无相对滑动）；

（2）若物体 Ⅱ 与桌面间为光滑接触，求系统的加速度 a 及绳中的张力 T_1 与 T_2。

2.19 如总习题 2.19 图所示，定滑轮由两个半径不同的轮子拼接而成，总转动惯量为 J，半径分别为 r_1、r_2，且 $r_1>r_2$；重物的质量 $m_1>m_2$；软绳与滑轮之间无相对滑动，滑轮的轮轴处无摩擦，计算：（1）滑轮的角加速度 β；（2）绳子中的张力 T_1、T_2。

2.20 如总习题 2.20 图所示，一均匀直棒可绕过其一端且与棒垂直的水平光滑固定轴转动。抬起另一端使棒向上与水平面成 $60°$，然后无初转速地将棒释放。已知棒对轴的转动

惯量为 $\frac{1}{3}ml^2$，其中 m 和 l 分别为棒的质量和长度。求：

(1) 放手时棒的角加速度；

(2) 棒转到水平位置时的角加速度。

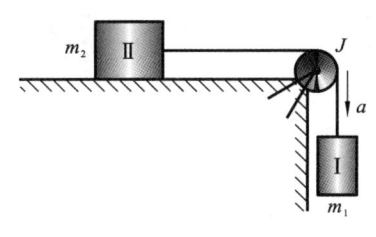 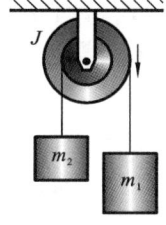 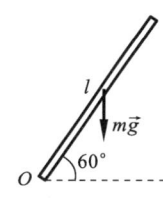

总习题 2.18 图　　　　　总习题 2.19 图　　　　　总习题 2.20 图

2.21 如总习题 2.21 图所示，一个质量为 m 的物体与绕在定滑轮上的绳子相联，绳子的质量可以忽略不计，它与定滑轮之间无滑动。假设定滑轮的质量为 M、半径为 R，其转动惯量为 $\frac{1}{2}MR^2$，滑轮轴光滑。试求该物体由静止开始下落的过程中，下落速度与时间的关系。

2.22 如总习题 2.22 图所示装置，定滑轮的半径为 r，绕转轴的转动惯量为 J，滑轮两边分别悬挂质量为 m_1 和 m_2 的物体 A、B。A 置于倾角为 θ 的斜面上，它和斜面的摩擦系数为 μ，若 B 向下做加速运动，求：

(1) 其下落的加速度大小；

(2) 滑轮两边绳子的张力（设绳子的质量及绳长均忽略不计，绳子与滑轮间无滑动，滑轮轴光滑）。

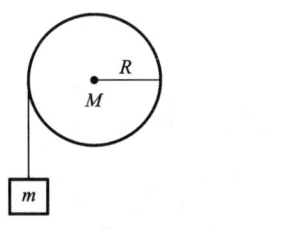 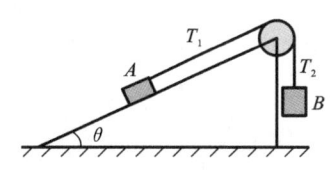

总习题 2.21 图　　　　　　　总习题 2.22 图

2.23 如总习题 2.23 图所示，一质量为 m 的小球由一绳索系着，以角速度 ω_0 在无摩擦的水平面上做半径为 r_0 的圆周运动。如果在绳的另一端作用一竖直向下的拉力，则小球做半径为 $\frac{r_0}{2}$ 的圆周运动。试求：

(1) 小球新的角速度；

(2) 拉力所做的功。

2.24 如总习题 2.24 图所示，劲度系数 $k=2\ \text{N}\cdot\text{m}^{-1}$ 的轻弹簧，一端固定，另一端用细绳跨过半径 $R=0.1\ \text{m}$、质量 $M=2\ \text{kg}$ 的定滑轮（看成均匀圆盘）系住质量为 $m=1\ \text{kg}$ 的物

体，在弹簧未伸长时释放物体，求物体落下 $h=1$ m 时的速度。

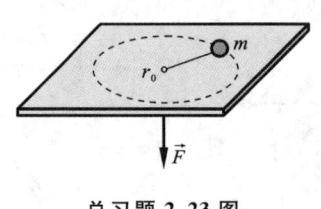

总习题 2.23 图

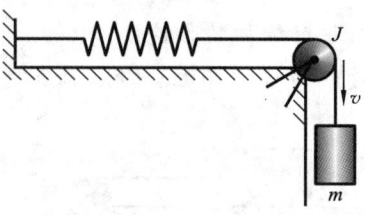

总习题 2.24 图

第 2 章测试题

第3章
静电场

约公元前 585 年，希腊哲学家 Thales 观察到用木块摩擦过的琥珀能吸引轻小的物体。"电"这个词就是来源于希腊文琥珀。

相对于观察者静止的电荷产生的电场，称为静电场。本章首先讨论电磁运动中最简单的情况，即研究真空中的静电场。从电荷守恒定律、库仑定律和电场叠加原理出发，再从电荷在静电场中的受力和电场力对电荷做功两个方面引入电场强度与电势这两个描述电场性质的基本物理量来讨论二者的关系。同时介绍反映静电场性质的两个定理：高斯定理和静电场环路定理。然后论述导体在静电场中的性质与电容器的特性，再介绍电场的能量。最后论述电介质在静电场中的性质。

3.1 电荷与电场

基本要求：理解电场、电场强度的概念；掌握电场叠加原理，能用叠加原理计算简单电荷分布的电场及电场对电荷的作用力；了解电偶极矩，会计算电偶极子在均匀电场中的受力和力矩。

3.1.1 电荷

物体能够产生电磁现象归因于物体所带的电荷以及电荷的运动。

1. 电荷的种类

约公元前 585 年，古希腊哲学家 Thales 记载：用木块摩擦过的琥珀能吸引碎草等轻小的物体，后来又发现，许多物体经过毛皮或丝绸等摩擦后，都能够吸引轻小的物体。于是人们就说它们带了电，或者说它们有了电荷。自然界只存在两种电荷：正电荷和负电荷。美国物理学家富兰克林首先以正电荷、负电荷的名称来区分两种电荷。就像质量是物质的一种基本属性一样,电荷也是物质的一种基本属性。

我们知道,物质由原子组成。如图 3.1-1 所示,原子由原子核和核外电子组成,原子核又由中子和质子组成。中子不带电,质子带正电,电子带负电。质子数和电子数相等,物质呈电中性。当物质的电子过多或过少时,物质就带有电。物体带电的本质是两种物体间发生了电子的转移,即一个物体失去电子带正电,另一个物体得到电子带负电。带电体**所带电荷的多少叫电量**,常用 Q 或 q 表示,在国际单位制中,其单位是库仑,符号为 C。

V3.1-1 原子
结构示意图

原子核

电子

图 3.1-1 原子的结构

2. 电荷的量子性

实验表明,一个质子或一个电子所带电量是所有带电体中最小的,我们把质子或电子所带电量的绝对值称为基本电荷量,用 e 表示($e = 1.602\ 177\ 33(49) \times 10^{-19}$ C)。

1907 年,密立根从实验中测出所有电子都具有相同的电荷,而且带电体的电荷是电子电荷的整数倍。电荷的这种只能取离散的、不连续的量值的性质,称为电荷的量子化。电子的电荷 e 为基元电荷或电荷的量子。1964 年,美国的 M. Gellmann 和 G. Zweig 提出夸克模型。现代物理学从理论上预言基本粒子是由若干种夸克或反夸克组成的,每一种夸克可能带有 $\pm e/3$ 或 $\pm 2e/3$ 的分数电荷,然而,单独存在的夸克至今仍未在实验中发现。1977—1981 年,B. Fairbank 报道了在实验中发现超导铌球上存在分数电荷,然而尚未见到有关这方面的进一步报道。严格来说,物体电荷量是分立的、不连续的,但宏观带电物体总包含数目极大的带电粒子,电荷的基本单元又是如此小,因此可以认为宏观物体的电荷量是连续取值的。

3. 电荷的守恒性

实验证明,在一个与外界没有电荷交换的系统内,无论经过怎样的物理过程,系统内正、负电荷的代数和总是保持不变,这就是电荷守恒定律。电荷守恒定律是迄今为止人们认识到的自然界精确成立的少数几个基本定律之一。

4. 电荷的相对论不变性

实验证明,电荷的电量与其运动状态无关,也就是说,在不同的参考系内观察,同一带电粒子的电量不变,电荷的这一性质叫电荷的相对论不变性。

3.1.2 电场

1. 点电荷

在科学研究中,常根据研究问题的性质,突出主要因素,忽略次要因素,建立理想模型。

这样做的目的是可以使问题简化但又不失客观实际性。就像前面介绍的质点、刚体等理想模型一样,点电荷是我们研究静电场建立的又一个理想模型。当两个带电体本身的线度比它们之间的距离小得多时,其大小、几何形状以及电荷的分布可以忽略不计,这时可以把带电体抽象为一个带电的几何点,称为**点电荷**。

2. 库仑定律

就像有质量的两个物体间有相互作用的万有引力一样,实验证明,两个有电荷的带电体间有相互作用的静电力。1875 年,法国科学家库仑通过实验总结出了两个点电荷之间作用力的规律,即**库仑定律**。

库仑定律是描述真空中两个静止的点电荷 q_1、q_2 之间相互作用力的大小与它们所带电量的乘积成正比,与它们距离的平方成反比,作用力的方向沿二者的连线。

数学表示式为

$$F = \frac{1}{4\pi\varepsilon_0} \cdot \frac{q_1 q_2}{r^2}$$

式中:q_1、q_2 分别是两个点电荷的电量;r 是它们之间的距离;ε_0 称为真空介电常数(也称真空电容率),在国际单位制中,$\varepsilon_0 = 8.85 \times 10^{-12}$ C^2 · N^{-1} · m^{-2}。

矢量式为

$$\vec{F} = \frac{1}{4\pi\varepsilon_0} \cdot \frac{q_1 q_2}{r^2} \vec{e}_r \tag{3.1-1}$$

式中:$\vec{e}_r$ 的方向是由施力电荷指向受力电荷。

关于库仑定律,需要强调以下两点。

(1)库仑定律只适用于真空中、静止的点电荷情况。

(2)两个点电荷之间的作用力大小相等、方向相反,即:

$$\vec{F}_{12} = -\vec{F}_{21}$$

3. 电场

两个静止点电荷间的作用力是通过什么途径传递的呢? 历史上有过不同的观点,其中之一就是认为电荷之间的作用力不需要任何媒质,也不需要任何时间就能够由一个电荷立即作用到相隔一定距离的另一个电荷上,即所谓的超距作用。后来,人们经过反复研究,终于弄清了在任何电荷周围都存在着一种特殊的物质,称为电场(Faraday 在大量实验的基础上,提出了以近距作用观点为基础的场线和场的概念,在此基础上,Maxwell 建立了完整的电磁场理论。现在,场的理论已经成为近代物理学的最重要的基本概念之一)。根据场论观点,电荷之间的相互作用力,就是通过其中一个电荷所激发的电场对另一个电荷的作用来传递的。用一个图示来概括,可表示为图 3.1-2。

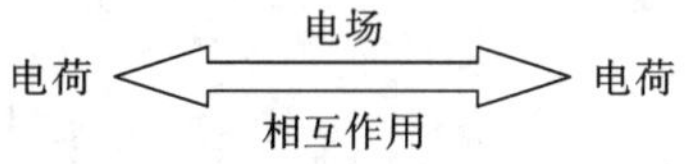

图 3.1-2 电荷相互作用示意图

场与实物是物质存在的两种形式,电场与实物物质一样具有质量、能量、动量等。

3.1.3 电场强度

如何研究电场的性质呢? 真空中一个静止的场源电荷在周围激发静电场,为了研究电场的性质,我们引入一个试验电荷 q_0,试验电荷要求:(1) 电量足够小,不影响场源电荷的分布;(2) 几何线度足够小,可看成点电荷。实验发现,试验电荷在电场中的任意一点所受电场力 $\vec{F}$ 和 q_0 的比值 $\vec{F}/q_0$ 是一个大小和方向都与试验电荷无关的量,只与位置有关,它可以反映电场本身的性质,我们把这个比值定义为电场强度:

$$\vec{E} = \frac{\vec{F}}{q_0} \tag{3.1-2}$$

在国际单位制中,$\vec{E}$ 的单位为 $N \cdot C^{-1}$ 或 $V \cdot m^{-1}$。

可见,电场中某点的电场强度在数值上等于位于该点的单位正试验电荷所受的电场力,电场强度的方向与 $\vec{F}$ 的方向一致(当 q_0 为正值时)。当空间存在许多场源电荷时,上式仍成立,此时作用力应为试验电荷所受的合力。电场强度是电场的属性,与试验电荷的存在与否无关,并不因没有试验电荷而不存在,只是由试验电荷来反映。

若电场中某点的电场强度已知,则置于该点的任一电荷 q 所受的电场力为

$$\vec{F} = q_0 \vec{E}$$

当 $q_0 > 0$ 时,电场力方向与电场强度方向相同;当 $q_0 < 0$ 时,电场力方向与电场强度方向相反。

3.1.4 电场强度的计算

点电荷是最简单的场源电荷,其在周围激发的电场最容易计算。

由库仑定律和电场强度的定义式可知,真空中,点电荷 Q 放在坐标原点,在距离该点电荷的 r 处的电场强度为

$$\vec{E} = \frac{\vec{F}}{q_0} = \frac{1}{4\pi\varepsilon_0} \cdot \frac{Q}{r^2} \vec{e}_r \tag{3.1-3}$$

在点电荷系 $Q_1, Q_2, \cdots, Q_n$ 的电场中,场强可由场强的叠加原理来计算。

$$\vec{E} = \sum \vec{E}_i = \sum \frac{1}{4\pi\varepsilon_0} \cdot \frac{Q_i}{r^2} \vec{e}_{ri} \tag{3.1-4}$$

点电荷系电场中某点的场强等于各个点电荷单独存在时在该点的场强的矢量和。这就是电场强度的叠加原理。利用这一原理,可以计算任意带电体所激发的电场强度,因为任何带电体都可以看成是由许多个点电荷的集合。

例 3.1-1   **电偶极子**的场强。两个电量相等、符号相反、相距为 l 的点电荷 $+q$ 和 $-q$,若从场点到这两个电荷的距离比 l 大得多时,则这两个点电荷系称为电偶极子。从 $-q$ 指向 $+q$ 的矢量 $\vec{l}$ 称为电偶极子的轴。$\vec{p} = q\vec{l}$ 称为电偶极子的电偶极矩。

解   (1) 求电偶极子轴线延长线上一点的电场强度。

① **建立坐标系。**如图 3.1-3 所示,取电偶极子轴线的中点为坐标原点 O,沿极轴的延长线为 x 轴,轴上任意点 P 距原点的距离为 x。

② **正、负电荷在点 P 产生的场强为**

$$\vec{E}_+ = \frac{1}{4\pi\varepsilon_0} \frac{q}{(x - l/2)^2} \vec{i}$$

$$\vec{E}_- = -\frac{1}{4\pi\varepsilon_0}\frac{q}{(x+l/2)^2}\vec{i}$$

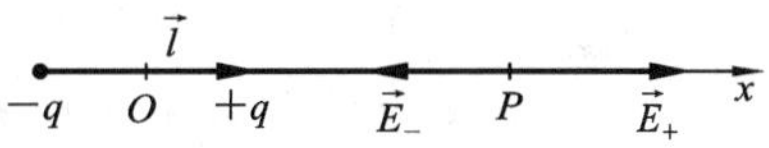

③ 由叠加原理可知点 P 的总场强为

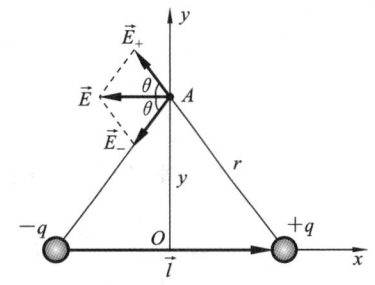

图 3.1-3　电偶极子

$$\vec{E} = \vec{E}_+ + \vec{E}_- = \frac{1}{4\pi\varepsilon_0}\Big[\frac{q}{(x-l/2)^2} - \frac{q}{(x+l/2)^2}\Big]\vec{i}$$

$$= \frac{q}{4\pi\varepsilon_0}\Big[\frac{2xl}{(x^2-l^2/4)^2}\Big]\vec{i}$$

当 $x\gg l$ 时，　　　　　　　　　　$x^2-l^2/4\approx x^2$

所以，　　　　　　　　$\vec{E} = \frac{1}{4\pi\varepsilon_0}\frac{2lq}{x^3}\vec{i} = \frac{1}{4\pi\varepsilon_0}\frac{2\vec{p}}{x^3}$

即在电偶极子轴线延长线上任意点的电场强度的大小与电偶极子的电偶极矩大小成正比，与电偶极子中心到该点的距离的三次方成反比；电场强度的方向与电偶极矩的方向相同。

（2）求电偶极子轴线的中垂线上一点的电场强度。

如图 3.1-4 所示，取电偶极子轴线中点为坐标原点，中垂线上任意点 $A(y)$ 到 $\pm q$ 的距离为 $r_+ = r_- = r$，其场强为

$$\vec{E}_+ = \frac{q\,\vec{r}_+}{4\pi\varepsilon_0 r_+^3}, \quad \vec{E}_- = -\frac{q\,\vec{r}_-}{4\pi\varepsilon_0 r_-^3}$$

从图 3.1-4 中可以看出：

$$\vec{r}_+ = -\frac{l}{2}\vec{i} + y\vec{j}$$

$$\vec{r}_- = \frac{l}{2}\vec{i} + y\vec{j}$$

$$r_+ = r_- = r = \sqrt{y^2 + (l/2)^2}$$

所以，　　　$\vec{E}_+ = \frac{q}{4\pi\varepsilon_0 r_+^3}\Big(-\frac{l}{2}\vec{i} + y\vec{j}\Big)$

$$\vec{E}_- = -\frac{q}{4\pi\varepsilon_0 r_+^3}\Big(\frac{l}{2}\vec{i} + y\vec{j}\Big)$$

图 3.1-4　电偶极子的电场强度

因而总的场强为

$$\vec{E} = \vec{E}_+ + \vec{E}_- = \frac{q}{4\pi\varepsilon_0 r^3}\Big(-\frac{l}{2}\vec{i} + y\vec{j}\Big) - \frac{q}{4\pi\varepsilon_0 r^3}\Big(\frac{l}{2}\vec{i} + y\vec{j}\Big)$$

$$= -\frac{1}{4\pi\varepsilon_0}\frac{ql\vec{i}}{\Big(y^2+\dfrac{l^2}{4}\Big)^{3/2}} = -\frac{1}{4\pi\varepsilon_0}\frac{\vec{p}}{\Big(y^2+\dfrac{l^2}{4}\Big)^{3/2}}$$

当 $y\gg l$ 时，$y^2+(l/2)^2\approx y^2$。

故　　　　　　　　　　　$\vec{E} = -\frac{1}{4\pi\varepsilon_0}\frac{\vec{p}}{y^3}$

即在电偶极子中垂线上任意一点的电场强度的大小与电偶极子的电偶极矩大小成正比，与电偶极子中心到该点的距离的三次方成反比；电场强度的方向与电偶极矩的方向相反。

例 3.1-2   真空中一均匀带电直线，电荷线密度为 λ，线外有一点 P，离开直线的垂直距离为 a，P 点和直线两端连线的夹角分别为 θ_1 和 θ_2，求 P 点的场强。

解   （1）**建立坐标系**，如图 3.1-5 所示。

（2）**取电荷元** $\mathrm{d}q = \lambda\mathrm{d}x$，其在 P 点的场强为

$$\mathrm{d}\vec{E} = \frac{\lambda\mathrm{d}x}{4\pi\varepsilon_0 r^2}\vec{e}_r$$

（3）将 $\mathrm{d}\vec{E}$ 投影分解到 x、y 轴：

$$\mathrm{d}E_x = \mathrm{d}E\cos\theta = \frac{\lambda\mathrm{d}x\cos\theta}{4\pi\varepsilon_0 r^2}$$

$$\mathrm{d}E_y = \mathrm{d}E\sin\theta = \frac{\lambda\mathrm{d}x\sin\theta}{4\pi\varepsilon_0 r^2}$$

（4）**统一积分变量、积分**

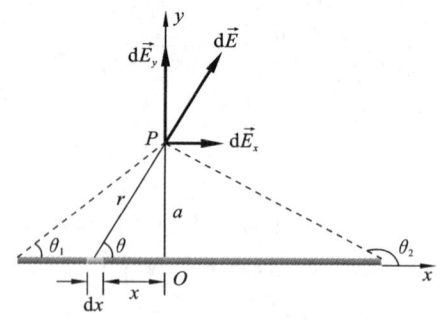

图 3.1-5   均匀带电直线电场

$$r = \frac{a}{\sin\theta} = a\csc\theta, \quad x = -a/\tan\theta$$

$$\mathrm{d}x = a\csc^2\theta\mathrm{d}\theta$$

$$\mathrm{d}E_x = \frac{\lambda a\csc^2\theta\cos\theta\mathrm{d}\theta}{4\pi\varepsilon_0 a^2\csc^2\theta} = \frac{\lambda\cos\theta}{4\pi\varepsilon_0 a}\mathrm{d}\theta, \quad \mathrm{d}E_y = \frac{\lambda\sin\theta}{4\pi\varepsilon_0 a}\mathrm{d}\theta$$

$$E_x = \int_{\theta_1}^{\theta_2} \frac{\lambda\cos\theta}{4\pi\varepsilon_0 a}\mathrm{d}\theta = \frac{\lambda}{4\pi\varepsilon_0 a}(\sin\theta_2 - \sin\theta_1)$$

同理，
$$E_y = \int \mathrm{d}E_y = \frac{\lambda}{4\pi\varepsilon_0 a}(\cos\theta_1 - \cos\theta_2)$$

对无限长带电直线，由 $\theta_1 = 0, \theta_2 = \pi$ 得到

$$E_x = 0, \quad E = E_y = \frac{\lambda}{2\pi\varepsilon_0 a}$$

即无限长带电直线的场强具有轴对称性，且垂直于直导线。

例 3.1-3   试计算均匀带电圆环线上任一给定点 P 处的场强。如图 3.1-6 所示，该圆环半径为 R，周长为 L，圆环带电量为 q，P 点与环心距离为 x。

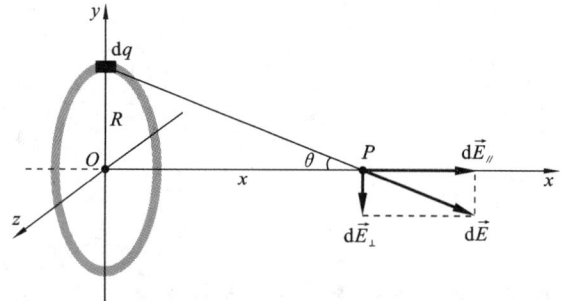

图 3.1-6   均匀带电圆环电场

解　　（1）**建立坐标系。**

（2）**在环上任取线元 $\mathrm{d}l$，其上电量为**

$$\mathrm{d}q = \lambda \mathrm{d}l = \frac{q}{L}\mathrm{d}l$$

P 点与 $\mathrm{d}q$ 的距离为 r，$\mathrm{d}q$ 与 P 点所产生的场强大小为

$$\mathrm{d}E = \frac{1}{4\pi\varepsilon_0}\frac{\mathrm{d}q}{r^2} = \frac{1}{4\pi\varepsilon_0}\frac{q}{L}\frac{\mathrm{d}l}{r^2}$$

场强的方向如图 3.1-6 所示。

（3）**对称性分析、积分。**把场强分解为平行于环心轴的分量 $\mathrm{d}E_\parallel$ 和垂直于环心轴的分量 $\mathrm{d}E_\perp$，则由对称性可知，垂直分量互相抵消，因而总的电场为平行分量总和：

$$E = \int \mathrm{d}E_\parallel = \int \mathrm{d}E\cos\theta$$

其中：θ 为 $\mathrm{d}\vec{E}$ 与 x 轴的夹角。积分上式，有

$$E = \oint \frac{1}{4\pi\varepsilon_0}\frac{q}{L}\frac{\mathrm{d}l}{r^2} \cdot \cos\theta = \frac{1}{4\pi\varepsilon_0}\frac{q}{L}\frac{\cos\theta}{r^2} \cdot \oint \mathrm{d}l$$

$$= \frac{1}{4\pi\varepsilon_0}\frac{q}{L}\frac{\cos\theta}{r^2} \cdot L = \frac{q\cos\theta}{4\pi\varepsilon_0 r^2}$$

因为 $$\cos\theta = R/r$$

所以 $$E = \frac{qx}{4\pi\varepsilon_0 r^3} = \frac{qx}{4\pi\varepsilon_0 (R^2 + x^2)^{\frac{3}{2}}}$$

当 $x \gg R$ 时，$(R^2 + x^2)^{\frac{3}{2}} \approx x^3$，则 $E \approx \dfrac{q}{4\pi\varepsilon_0 x^2}$

则可将环上电荷看成全部集中在环心处的一个点电荷。

随堂练习

3.1　在坐标 $(x, 0)$ 处有一个点电荷 q_1，在 $(0, y)$ 处有另外一个点电荷 q_2，则 q_1 与 q_2 之间的电场力大小为 _____。

3.2　将一根很细的均匀带电量为 Q（$Q > 0$）的塑料棒弯成半径为 R 的圆环，接口处留有宽为 Δl 的空隙（$\Delta l \ll R$），求环心处电场强度的大小和方向。

3.2　静电场的高斯定理

基本要求：理解电通量的概念、静电场的高斯定理及其物理意义；理解用高斯定理计算电场强度的条件和方法。

3.2.1　电场线

电场与实物一样，是物质存在的一种形式，为了形象地描述电场在空间的分布情况，我

们引入电场线的概念。电场线是在电场中画出的一系列假象的曲线,曲线上每一点的切线方向表示该点电场强度的方向;曲线的疏密程度表示该处场强的大小。

怎样定量用电场线的疏密表示各点场强的大小呢? 为了表示某点场强的大小,设想在该点附近作一个垂直于场强的面元 $dS_\perp$,穿过该面元的电场线的条数为 dN,则该点的场强大小满足:

$$E = \frac{dN}{dS_\perp} \tag{3.2-1}$$

图 3.2-1 画出了几种常见电荷静止分布时电场的电场线。

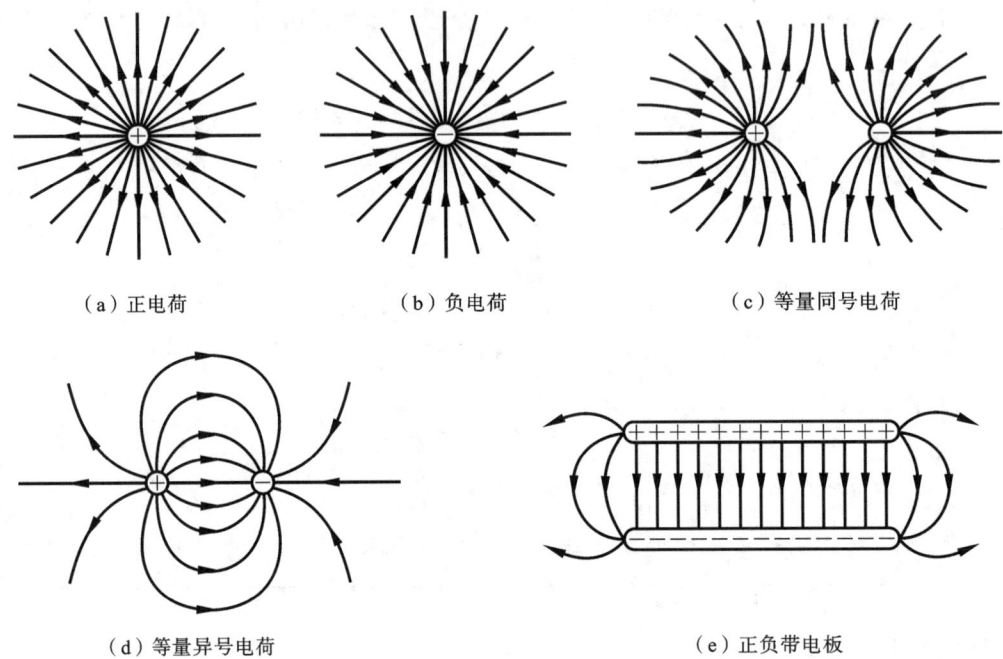

（a）正电荷　　　　　　　（b）负电荷　　　　　　　（c）等量同号电荷

（d）等量异号电荷　　　　　　　　　　（e）正负带电板

图 3.2-1　常见电场分布

由图 3.2-1 可以看出:静电场的电场线起始于正电荷(或来自无限远处),终止于负电荷(或伸向无限远处),在没有电荷的地方不中断;电场线不闭合;任何两条电场线不相交。

3.2.2　电通量

电场线除了能形象地描述电场外,还可以通过电场线引入一个重要的概念——电通量。

由式(3.2-1)可知,在匀强电场中,如图 3.2-2(a)所示,通过与电场线垂直的平面 $S_\perp$ 的电通量为

$$\Phi_e = N = ES_\perp \tag{3.2-2}$$

电通量的单位为 $N \cdot C^{-1} \cdot m^{-2}$。

如果电场与平面不垂直,可将电场沿着该平面的法线方向分解为 E_n,或者把该平面投影到和电场垂直的平面,如图 3.2-2(b)所示。因此穿过平面 S 的电通量为

$$\Phi_e = ES_\perp = E_n S = E\cos\theta S = \vec{E} \cdot \vec{S} \tag{3.2-3}$$

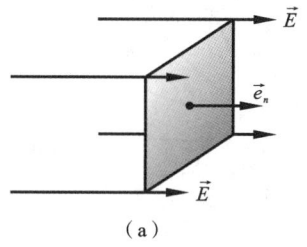
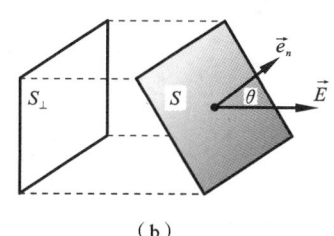
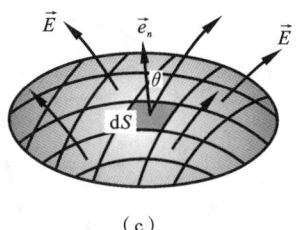

（a） （b） （c）

图 3.2-2 电通量定义

对于电场中的任意有限的曲面 S，如图 3.2-2(c)所示，要计算通过 S 的电通量，我们用微元思想将 S 分割为无限个小面元，穿过 $\mathrm{d}S$ 的电通量可由式(3.2-3)计算。穿过整个曲面 S 的电通量为组成曲面的所有面元电通量的和，用积分表示为

$$\Phi_e = \int_S \mathrm{d}\Phi_e = \int_S \vec{E} \cdot \mathrm{d}\vec{S} \tag{3.2-4}$$

当 S 是闭合曲面时，上式可写成

$$\Phi_e = \oint_S \vec{E} \cdot \mathrm{d}\vec{S} \tag{3.2-5}$$

积分符号中的圆圈表示积分的区域是封闭的。

必须指出，对非闭合曲面，法线的正方向可以取曲面的任一侧，所以电通量可以为正，也可以为负。但对闭合曲面来说，通常规定自内向外的方向为曲面法线的正方向。因此，若电场线从曲面内部向外穿出，电场方向与曲面的法线方向一致，则电通量为正；若电场线从外部穿入曲面，电场方向与曲面的法线方向相反，则电通量为负。

3.2.3 高斯定理

如果静电场由多个带电体产生，并且闭合曲面内外都有电荷存在，那么要求出电通量，就要先求出所有带电体在闭合曲面上的电场强度，依据电场强度的叠加原理，这个计算量是非常复杂且困难的。数学家高斯想到了无论多复杂的电场都和场源电荷有关，并给出了电通量与场源电荷之间的数学关系，即本节介绍的高斯定理。接下来从最简单的点电荷入手来讨论高斯定理。

如图 3.2-3(a)所示，设电场由点电荷 q 激发，以 q 为中心作半径为 r 的球面，在球面上任取一面元 $\mathrm{d}\vec{S}$，其电通量为

$$\mathrm{d}\Phi_e = \vec{E} \cdot \mathrm{d}\vec{S} = \frac{q}{4\pi\varepsilon_0 r^2} \vec{e}_r \cdot \mathrm{d}S\,\vec{e}_n = \frac{q\,\mathrm{d}S}{4\pi\varepsilon_0 r^2} \tag{3.2-6}$$

整个球面的电通量为

$$\Phi_e = \oint_S \frac{q\,\mathrm{d}S}{4\pi\varepsilon_0 r^2} = \frac{q}{4\pi\varepsilon_0 r^2} \oint_S \mathrm{d}S = \frac{q}{\varepsilon_0} \tag{3.2-7}$$

此结果与球面半径 r 无关，只与它所包围的电荷的电量有关。大家可以思考，如果是负电荷，表达式如何？

当点电荷不位于球面的中心时，如图 3.2-3(b)所示，以 q 为中心作一小球面，通过小球

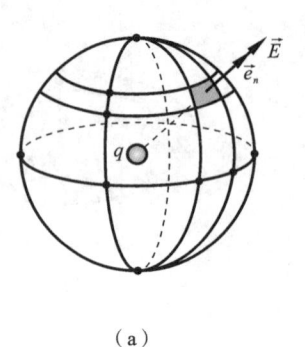
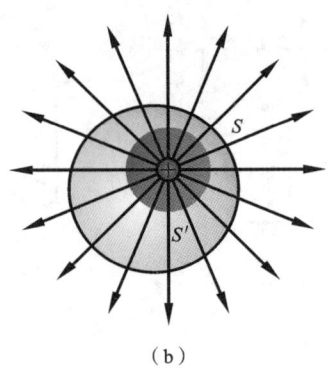

（a）   （b）

图 3.2-3   点电荷通过球面的电通量

面的电通量,上面已经求出为 $\Phi_e = \dfrac{q}{\varepsilon_0}$,而电通量指的就是通过电场中某个面的电场线的总数目。又根据电场线的特点:在电场空间中是连续不中断的。因此有多少条电场线通过里面的小球面就有多少条通过外面的闭合球面,所以当点电荷不位于球面的中心时,通过此闭合球面的电通量还是 $\Phi_e = \dfrac{q}{\varepsilon_0}$,也就是说,**电通量与电荷在曲面内的位置无关。**

当点电荷位于任意形状的闭合曲面内时,如图 3.2-4(a)所示,以 q 为中心作一球面,通过球面 S 的电通量为 $\Phi_e = \dfrac{q}{\varepsilon_0}$。根据电场线的连续性,因此通过里面的球面 S 和通过外面的闭合曲面 S' 的电场线数目是一样的。即点电荷位于任意形状的闭合曲面内时,电通量也等于 $\Phi_e = \dfrac{q}{\varepsilon_0}$。也就是说,**电场强度的电通量与曲面形状无关。**

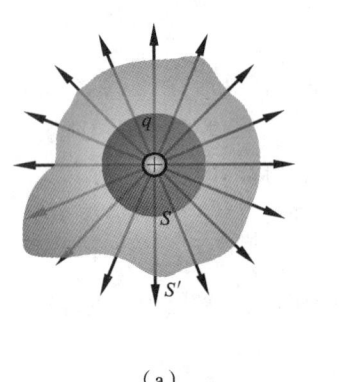
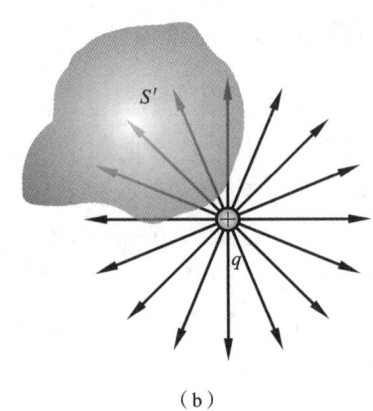

（a）   （b）

图 3.2-4   点电荷通过任意闭合曲面的电通量

如果闭合曲面 S' 不包围点电荷 q,如图 3.2-4(b)所示,则由电场线的连续性可得出,由其中一侧进入 S' 的电场线的数量一定等于从另一侧穿出 S' 的电场线的数量。按照电通量的定义,在电场线穿出曲面的一侧,电通量为正;在电场线穿入曲面的一侧,电通量为负。电通量正负相互抵消,总的电通量为零,即若闭合曲面没有包围电荷,则穿过它的总电通量为零。

以上是一个点电荷的情况,对于一个点电荷系来说,根据电场强度的叠加原理,总的电

场强度为各点电荷产生的电场强度的矢量和

$$\vec{E} = \vec{E}_1 + \vec{E}_2 + \cdots + \vec{E}_n \qquad (3.2\text{-}8)$$

这时，通过任意封闭曲面 S 的总电通量为

$$\Phi_e = \oint_S \vec{E} \cdot d\vec{S} = \oint_S \vec{E}_1 \cdot d\vec{S} + \oint_S \vec{E}_2 \cdot d\vec{S} + \cdots + \oint_S \vec{E}_n \cdot d\vec{S} = \Phi_{e1} + \Phi_{e2} + \cdots + \Phi_{en}$$

$$(3.2\text{-}9)$$

根据前面的讨论结果，如果点电荷 q_i 位于曲面外，电场强度的电通量为 0，位于曲面内时 $\Phi_e = \dfrac{q_i}{\varepsilon_0}$，则上式可以写成

$$\oint_S \vec{E} \cdot d\vec{S} = \frac{\sum q^{in}}{\varepsilon_0} \qquad (3.2\text{-}10)$$

这就是高斯定理的数学表达式。因此高斯定理也表述为：**在真空静电场中，穿过任意闭合曲面的电通量，在数量上等于该曲面包围的净电荷量除以 ε_0。**

需要说明几点。

（1）这里的闭合曲面通常称为高斯面。

（2）公式里面的电场强度是闭合曲面内外所有的电荷在高斯面上的总电场强度。

（3）电通量仅与高斯面内的电荷有关。

在理解高斯定理时，应注意以下几点。

（1）高斯定理反映了电场的基本性质，即电场是有源场，电荷就是静电场的源。根据高斯定理，如果穿过闭合曲面的电通量大于 0，则闭合曲面内包围的就是正电荷，从电场线的角度来说，电场线是穿出的，这说明电场线始于正电荷；如果穿过闭合曲面的电通量小于 0，则闭合曲面内包围的就是负电荷，电场线应该终止于负电荷。即电场是有源场，正电荷是电场线的源头，负电荷是电场线的尾闾。

（2）高斯定理由库仑定律导出，不仅适用于静电场，而且适用于变化的电场，是电磁场理论中的基本方程之一。

3.2.4　高斯定理的应用

高斯定理的重要应用之一是求场强分布。由式（3.2-10）可看出，如果电荷分布具有某种对称性，电场的分布也具有某种对称性，这时只要选取合适的高斯面，其**基本原则**是保证高斯面上**电场强度的大小**处处相等或等于零、**方向**与该处的面元法向处处平行或垂直。用高斯定理就较容易计算出电场强度分布。下面列举几个例子来说明如何应用高斯定理求解电场强度。

例 3.2-1　半径为 R 的孤立球面，均匀携带有总电量为 $q(q>0)$ 的电荷，求整个空间的电场分布。

解　（1）**对称性分析：** 把带电球面分割为无数个面元——电荷元，它们在球面内部任意一点产生的场强总能成双、成对相消，所以球面内场强处处为零。采用同样的分析方法，球面外任意一点电场的方向都沿着半径方向，且与球心距离相同点的电

场大小 E 是常数。

（2）按照**高斯面**选取的**基本原则**，我们可以选择一个与带电球面同心的球面作为高斯面，如图 3.2-5(a) 中的虚线所示。

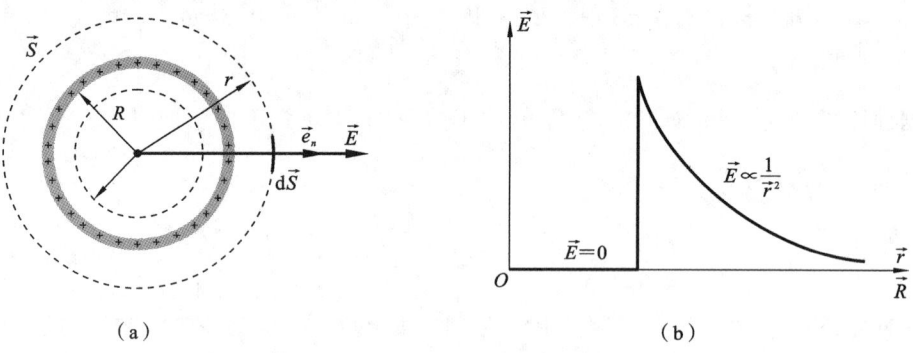

（a）   （b）

图 3.2-5 球面电荷的电场

在球形高斯面上的任意位置，电场的方向都与球面的法线方向相同，并且电场大小相等。假设该高斯面的半径为 r，则电通量

$$\Phi_e = \oint_S \vec{E} \cdot d\vec{S} = \oint_S E \, dS \cos 0 = E \cdot 4\pi r^2$$

式中，电场强度 E 是未知的常量。

如果高斯面的半径大于带电球面半径，则高斯面内包围的电荷量 q^{in} 等于 q，由高斯定理得出

$$\Phi_e = E \cdot 4\pi r^2 = \frac{q}{\varepsilon_0}$$

如果高斯面的半径小于带电球面的半径，则高斯面内的电荷量为零，由高斯定理得出

$$\Phi_e = E \cdot 4\pi r^2 = 0$$

这表明均匀带电球面内部的场强处处为零。

综上所述，并考虑 $\vec{E}$ 的方向，可将带电球面内外的电场强度表示为

$$\vec{E} = \begin{cases} 0, & r < R \\ \dfrac{q}{4\pi\varepsilon_0 r^2}\vec{e}_r, & r > R \end{cases} \tag{3.2-11}$$

此结果说明，均匀带电球面外部的场强分布与一个点电荷所激发的电场强度一样；而在球面内部，场强为零。

我们可以画出场强随距离变化而变化的曲线，如图 3.2-5(b) 所示。从 E-r 曲线中可以看出，场强大小在球面附近是不连续的。

例 3.2-2   求线电荷密度为 λ 的无限长均匀带电直线的电场分布。

解   （1）**对称性分析**：把无限长带电直线分割为无数个电荷元，它们在任一点产生的场强沿轴向的分量总是成双、成对相消，场强方向总是垂直于直线本身且向外发散的,而所有与直线距离相等的点的场强大小是相等的。

　　(2) 按照**高斯面**选取的**基本原则**,我们以带电直线为轴线构造一个闭合的圆柱面,如图 3.2-6 所示,它的半径为 r,高度为 h。圆柱面的上、下底面以及侧面构成一个封闭的曲面,并以这个曲面为高斯面。从图中可以看出:上、下两个底面没有电场线穿过,电通量为零;侧面的场强大小相等且与侧面处处垂直,电通量等于场强的大小乘以侧面的面积。

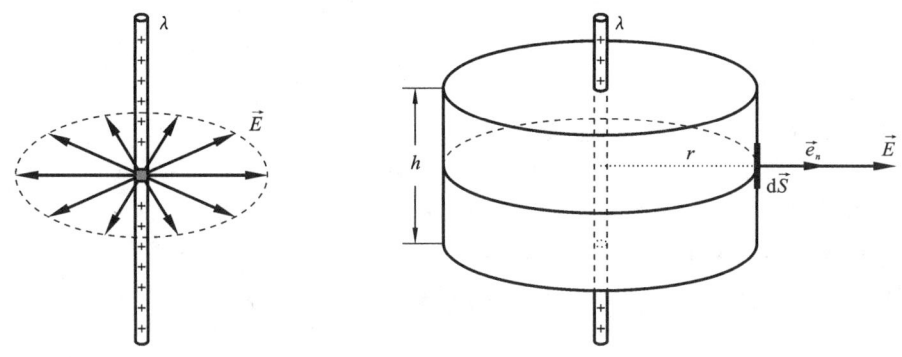

图 3.2-6　直线电荷的电场

封闭的圆柱形高斯面的总电通量为

$$\Phi_e = \oint_S \vec{E} \cdot \mathrm{d}\vec{S} = \int_{\mathrm{up}} \vec{E} \cdot \mathrm{d}\vec{S} + \int_{\mathrm{down}} \vec{E} \cdot \mathrm{d}\vec{S} + \int_{\mathrm{side}} \vec{E} \cdot \mathrm{d}\vec{S}$$
$$= 0 + 0 + 2\pi r h E$$

圆柱面内包围的电荷 $\sum q^{in} = \lambda h$。由高斯定理得

$$E \cdot 2\pi r h = \frac{\lambda h}{\varepsilon_0}$$

$$E = \frac{\lambda}{2\pi\varepsilon_0 r} \tag{3.2-12}$$

　　上述各例中,带电体的电荷分布都具有某种对称性,利用高斯定理计算这一类带电体的电场分布是很方便的。不具有特殊对称性的电荷分布,其电场不能直接用高斯定理求解。当然,这不是说高斯定理对这些带电体不成立。

随堂练习

3.3　在均匀电场 E 中放入一个面积为 A 的平板。若电场与平板垂直,则穿过平板的电通量大小为_____;若电场与平板平行,则电通量大小为_____。

3.4　某带电直线长度为 $2d$,电荷线密度为 $+\lambda$,以直线的一个端点为中心、d 为半径作一个球面,则通过该球面的总电通量为_____。

3.5　电量为 q 的点电荷位于一个立方体的中心,立方体边长为 a,则通过立方体一个面的电通量是_____;如果把这个点电荷放到一个半球面的球心处,则通过半球面的电通量是_____。

3.6 均匀带电球面内部的场强大小为_____；电荷面密度为 σ 的无限大均匀带电平面周围的场强大小为_____；电荷线密度为 λ 的无限长带电直线周围与直线距离为 r 的位置的场强大小为_____。

3.7 下列说法是否正确？为什么？

(1) 闭合曲面上各点场强为零时,该曲面的电通量必为零。（   ）

(2) 闭合曲面的总电通量为零,该曲面上各点的场强必为零。（   ）

(3) 闭合曲面的总电通量为零,该曲面内一定没有带电物体。（   ）

(4) 闭合曲面内没有带电物体,曲面的总电通量必为零。（   ）

(5) 闭合曲面内净电量为零,曲面的电通量必为零。（   ）

(6) 闭合曲面的电通量为零,曲面内净电量必为零。（   ）

(7) 闭合曲面上各点的场强仅由曲面内的电荷产生。（   ）

(8) 高斯定理的适用条件是电场必须具有对称性。（   ）

(9) 若电场线从某处进入闭合曲面,则该处的电通量为正值。（   ）

3.3   静电场的环路定理

基本要求：理解静电场力做功的特点；理解静电场的环路定理及其物理意义；理解电势能、电势、电势差的概念；掌握静电场力的功与电势能变化的关系；会计算简单电荷分布电场的电势。

3.3.1   环路定理

前面我们从电荷在电场中的受力作用出发,研究了静电场的性质,引入了电场强度作为描述电场特性的物理量,知道了静电场是有源场。本节将进一步从电场力对电荷的做功出发来研究静电场的另一个重要的性质——保守场。

1. 静电场力做功

如图 3.3-1 所示,在点电荷的静电场中,设一个正点电荷 q 固定于 O 点,试验电荷 q_0 在 q 的电场中沿任意路径从点 a 移动到点 b,对元位移 $\mathrm{d}\vec{l}$,电场力做功为

$$\mathrm{d}W = \vec{F} \cdot \mathrm{d}\vec{l} = q_0\vec{E} \cdot \mathrm{d}\vec{l}$$

点电荷的场强公式为

$$\vec{E} = \frac{1}{4\pi\varepsilon_0}\frac{q}{r^2}\vec{e_r}$$

$$\mathrm{d}W = \frac{1}{4\pi\varepsilon_0}\frac{qq_0}{r^2}\vec{e_r} \cdot \mathrm{d}\vec{l} = \frac{1}{4\pi\varepsilon_0}\frac{qq_0}{r^2}\mathrm{d}r$$

积分可得电场力所做的功为

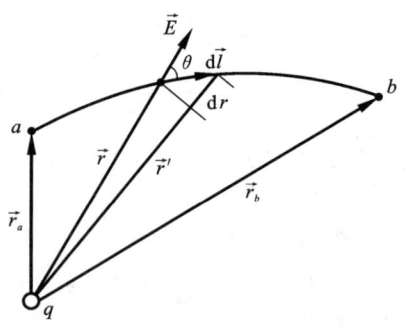

图 3.3-1   点电荷电场力做功

$$W = \int_{r_a}^{r_b} \frac{qq_0}{4\pi\varepsilon_0 r^2} dr = \frac{qq_0}{4\pi\varepsilon_0}\left(\frac{1}{r_a} - \frac{1}{r_b}\right)$$

由上可见,在点电荷的静电场中,电场力对试验电荷所做的功与其移动时的起始位置和终止位置有关,与其所经历的路径无关。

对任意带电体,可看成是由许多点电荷组成的点电荷系,根据叠加原理,点电荷系的场强为各点电荷场强的叠加。因此任意点电荷系的电场力所做的功为

$$W = q_0 \int_l \vec{E} \cdot \mathrm{d}\vec{l} = q_0 \int_l \vec{E}_1 \cdot \mathrm{d}\vec{l} + q_0 \int_l \vec{E}_2 \cdot \mathrm{d}\vec{l} + \cdots$$

每一项均与路径无关,故它们的代数和也必然与路径无关。

结论:在真空中,一试验电荷在静电场中移动时,静电场力对它所做的功仅与试验电荷的电量、起始位置与终止位置有关,与试验电荷所经过的路径无关。因此静电场力是保守力,静电场是保守场。

2. 静电场的环路定理

在静电场中,如果将试验电荷沿闭合路径移动一周,电场力所做的功又是多少呢?

$$W = \oint_l q_0 \vec{E} \cdot \mathrm{d}\vec{l} = q_0 \oint_l \vec{E} \cdot \mathrm{d}\vec{l}$$

由电场力做功与路径无关,只与起始位置和终止位置有关的性质可知,将试验电荷沿闭合路径移动一周时,电场力所做的功为零。如图 3.3-2 所示,电场力做功为

$$W = q_0 \oint_l \vec{E} \cdot \mathrm{d}\vec{l} = q_0 \int_{acb} \vec{E} \cdot \mathrm{d}\vec{l} + q_0 \int_{bda} \vec{E} \cdot \mathrm{d}\vec{l}$$

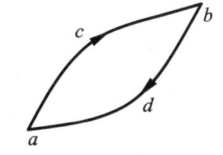

图 3.3-2 电场环路积分

由于

$$\int_{bda} \vec{E} \cdot \mathrm{d}\vec{l} = -\int_{adb} \vec{E} \cdot \mathrm{d}\vec{l}$$

且电场力做功与路径无关,

$$q_0 \int_{adb} \vec{E} \cdot \mathrm{d}\vec{l} = q_0 \int_{acb} \vec{E} \cdot \mathrm{d}\vec{l}$$

所以

$$W = q_0 \oint_l \vec{E} \cdot \mathrm{d}\vec{l} = 0$$

即

$$\oint_l \vec{E} \cdot \mathrm{d}\vec{l} = 0 \tag{3.3-1}$$

这就是静电场的环路定理,用文字表述为:**静电场的电场强度沿任意闭合曲线的环路积分为零**。环路定理揭示了静电场的电场线不能闭合,静电场是保守场。

3.3.2 电势

力学部分已经介绍过,保守场可引入势能的概念,如在重力场中引入重力势能。既然静电场是保守场,那么也可以引入电势能的概念。我们知道,保守力的功等于势能增量的负值。若用 E_{pa} 和 E_{pb} 分别表示试验电荷在静电场中点 a 和点 b 的电势能,则试验电荷从 a 移动到 b,静电场力做功为

$$W_{ab} = -(E_{pb} - E_{pa}) = E_{pa} - E_{pb}$$

即
$$q_0 \int_a^b \vec{E} \cdot \mathrm{d}\vec{l} = E_{pa} - E_{pb} \tag{3.3-2}$$

当场源电荷为有限带电体时,通常选取无限远处为电势能零点。取 b 点为无限远处,则:
$$W_b = W_\infty = 0$$

这样试验电荷 q_0 在 a 点处具有的电势能为
$$E_{pa} = W_{a\infty} = \int_a^\infty q_0 \vec{E} \cdot \mathrm{d}\vec{l} \tag{3.3-3}$$

即试验电荷 q_0 在电场中某点处具有的电势能值等于将 q_0 由该点移至无限远(或者电势能零点)处电场力所做的功。

说明:电势能是属于系统的,为场源电荷和试验电荷所共有,是试验电荷与电场之间的相互作用能。

前面我们从力的观点出发,描述了电场的性质,引入了电场强度。学习了电势能之后,我们能不能从电场力做功的观点出发引入描述电场的另一个物理量?电势能能不能充当这一物理量?

由于电势能的大小与试验电荷的电量 q_0 有关,因此电势能不能直接用来描述某一给定电场的性质。因为比值 $(E_{pa} - E_{pb})/q_0$ 与 q_0 无关,且只取决于电场的性质及场点的位置,所以这个比值是反映电场本身性质的物理量,我们称之为**电势**。电势是指静电场中带电体所具有的电势能与该带电体的电量的比值,计量单位为伏特(V)。
$$U_a = \frac{E_{pa}}{q_0} = \int_a^{\text{零势点}} \vec{E} \cdot \mathrm{d}\vec{l} \tag{3.3-4}$$

令 q_0 为单位正电荷,则 $U_a = E_{pa}$。可见,电场中某点的电势在数值上等于放在该点的单位正电荷的电势能,或者电场中某点的电势在数值上等于把单位正电荷从该点移到势能为零的点时,电场力所做的功。

说明如下。

(1)电势是标量,有正有负,把单位正电荷从某点移到无穷远点时,若静电场力做正功,则该点的电势为正;若静电场力做负功,则该点的电势为负。

(2)电势具有相对意义,它取决于电势零点的选择。

(3)电势零点的选择是任意的,视研究问题的方便而定。在理论计算中,当电荷分布在有限区域时,通常选择无穷远处的电势为零;在实际工作中,通常选择地面的电势为零。但是对于"无限大"或"无限长"的带电体,就不能将无穷远点作为电势的零点,这时只能在有限范围内选取某点为电势的零点。

在静电场中,任意两点 a 和 b 之间的电势之差称为电势差,也称电压。
$$U_{ab} = U_a - U_b = \int_a^b \vec{E} \cdot \mathrm{d}\vec{l} \tag{3.3-5}$$

即静电场中任意两点 a、b 之间的电势差,在数值上等于把单位正电荷从点 a 移到点 b 时静电场力所做的功。

引入电势差后,静电场力所做的功可以用电势差表示为
$$W = q_0 \int_a^b \vec{E} \cdot \mathrm{d}\vec{l} = q_0 U_{ab} = q_0 (U_a - U_b) \tag{3.3-6}$$

3.3.3　电势的计算

在实践中,虽然我们能够利用仪表来测出两点之间的电压,但是也应该了解计算电势的基本方法。电势反映了电场的性质,而电场必然是由场源电荷产生的。因此,电势计算的最终结论反映了场源电荷与电势的关系。下面介绍两种计算电势的方法。

1. 电场积分法(定义式法)

先根据空间电场强度的表达式选取合适的积分路径,然后根据式(3.3-4)求出空间中某点的电势。

例 3.3-1	设空间中有一静止的点电荷 q,在其周围激发电场。计算与 q 相距为 r 的 P 点的电势。

解　　如图 3.3-3 所示,以点电荷 q 为坐标原点,取无穷远为参考点,即无穷远处电势为零。选择从 P 点沿着半径到达无穷远处的直线为积分路径,在这条路径上任取一线元 $\mathrm{d}\vec{l}$,设它到点电荷的距离为 l,方向和 $\vec{e_r}$ 的方向一致。

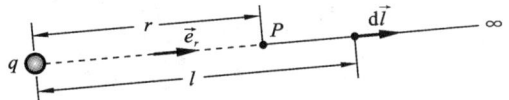

图 3.3-3　点电荷激发的电场

由　　　$$U = \int_P^\infty \vec{E} \cdot \mathrm{d}\vec{l} = \int_r^\infty \frac{q}{4\pi\varepsilon_0 l^2} \vec{e_r} \cdot \mathrm{d}l\vec{e_r} = \int_r^\infty \frac{q}{4\pi\varepsilon_0 l^2} \mathrm{d}l$$

积分得

$$U(r) = \frac{q}{4\pi\varepsilon_0 r}$$

由此可见,点电荷 q 周围空间任一点的电势与该点到点电荷的距离 r 成反比。如果 q 是正的,则各点的电势是正的,离点电荷愈远,电势愈低,在无限远处电势为零;如果 q 是负的,则各点的电势也是负的,离点电荷愈远,电势愈高,在无限远处电势为零。

例 3.2-2	求均匀带电球壳电场中任一点 P 处的电势。设球壳半径为 R,总带电量为 q。

解　　由高斯定理求得均匀带电球面的场强分布为

$$\vec{E} = \begin{cases} 0, & r < R \\ \dfrac{q}{4\pi\varepsilon_0 r^2} \vec{e_r}, & r > R \end{cases}$$

选择无穷远处为电势零点 $V_\infty = 0$。由电势定义,沿径向积分,得

当 $r \geqslant R$ 时,

$$U = \int_r^\infty \vec{E} \cdot d\vec{l} = \int_r^\infty \frac{q}{4\pi\varepsilon_0 r^2} dr = \frac{q}{4\pi\varepsilon_0 r}$$

与点电荷电势相同。

当 $r < R$ 时，

$$U = \int_r^\infty \vec{E} \cdot d\vec{l} = \int_r^R \vec{E}_内 \cdot d\vec{l} + \int_R^\infty \vec{E}_外 \cdot d\vec{l}$$

$$= 0 + \int_R^\infty \frac{q}{4\pi\varepsilon_0 r^2} dr = \frac{q}{4\pi\varepsilon_0 R}$$

球面内各点电势相等，均等于球面上各点电势。

U-r 曲线如图 3.3-4 所示，在 $r = R$ 的球壳处电势是连续的。通过前面的介绍我们知道，带电球壳在 $r = R$ 处的场强是跃变的。其次，我们发现场强为零处，电势不一定为零。

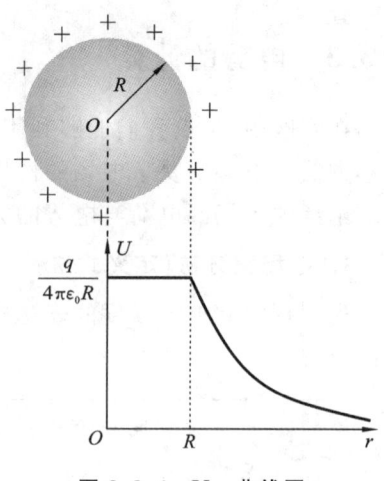

图 3.3-4　U-r 曲线图

例 3.3-3　　　求无限长均匀带电直导线外任一点 P 处的电势，已知线电荷密度为 λ。

解　　如图 3.3-5 所示，取场中任一点 b（距导线距离为 r_0）为电势零点，即

$$U_{b(r=r_0)} = 0$$

则任一点 P 的电势为

$$U = \int_r^{r_0} \vec{E} \cdot d\vec{l}$$

由高斯定理，得无限长均匀带电直导线外任一点的场强为

$$E = \frac{\lambda}{2\pi\varepsilon_0 r}$$

则 P 点的电势为

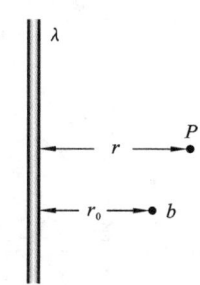

图 3.3-5　无限长均匀带电直导线电势

$$U = \int_r^{r_0} \vec{E} \cdot d\vec{l} = \int_r^{r_0} \frac{\lambda}{2\pi\varepsilon_0 r} dr = \frac{\lambda}{2\pi\varepsilon_0} \ln r \Big|_r^{r_0}$$

$$= \frac{\lambda}{2\pi\varepsilon_0} (\ln r_0 - \ln r)$$

显然，当选择 $r_0 = 1$ m 时，P 点电势有最简单的形式，且 $U = -\frac{\lambda}{2\pi\varepsilon_0} \ln r$。

使用电场积分法的注意事项：电荷只有分布在有限的空间里，才能选无穷远作为电势零点；积分路径可任意选取，但要求使 $\vec{E}$ 与 $d\vec{l}$ 之间或垂直或平行或夹角恒定，并且该路径上 $\vec{E}$ 的函数表达式已知；如果积分路径上场强表达式的各段不同，那么积分应分段进行，在某一区域积分，必须用该区域的场强表达式。

2. 电势叠加法

设电场由几个点电荷 $q_1, q_2, \cdots, q_n$ 产生，由场强叠加原理可知电场强度为矢量和 $\vec{E} = \sum \vec{E}_i$，因而电势为

$$U = \int \vec{E} \cdot d\vec{l} = \int \sum \vec{E}_i \cdot d\vec{l} = \sum \int \vec{E}_i \cdot d\vec{l} = \sum U_i$$

即点电荷系电场中某点的电势等于各点电荷单独存在时在该点电势的叠加（代数和）。这个结论称为静电场的电势叠加原理。若场源为电荷连续分布的带电体，则可以把它分成无穷多个电荷元 $\mathrm{d}q$，每个电荷元都可以看成为点电荷，在场点产生的电势为 $\mathrm{d}U=\dfrac{\mathrm{d}q}{4\pi\varepsilon_0 r}$，而该点的电势为这些电荷元电势的叠加，$U=\displaystyle\int\dfrac{\mathrm{d}q}{4\pi\varepsilon_0 r}$ 积分区域为带电体所在的区域。

例 3.3-4　如图 3.3-6 所示，在平面坐标系 xy 中，三个点电荷 $q_1=4\times10^{-9}$ C$=4$ nC、$q_2=-3$ nC 与 $q_3=5$ nC 分别位于 $(4\ \mathrm{cm},0)$、$(0,3\ \mathrm{cm})$ 及 $(4\ \mathrm{cm},3\ \mathrm{cm})$ 三点，若将一个试探电荷 $q_0=10^{-2}$ C 从坐标原点 O 移动至无穷远处，则电场力做功多大？

解　按照电势的叠加原理，原点 O 处的电势写成

$$U_O=\frac{q_1}{4\pi\varepsilon_0 r_1}+\frac{q_2}{4\pi\varepsilon_0 r_2}+\frac{q_3}{4\pi\varepsilon_0 r_3}=\frac{1}{4\pi\varepsilon_0}\left(\frac{q_1}{r_1}+\frac{q_2}{r_2}+\frac{q_3}{r_3}\right)$$

这三个电荷到原点的距离为

$$r_1=0.04\ \mathrm{m},\quad r_2=0.03\ \mathrm{m},$$
$$r_3=\sqrt{0.04^2+0.03^2}\ \mathrm{m}=0.05\ \mathrm{m}$$

代入数据，得

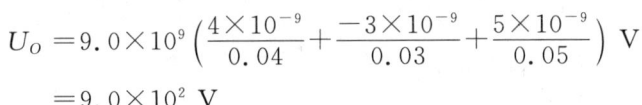

图 3.3-6　点电荷电势叠加

$$U_O=9.0\times10^9\left(\frac{4\times10^{-9}}{0.04}+\frac{-3\times10^{-9}}{0.03}+\frac{5\times10^{-9}}{0.05}\right)\ \mathrm{V}$$
$$=9.0\times10^2\ \mathrm{V}$$

将试探电荷移动至无穷远处，电场力做功为

$$W_{O\infty}=q_0 U_{O\infty}=q_0(U_O-U_\infty)=q_0 U_O=9.0\ \mathrm{J}$$

例 3.3-5　如图 3.3-7 所示，有一个内半径为 r_1、外半径为 r_2 的同心带电球面。两球面分别带电 q_1、q_2，求同心球面在空间的电势分布。

解　利用电势叠加法求解同心球面的电势分布。

当 $r<r_1$ 时，区域均在两个带电球面内，则有

$$U(r_1)=\frac{q_1}{4\pi\varepsilon_0 r_1},\quad U(r_2)=\frac{q_2}{4\pi\varepsilon_0 r_2}$$

$$U(r)=U(r_1)+U(r_2)=\frac{q_1}{4\pi\varepsilon_0 r_1}+\frac{q_2}{4\pi\varepsilon_0 r_2}$$

当 $r_1<r<r_2$ 时，区域在 r_1 带电球面外，区域在 r_2 带电球面内，则有

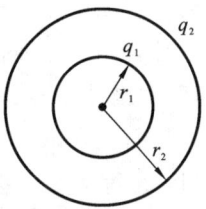

图 3.3-7　同心球面电势

$$U(r)=U(r_1)+U(r_2)=\frac{q_1}{4\pi\varepsilon_0 r}+\frac{q_2}{4\pi\varepsilon_0 r_2}$$

当 $r>r_2$ 时，区域均在两个带电球面外，则有

$$U(r)=U(r_1)+U(r_2)=\frac{q_1}{4\pi\varepsilon_0 r}+\frac{q_2}{4\pi\varepsilon_0 r}=\frac{q_1+q_2}{4\pi\varepsilon_0 r}$$

思考:本题若从电场强度与电势的积分关系出发,那么如何计算电势空间分布?

例 3.3-6   电荷 q 均匀分布在半径为 R 的细圆环上,求圆环轴线上距环心 x 处的点 P 的电势。

解   带电圆环的电荷分布是连续的,整体上也不能看成是一个点电荷。这样的情况要利用电势叠加原理解题,就应该把带电圆环看成是由无限个点电荷组成的一个点电荷系。如图 3.3-8 所示,在圆环上取任意电荷元 $dq = \lambda dl$,其中 $\lambda = q/2\pi R$。所以圆环在 P 点的电势为

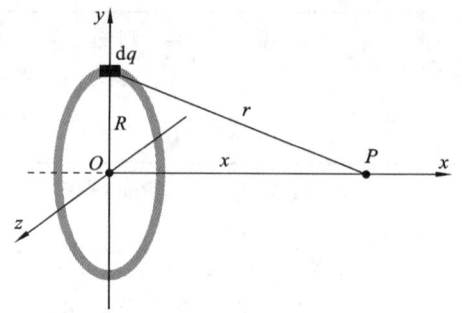

图 3.3-8   圆环电势

$$U_P = \int_0^{2\pi R} \frac{\lambda dl}{4\pi\varepsilon_0 r} = \int_0^{2\pi R} \frac{\lambda dl}{4\pi\varepsilon_0 (R^2 + x^2)^{1/2}}$$

$$= \frac{\lambda}{4\pi\varepsilon_0 (R^2 + x^2)^{1/2}} \int_0^{2\pi R} dl$$

$$= \frac{q}{4\pi\varepsilon_0 (R^2 + x^2)^{1/2}}$$

当 $x = 0$ 时,$U_0 = \dfrac{q}{4\pi\varepsilon_0 R}$($E_0 = 0$),由此可见,场强为零处,电势不一定为零。

当 $x \gg R$ 时,$U_P = \dfrac{q}{4\pi\varepsilon_0 x}$,相当于点电荷电势。

3.3.4   电势梯度

电场强度和电势是从不同的角度描述电场的性质,二者之间存在着密切的关系。本节将进一步研究二者之间的关系。下面引入等势面的概念。

1. 等势面

电场中由电势相等的点组成的曲面称为**等势面**。电场线可以用来形象地描述电场强度的分布,同样,等势面也可以用来形象地描述电势的分布。图 3.3-9 是几种简单电场的等势面图,其中虚线是等势面,实线是电场线。

等势面包含以下三个性质。

(1) 在等势面上移动电荷时,电场力不做功。

(2) 电场线与等势面垂直。

(3) 电场线的方向沿着电势降落的地方。

2. 电势与场强的微分关系

在等势面上移动电荷时,$U_P - U_{P'} = \int \vec{E} \cdot d\vec{l} = 0$,电场力不做功。因此,

$$dW = q_0 \vec{E} \cdot d\vec{l} = q_0 E \cdot dl \cdot \cos\theta = 0$$

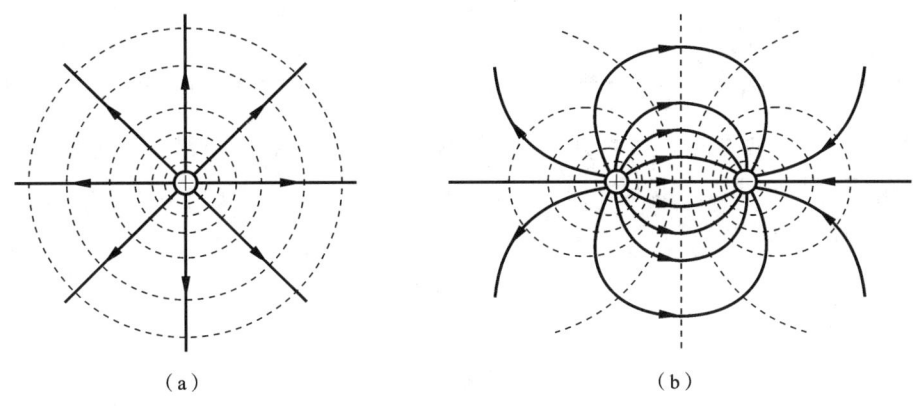

（a）　　　　　　　　　　　　　（b）

图 3.3-9　电场线与等势面

由于 E、dl 不为零,故 $\cos\theta=0$,$\theta=\dfrac{\pi}{2}$,电场线与等势面垂直,如图 3.3-10 所示。

画等势面时,任何两个等势面之间的电势差相等。因此,等势面的疏密程度可以表示电场强度的强弱。等势面越密的地方,电场强度越大。利用等势面可测量电势的分布,根据等势面与电场强度的关系,定性画出电场线。

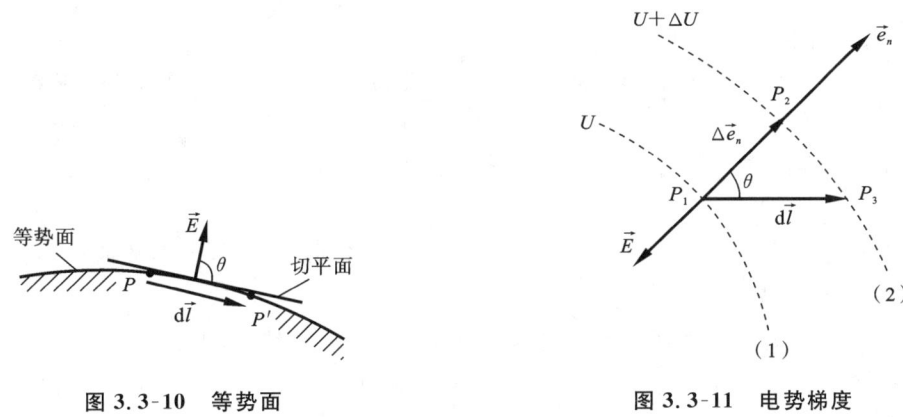

图 3.3-10　等势面　　　　　　　　　　图 3.3-11　电势梯度

如图 3.3-11 所示,设电场中有非常靠近的两等势面 U 和 $U+\Delta U$($\Delta U>0$)。P_1 和 P_2 分别为两等势面上的一点。从 P_1 作等势面 U 的法线 $\vec{e}_n$,规定其指向电势增加的方向,交等势面 $U+\Delta U$ 于 P_2 点,场强 $\vec{E}$ 背离 $\vec{e}_n$ 方向。从 P_1 向 P_3 引一位移矢量 $d\vec{l}$,根据电势差的定义,并考虑到两个等势面非常接近,因此,$\vec{E}\approx$ 常矢量,则有 $U-(U+dU)=\vec{E}\cdot d\vec{l}=E\cos\theta dl$,即 $-dU=E\cos\theta dl$。令 $E_l=E\cos\theta$ 为场强在 $d\vec{l}$ 方向上的投影,则有 $E_l=-\dfrac{dU}{dl}$。电场中某点的场强沿任意 $d\vec{l}$ 方向的投影等于沿该方向电势函数的空间变化率(电势函数的方向导数)的负值。

定义**电势梯度**(gradient)矢量:

$$\mathrm{grad}U=\nabla U=\frac{dU}{de_n}\vec{e}_n \tag{3.3-7}$$

电势梯度的大小等于电势在该点的最大空间变化率;方向沿等势面法向方向,指向电势增加的方向。

综上所述,我们有 $\vec{E}=-\dfrac{\mathrm{d}U}{\mathrm{d}e_n}\vec{e}_n=-\mathrm{grad}U=-\nabla U$。电场中任一点的场强 $\vec{E}$ 等于该点电势沿等势面法线方向的方向导数的负值,即 $\vec{E}$ 的大小等于该点电势沿等势面法线方向的方向导数,$\vec{E}$ 的方向与法线方向相反。

在直角坐标系中,有

$$E_x=-\frac{\partial U}{\partial x},\quad E_y=-\frac{\partial U}{\partial y},\quad E_z=-\frac{\partial U}{\partial z}$$

$$\vec{E}=-\left(\frac{\partial U}{\partial x}\vec{i}+\frac{\partial U}{\partial y}\vec{j}+\frac{\partial U}{\partial z}\vec{k}\right)\tag{3.3-8}$$

从上可以看出,电势变化越快(电势梯度越大)的地方,电场强度越大。

随 堂 练 习

3.8 两块相互平行的金属板之间存在着均匀电场 E,距离为 l,则两金属板之间的电势差为_____。

3.9 与孤立点电荷 q 距离为 r 的点,其电势为_____;孤立的均匀带电球面半径为 R,电量为 q,其内部空间的电势为_____。

3.10 在边长为 a 的正方体中心处放置一点电荷 Q,设无穷远处为电势零点,则在正方体顶角处的电势为_____。

3.11 一对等量异号点电荷的电量分别为 $\pm q$,两者之间的距离为 $2l$,则它们连线中点的场强为_____,电势为_____。

3.12 沿着电场线的正方向,电势_____,正电荷的电势能_____,负电荷的电势能_____。(填写"增加"或"减小")。

3.13 在电压为 U 的两点之间移动电量为 Q 的电荷,电场力做功 $|W|=$_____。

3.14 在夏季雷雨中,通常一次闪电过程中两点间的平均电势差约为 100 MV,通过的电量约为 30 C。一次闪电消耗的能量是_____。

3.15 真空中两个电量分别为 q_1、q_2 的点电荷,距离为 l,它们之间的相互作用电势能为_____。

3.16 一个残缺的塑料圆环,携带净电量 q,半径为 r,环心处的电势为_____。

3.17 判断正误。

(1) 电场强度相等的位置电势相等。　　　　　　　　　　　(　　)

(2) 同一个等势面上的电场强度大小相等。　　　　　　　　(　　)

(3) 某区域内电势为常量,则该区域内电场强度为零。　　　(　　)

(4) 电势梯度大的位置电场强度大。　　　　　　　　　　　(　　)

(5) 电场线与等势面必然正交。　　　　　　　　　　　　　(　　)

3.18 设真空电场中的电势分布用 U 表示,将一个电量为 q 的点电荷放入电场中,电势能用 E_P 表示,判断下列说法的正误。

(1) 将电荷 q 从 A 点移动至无穷远处,电场力做功等于 qU_A。　(　　)

（2）将电荷 q 从无穷远处移动至 A 点，电场力做功等于 E_{P_A}。　　　（　　）

（3）将电荷 q 从 A 点移动至 B 点，电场力做功等于 qU_{AB}。　　　（　　）

（4）将电荷 q 从 A 点移动至 B 点，电场力做功等于 $E_{P_B}-E_{P_A}$。　　　（　　）

（5）缓慢移动电荷 q，外力做的功等于电势能的减小量。　　　（　　）

3.4　静电场中的导体

基本要求：理解导体的静电平衡条件；会用导体静电平衡的规律求解有导体存在时的电荷和电场分布问题；了解静电屏蔽的原理和应用。

3.4.1　导体的静电平衡

从微观角度来看，金属导体是由带正电的晶格点阵和自由电子构成的，晶格不动，相当于骨架，而自由电子可自由运动，充满整个导体。当无外电场时，导体中的正负电荷等量均匀分布，宏观上呈电中性。

V3.4-1　静电平衡动画演示

当导体处于外电场 E_0 中时，电子受力后做定向运动，引起导体中电荷的重新分布。结果在导体一侧因电子的堆积而出现负电荷，在另一侧因相对缺少负电荷而出现正电荷，这种现象称为**静电感应**现象，导体两端表面出现的电荷叫**感应电荷**。

如图 3.4-1 所示，在匀强电场中放入一块金属导体板，在电场力的作用下，金属板内部的自由电子将逆着电场的方向运动，使得金属板的两个侧面出现了等量异号的电荷。这些电荷将在金属板的内部建立一个附加电场，其场强 $\vec{E}'$ 与原来的场强 $\vec{E}_0$ 的方向相反。这样金属板内部的场强 $\vec{E}$ 就是 $\vec{E}_0$ 和 $\vec{E}'$ 的叠加。

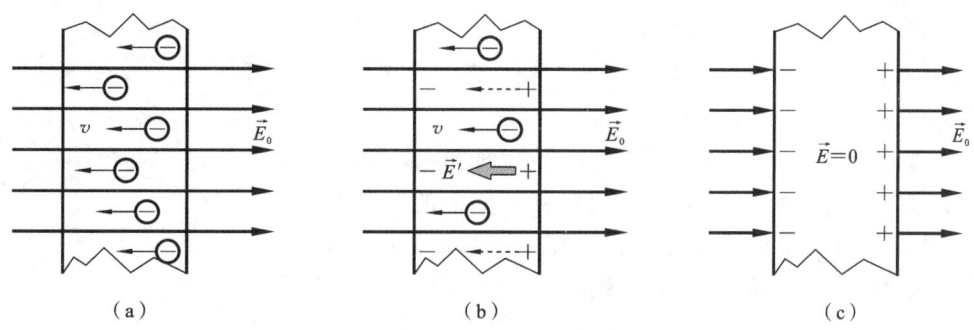

（a）　　　　　　　　（b）　　　　　　　　（c）

图 3.4-1　导体的静电感应

开始时，$E'<E_0$，金属板内部的场强不为零，自由电子继续运动，使得 $\vec{E}'$ 增大。这个过程一直延续到 $E'=E_0$，即导体内部的场强为零时为止。此时导体内没有电荷做定向运动，导体处于静电平衡状态。此时电场的分布也不随时间变化而变化。不管导体原来是否带电和有无外电场的作用，导体内部和表面都没有电荷的宏观定向运动的状态，称为**导体的静电平衡状态**。

1. 静电平衡条件

静电平衡条件有以下两个。

（1）用电场表示。

导体内部任一点的场强为零；若不为零，则自由电子将做定向运动，即没有达到静电平衡状态。在紧靠导体表面处的场强，都与导体的表面垂直。

（2）用电势表示。

对于导体中的任意两点 A、B，如图 3.4-2 所示，由（1）知道导体内部 $\vec{E}=0$，$U_{AB}=\int_A^B \vec{E} \cdot d\vec{l}=0$，故导体内部电势处处相等，导体是等势体；对于导体表面任意方向 $d\vec{l}$，由（1）知道都有 $\vec{E} \perp d\vec{l}$，$dU=\vec{E} \cdot d\vec{l}=0$，故导体表面电势处处相等，导体表面是等势面。

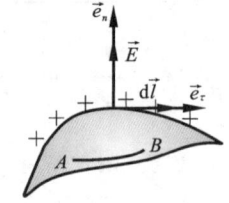

图 3.4-2 导体电场特点

2. 静电平衡条件下导体上的电荷分布

静电平衡时，带电导体电荷的分布可以运用高斯定理进行讨论。

静电平衡时，导体内部的场强为零，所以通过导体内部任一高斯面的电场强度通量必为零，即

$$\oint_S \vec{E} \cdot d\vec{S}=\frac{q}{\varepsilon_0}=0$$

因此高斯面所包围的电荷的代数和为零。因为高斯面是任意作的，所以可以得到如下结论：在静电平衡时，导体所带的电荷只能分布在导体的表面上，导体内部没有净电荷。

3. 导体表面附近的电场

导体处于静电平衡状态时，导体表面场强方向处处与表面垂直，那场强大小呢？我们用高斯定理分析。

证明：在导体表面取面积元 ΔS，当 ΔS 很小时，其上的电荷可当成是均匀分布的，设其电荷面密度为 σ，则面积元 ΔS 上的电量为 $\Delta q=\sigma \Delta S$。围绕面积元 ΔS 作如图 3.4-3 所示的高斯面。

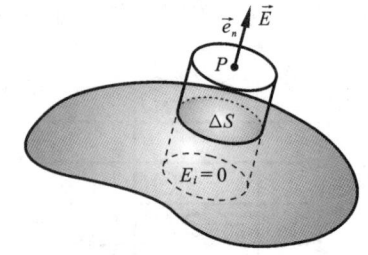

图 3.4-3 表面电荷与电场

下底面处于导体中，场强为零，通过下底面的电场强度通量为零；在侧面，不是场强为零，就是场强与侧面的法线垂直，所以通过侧面的电场强度通量也为零；故通过上底面的电场强度通量就是通过高斯面的电场强度通量。由高斯定理，得

$$\oiint_S \vec{E} \cdot d\vec{S}=E\Delta S=\frac{\Delta q}{\varepsilon_0}=\frac{\sigma \Delta S}{\varepsilon_0}$$

有

$$E=\frac{\sigma}{\varepsilon_0} \tag{3.4-1}$$

即带电导体处于静电平衡时，导体表面之外邻近表面处的场强的数值与该处电荷面密度成正比，其方向与导体表面垂直。当导体带正电时，电场强度的方向垂直表面向外；当导体带负电时，电场强度的方向垂直表面指向导体。

注意:导体表面紧邻处的场强是所有电荷的贡献之和,而不是仅由该处表面上的电荷产生。

3.4.2 尖端放电

V3.4-2 尖端放电

一般来说,电荷在导体表面上的分布不但与导体自身的形状有关,还与附近的其他带电体有关。对于孤立导体来说,电荷在其表面上的分布与导体表面的曲率有关。

(1)导体表面凸出而尖锐的地方(曲率较大),电荷面密度较大,电场强度也较大。

(2)在表面平坦的地方(曲率较小),电荷面密度较小,电场强度也较小。

(3)在表面凹进去的地方(曲率为负),电荷面密度更小。

因此,导体尖端处的电荷面密度特别大,附近的电场强度也特别大。空气中的残留离子受到这个强电场的作用而快速运动,与空气中的其他分子剧烈碰撞而产生大量的离子,使得空气变为导体。这种使得空气击穿而产生的放电现象称为尖端放电。在雷雨中,避雷针尖端附近电离的空气能够将雷电导入大地,从而避免建筑物遭受破坏。尖端放电现象又称电晕,也会出现在高压输电网的导线附近及一些高压设备中,能够造成电能的损失,甚至毁坏设备。因此各种高压电设备的零部件表面必须足够光滑,以避免尖端放电。

3.4.3 空腔导体与静电屏蔽

1. 空腔导体内无带电体

无论空腔导体是否带电、是否处于外电场中(见图 3.4-4),空腔导体都具有下列性质。

(1)空腔内部及导体内部电场强度处处为零,它们形成等电势区。

(2)空腔内表面不带任何电荷。

上述性质可用高斯定理证明。下面说明性质(2)。在导体内作一高斯面,根据导体静电平衡,导体内部场强处处为零,所以导体内表面电荷的代数和为零。如果内表面某处面电荷密度 $\sigma > 0$,则必有另一处 $\sigma < 0$,两者之间必有电力线相连,因此就有电势差存在,这与导体是等势体相矛盾。所以导体内表面处处 $\sigma = 0$。

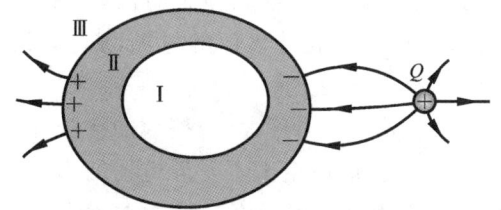

图 3.4-4 空腔导体内无电荷

根据空腔导体的这个性质,我们可以将精密的电磁测量仪器、弱电信号线等装置用金属外壳或者金属网包裹,这样就可以避免外界电磁场的干扰。例如,在高压带电作业中,工程师穿上用金属丝编织的屏蔽衣服和鞋子,戴上屏蔽帽子就能安全地实施高压操作。

2. 空腔导体内有带电体

(1)导体中场强为零。

(2)空腔内部的电场取决于空腔内的带电体,空腔外的电场取决于空腔外表面的电荷分布。

(3)空腔内表面所带的电荷与空腔内带电体所带的电荷等量异号。

（4）导体接地，空腔内带电体的电荷变化将不再影响导体外的电场。

如图 3.4-5（a）所示，当空腔导体内（区域Ⅰ）有其他电荷时，导体内表面会感应出与空腔内电荷量等值异号的电荷。这时，如果空腔内的电荷发生移动，也只能引起空腔内部的电场分布发生变化，导体外表面的电荷分布以及导体外部（区域Ⅲ）的电场分布是不会改变的；按照图中所示的情形，三个区域的电势满足 $U_{Ⅰ} > U_{Ⅱ} > U_{Ⅲ}$ 的关系。如图 3.4-5（b）所示，如果将导体的外表面接地，则外表面的电荷会流动至大地上，这时外部空间（区域Ⅲ）的电场将消失，空腔内部的电荷对外部空间的影响也彻底消失。

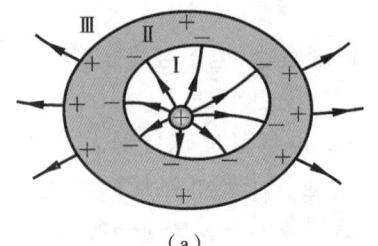 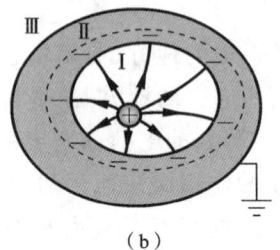

（a）   （b）

图 3.4-5   空腔导体内有电荷

根据静电平衡导体内部场强为零这一规律，利用空腔导体将空腔内外电场隔离，使之互不影响，这种作用称为**静电屏蔽**。

（1）利用空腔导体来屏蔽外电场：将一个空腔导体放在静电场中，导体内部的场强为零，这样就可以利用空腔导体来屏蔽外电场，使空腔内的物体不受外电场的影响。

V3.4-3   法拉
第笼视频

（2）利用空腔导体来屏蔽内电场：一个空腔导体内部带有电荷，放在静电场中，导体内部的场强为零，则内部面上将感应异号电荷，外表面将感应同号电荷。若把空腔外表面接地，则空腔外表面的电荷将与从地面上来的电荷中和，空腔外表面的电场也就消失了。这样空腔内的带电体对空腔外就不会产生任何影响。

静电屏蔽的原理：一个接地的空腔导体可以隔离内、外电场。总之，空腔导体（无论接地与否）将使空腔内空间不受外电场的影响，而接地空腔导体将使外部空间不受空腔内电场的影响，称为静电屏蔽现象。根据这个原理，我们可以将各种能够产生电磁辐射的设备，特别是强电设备，用接地的金属壳包裹起来，就能隔绝它们的电磁辐射。

例 3.4-1　　如图 3.4-6 所示，有一外半径为 R_1、内半径为 R_2 的金属球壳，其内有一同心的半径为 R_3 的金属球。球壳和金属球所带的电量均为 q。求两球体的电势分布。

解　　根据高斯定理，可以求得空间各点的电场强度的分布为

当 $r < R_3$ 时，$E_1 = 0$；

当 $R_3 < r < R_2$ 时，$E_2 = \dfrac{q}{4\pi\varepsilon_0 r^2}$；

当 $R_2 < r < R_1$ 时，$E_3 = 0$；

当 $r > R_1$ 时，$E_4 = \dfrac{2q}{4\pi\varepsilon_0 r^2}$。

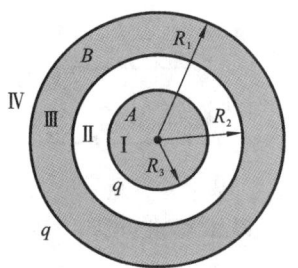

球壳表面的电势为

$$U_{R_1} = \int_{R_1}^{\infty} \vec{E} \cdot \mathrm{d}\vec{r} = \int_{R_1}^{\infty} \frac{2q}{4\pi\varepsilon_0 r^2} \cdot \mathrm{d}r$$

$$= \frac{2q}{4\pi\varepsilon_0 R_1}$$

图 3.4-6 同心金属球

球壳为等势体，电势为

$$U_{R_2} = U_{R_1} = \frac{2q}{4\pi\varepsilon_0 R_1}$$

球体表面的电势为

$$U_{R_3} = \int_{R_3}^{\infty} \vec{E} \cdot \mathrm{d}\vec{r} = \int_{R_3}^{R_2} \vec{E_2} \cdot \mathrm{d}\vec{r} + \int_{R_2}^{R_1} \vec{E_3} \cdot \mathrm{d}\vec{r} + \int_{R_1}^{\infty} \vec{E_4} \cdot \mathrm{d}\vec{r}$$

$$= \int_{R_3}^{R_2} \frac{q}{4\pi\varepsilon_0 r^2} \cdot \mathrm{d}r + \int_{R_1}^{\infty} \frac{2q}{4\pi\varepsilon_0 r^2} \cdot \mathrm{d}r$$

$$= \frac{q}{4\pi\varepsilon_0}\left(\frac{1}{R_3} - \frac{1}{R_2} + \frac{2}{R_1}\right)$$

球体为等势体，电势为

$$U_0 = \frac{q}{4\pi\varepsilon_0}\left(\frac{1}{R_3} - \frac{1}{R_2} + \frac{2}{R_1}\right)$$

本题读者也可以利用电势叠加法求解两球体的电势分布，例如，球体表面电势即半径为 R_3、R_2、R_1 三个球面的电势叠加

$$U_0 = U(R_3) + U(R_2) + U(R_1)$$

其中：

$$U(R_3) = \frac{q}{4\pi\varepsilon_0 R_3}, \quad U(R_2) = \frac{-q}{4\pi\varepsilon_0 R_2}, \quad U(R_1) = \frac{2q}{4\pi\varepsilon_0 R_1}$$

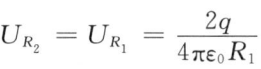 随堂练习

3.19 静电平衡时，导体内部任意一点的总电场强度大小为_____，整个导体中任意位置的电势都_____，导体上的电荷只能分布在_____。

3.20 地球可以看成是一个良好的导体，现在已知地球表面附近的电场强度近似为 100 V/m，方向指向地球中心，则地球表面的电荷密度为_____。

3.21 判断正误。

(1) 实心导体内部空间是等电势体，但是表面不一定是等势面。   (   )

(2) 空腔导体的内表面（空腔表面）上不会有净电荷。   (   )

(3) 若空腔导体内无电荷，则空腔与导体是等电势的。   (   )

(4) 空腔导体表面的感应电荷量一定与空腔内部的总电荷量等值异号。   (   )

(5) 导体表面附近的电场线一定与表面正交。   (   )

3.22 静电屏蔽的含义是什么？有哪些类型的应用？

3.5 电容器与电场能

基本要求:理解电容的意义;掌握典型电容器和电容的计算;了解串联、并联电容器的等效电容及其意义;理解电场能量密度,会计算简单对称带电体的电场能量。

3.5.1 电容器

当导体处于带电状态时,就成为带有或储存了一定量电荷的带电体,这说明导体具有"容纳"电荷的本领。电容就是反映导体这种性质的物理量。

由两个带有等值且异号电荷的导体所组成的系统,称为电容器。电容器可以用来储存电荷和能量。

如图 3.5-1 所示,两个导体 A、B 放在真空中,所带的电量分别为 $+Q$、$-Q$,电势分别为 U_1、U_2。定义电容器的电容为:两个导体中任何一个导体所带的电量与两个导体间的电势差的比值,即

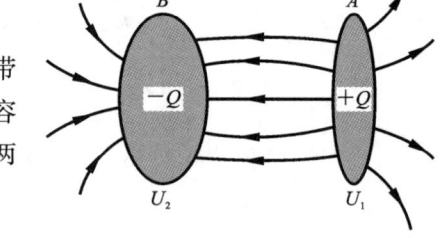

图 3.5-1 电容器电容

$$C = \frac{Q}{U} = \frac{Q}{U_1 - U_2} \qquad (3.5-1)$$

导体 A、B 称为电容器的电极或极板。另外,对于孤立的导体,我们也定义它的电容为其所带电量与电势的比值。在国际单位制中,电容以法拉(F)为计量单位。

电容器的电容与两极板的形状和极板之间的电介质有关,与电容器是否带电无关。由实验测量,只有在特殊情况下才能通过理论计算得到。

计算电容的一般步骤如下。

(1)设电容器的两极板带有等量异号电荷。

(2)求出两极板之间的电场强度的分布。

(3)计算两极板之间的电势差。

(4)根据电容器电容的定义求得电容。

例 3.5-1 求平板电容器的电容。

解 如图 3.5-2 所示,平板电容器由两个彼此靠得很近的平行极板导体 A、B 组成,两极板的面积均为 S,分别带有 $+Q$、$-Q$ 的电荷,于是极板上的电荷面密度为 $\sigma = Q/S$,两极板之间的电场接近匀强电场。

由高斯定理可得极板间的场强为

$$E = \frac{\sigma}{\varepsilon_0} = \frac{Q}{S\varepsilon_0}$$

上面是两极板之间的距离 d 比极板的线度小很多时的情况。于是两极板之间的电势差为

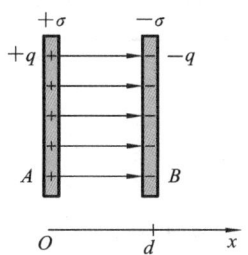 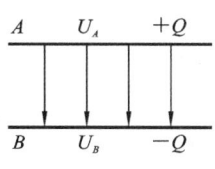

图 3.5-2　平板电容器的电容

$$U_A - U_B = \int_A^B \vec{E} \cdot \mathrm{d}\vec{l} = Ed = \frac{Qd}{S\varepsilon_0}$$

平板电容器的电容为

$$C = \frac{Q}{U_A - U_B} = \frac{S\varepsilon_0}{d} \tag{3.5-2}$$

结论：平板电容器的电容与极板的面积成正比，与极板之间的距离成反比，还与电介质的性质有关。

例 3.5-2　　求圆柱形电容器的电容。

解　　如图 3.5-3 所示，圆柱形电容器由半径分别为 r 和 R 的同轴圆柱形导体 A、B 组成，且圆柱形的长度 l 比半径 R 大得多，因而可以将 A、B 两圆柱面之间的电场看成是无限长圆柱面的电场。设内、外圆柱形分别带有 $+Q$、$-Q$ 的电荷，单位长度上的电荷线密度为 $\lambda = Q/l$，两圆柱面之间距圆柱体轴线 ρ 处的电场强度为

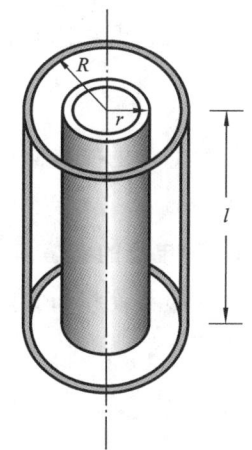

$$E = \frac{\lambda}{2\pi\varepsilon_0\rho} = \frac{Q}{2\pi\varepsilon_0\rho l}$$

场强方向垂直于圆柱形轴线。两圆柱面之间的电势差为

$$U_A - U_B = \int_r^R \vec{E} \cdot \mathrm{d}\vec{l} = \int_r^R \frac{Q}{2\pi\varepsilon_0 l} \frac{\mathrm{d}\rho}{\rho} = \frac{Q}{2\pi\varepsilon_0 l} \ln\frac{R}{r}$$

于是圆柱形电容器的电容为

$$C = \frac{Q}{U_A - U_B} = \frac{2\pi\varepsilon_0 l}{\ln\dfrac{R}{r}} \tag{3.5-3}$$

图 3.5-3　圆柱形电容器的电容

结论：圆柱形越长，电容越大；两圆柱形之间的间隙越小，电容越大。

用 d 表示两圆柱面之间的间距，当 $d \ll r$ 时，

$$\ln\frac{R}{r} = \ln\frac{r+d}{r} = \ln\left(1 + \frac{d}{r}\right) \approx \frac{d}{r}$$

得

$$C \approx \frac{2\pi\varepsilon_0 l}{\dfrac{d}{r}} \approx \frac{2\pi\varepsilon_0 lr}{d} = \frac{\varepsilon_0 S}{d}$$

即当两圆柱形之间的间隙远小于圆柱形半径时，圆柱形电容器可当成平板电容器。

3.5.2 静电场的能量

1. 电容器的电能

电荷在电场中会受到力的作用而运动，同时电场力对运动电荷要做功。这说明电场具有能量，这也是电场物质性的重要证据之一。电场的能量怎样计算呢？下面我们借助平板电容器间的电场来解决这一问题。

如图 3.5-4 所示，平板电容器正处于充电过程中，设在某时刻两极板之间的电势差为 U，此时若继续把 $+\mathrm{d}q$ 电荷从带负电的极板移到带正电的极板，外力因克服静电力而需做的功为

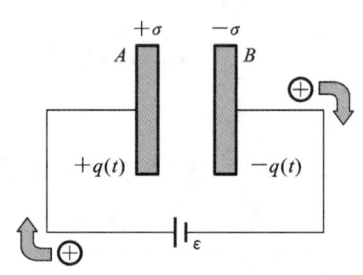

$$\mathrm{d}W = U\mathrm{d}q = \frac{q}{C}\mathrm{d}q$$

若使电容器的两极板分别带有 $\pm Q$ 的电荷，则外力所做的功为

图 3.5-4 平板电容器的充电过程

$$W = \int_0^Q \frac{q}{C}\mathrm{d}q = \frac{Q^2}{2C} = \frac{1}{2}QU = \frac{1}{2}CU^2 \quad (3.5\text{-}4)$$

这也就是电容器所储存的静电能。于是有

$$W_e = \frac{Q^2}{2C} = \frac{1}{2}CU^2$$

表示电容器中的能量储存在电荷上，即外力克服静电场力做功，将非静电能转换为带电体系的静电能。

2. 静电场的能量和能量密度

对于极板面积为 S、极板间距为 d 的平板电容器，电场所占的体积为 Sd，电容器储存的静电能为

$$W_e = \frac{1}{2}CU^2 = \frac{1}{2}\frac{\varepsilon_0 S}{d}(Ed)^2 = \frac{1}{2}\varepsilon_0 SE^2 d = \frac{1}{2}\varepsilon_0 E^2 V$$

说明如下。

（1）外力做功，非静电能转换为静电能，能量的携带者是电荷。

（2）外力做功，极板间建立了电场，静电场是能量的携带者。

在恒定状态下，电荷与电场是同时存在的，无法分辨电能是与电荷有关还是与电场有关。但是大量的实验证明，电能与电场有关。例如，电磁波的电场可以脱离电荷而传播，因此电能确实储存在电场中。

电场中单位体积内所包含的能量，即

$$w_e = \frac{1}{2}\varepsilon_0 E^2 \tag{3.5-5}$$

上式表明能量密度与场强的平方成正比。对于任意电场，本结论也是成立的。

对于任意非均匀的电场,其能量为

$$W_e = \int_V \frac{1}{2}\varepsilon_0 E^2 \, dV \qquad (3.5\text{-}6)$$

上式表明积分区域遍布电场分布的区域。

例 3.5-3 球形电容器的内、外半径分别为 R_1 和 R_2,所带的电量为 $\pm Q$。问此电容器电场的能量为多少。

解 若电容器两极板上电荷的分布是均匀的,则球壳间的电场是对称的。由高斯定理可求得球壳间的电场强度的大小为

$$E = \frac{Q}{4\pi\varepsilon_0 r^2}$$

电场的能量密度为

$$w_e = \frac{1}{2}\varepsilon_0 E^2 = \frac{Q^2}{32\pi^2\varepsilon_0 r^4}$$

取半径为 r、厚为 dr 的球壳,其体积为 $dV = 4\pi r^2 \, dr$。所以此体积元内的电场的能量为

$$dW_e = w_e dV = \frac{Q^2}{32\pi^2\varepsilon_0 r^4} 4\pi r^2 \, dr = \frac{Q^2}{8\pi\varepsilon_0 r^2} \, dr$$

电场总能量为

$$W_e = \int_{R_1}^{R_2} \frac{Q^2}{8\pi\varepsilon_0 r^2} \, dr = \frac{Q^2}{8\pi\varepsilon_0}\left(\frac{1}{R_1} - \frac{1}{R_2}\right)$$

随堂练习

3.23 空气中面积为 A、极板距离为 d 的平板电容器,其电容为_____。

3.24 真空中的电容器的电压为 U,电容为 C,则其存储的电场能为 $W_e =$ _____。

3.25 真空静电场的能量密度表达式为 $w_e =$ _____。

3.26 有一平板电容器,保持板上电荷量不变(充电后切断电源),现在使两极板间的距离 d 增大,则极板间的电场强度_____,电压_____,电容_____。(填写"增大"、"减小"或"不变")

3.6 静电场中的电介质

基本要求:了解电介质的极化及其微观机制,了解极化电荷与极化强度的概念,了解电介质的极化规律。

3.6.1 电介质的极化

电介质是能够被电极化的绝缘体,内部没有可以移动的电荷,如空气、蜡纸、玻璃、云母

片、涤纶薄膜、陶瓷等。若把电介质放入静电场中,电介质原子中的电子和原子核在电场力的作用下,在原子范围内做微观的相对位移,而不能像导体中的自由电子那样脱离所属的原子做宏观的移动。达到静电平衡时,电介质内部的场强也不为零。这是电介质与导体电性能的主要差别。

1. 电介质的电结构

(1) 电子被原子核紧紧束缚。

(2) 在静电场中,电介质中性分子中的正、负电荷仅做微观相对运动。

(3) 当静电场与电介质相互作用时,电介质分子简化为电偶极子。电介质由大量微小的电偶极子组成。

(4) 电介质在外电场中先极化,再产生极化电荷,然后产生附加电场,并作用于电介质,最后达到静电平衡。

2. 电介质的分类

对于各向同性的电介质,按照分子内部电结构的不同,可把电介质分为以下两类。

(1) 有极分子:分子的正负电荷中心在无电场时是不重合的,有固定的电偶极矩,如 H_2O、HCl 等,可以认为每一个分子的正电荷 q 集中于一点,称为正电荷的"重心",负电荷 $-q$ 集中于一点,称为负电荷的"重心";定义从负电荷的重心到正电荷的重心的矢径为 $\vec{l}$,则分子可以构成 $\vec{p}=q\vec{l}$ 的电偶极子,如图 3.6-1(a)、(b)所示。

(2) 无极分子:分子的正负电荷中心在无电场时是重合的,没有固定的电偶极矩,如 H_2、CH_4 等,如图 3.6-1(c)、(d)所示。

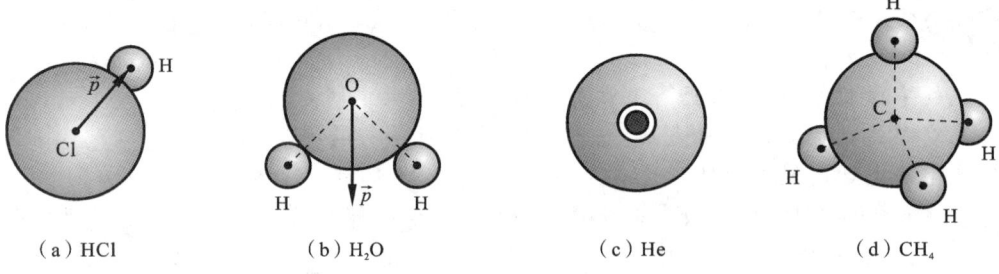

（a）HCl　　　　（b）H_2O　　　　（c）He　　　　（d）CH_4

图 3.6-1　有极分子和无极分子

3. 电介质的极化

当无外电场作用时,无极性电介质分子的等效电偶极矩为零;有极性电介质分子由于排列杂乱无章,其等效电偶极矩的矢量和亦为零。当有外电场作用时,非极性电介质分子的正负电荷平均位置发生相对位移,极性电介质分子的电偶极矩发生转向。这样,都将出现极化现象。

如图 3.6-2 所示,对处于外电场中的无极性电介质来说,电偶极子排列方向大致与外电场的方向相同,以致在电介质与外电场垂直的两个表面上出现正电荷和负电荷。这种电荷不能用导电的方法使它们脱离电介质而单独存在,所以把它们称为极化电荷或束缚电荷。撤去外电场后,正负电荷的中心又将重合而恢复原样。

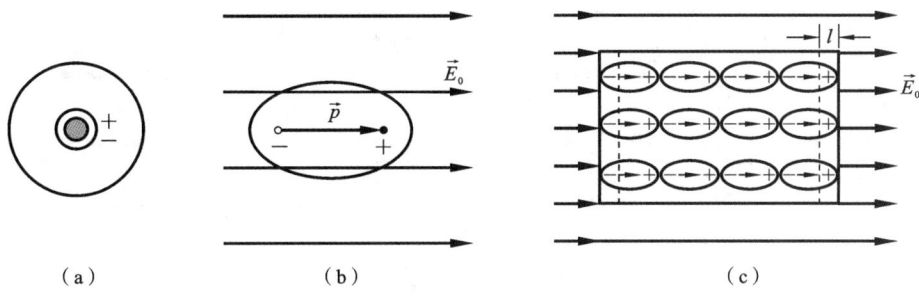

图 3.6-2　无极分子的极化

如图 3.6-3 所示,当没有外电场时,由于有极性电介质分子是无规则的热运动,而电偶极子的排列是杂乱无章的,因此对外不显电性。当有外电场时,有极性电介质中的电偶极子将转向外电场的方向。虽然由于分子的热运动使各电偶极子的排列并不是十分整齐,但对于整个电介质来说,在垂直于电场方向的两个表面上,也将产生极化电荷。撤去外电场后,由于分子的无规则热运动,所以电偶极子的排列又将变得杂乱无章。

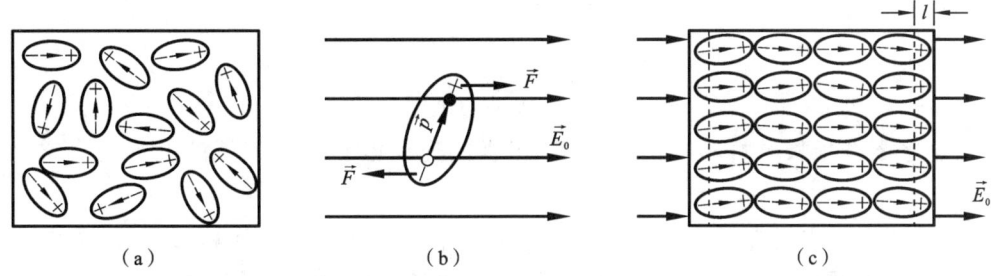

图 3.6-3　有极分子的极化

在静电场中,我们把在外电场作用下电介质表面出现正负电荷的现象称为**电介质的极化**。极化电荷产生的场强 E' 总与外场 E_0 方向相反,介质内部场强 $E = E_0 - E'$,一般不为零。

在潮湿或阴雨天的日子里,高压输电线(如 220 kV、550 kV 等)附近常可见到淡蓝色辉光的放电现象,并伴随"滋滋"的声音,这就是电晕现象。阴雨天的大气中存在着较多的水分子,水分子是具有固有电偶极矩的有极分子,通过在重力和输电线产生的电场力的共同作用下,水滴的形状变长并出现尖端,而带电水滴的尖端附近的电场强度特别大,从而使大气中的气体分子电离,以致形成放电现象。

3.6.2　介质中的静电场

从实验现象入手讨论电介质和静电场的相互作用规律。图 3.6-4 所示为电介质对电容器电容的影响。

(1) 维持电压不变,电量增大——有电介质的电容增大。

在维持两极板具有相同电压的情况下,充满电介质电容器的极板电量为 Q,为真空电容器极板电容的 ε_r 倍,即 $Q = \varepsilon_r Q_0$,因而充满电介质电容器的电容为

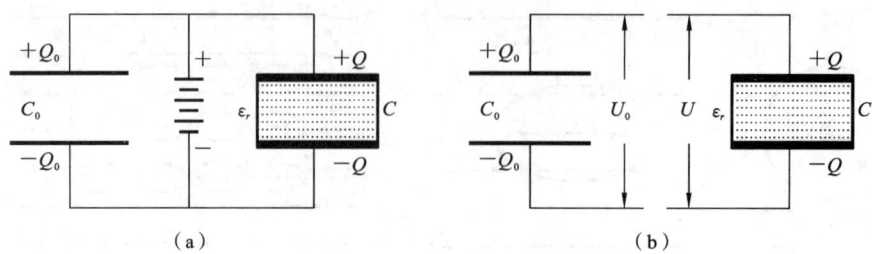

图 3.6-4　电介质对电容器电容影响

$$C = \frac{Q}{U} = \frac{\varepsilon_r Q_0}{U} = \varepsilon_r C_0 \tag{3.6-1}$$

即在维持电容器两极板电压不变的情况下,极板间充满电介质电容器的电容为真空电容的 ε_r 倍。

（2）维持电量不变,电压减小——有电介质的电容增大。

电容器充电后,撤去电源,使两极板上的电量维持恒定,测得充满电介质电容器两极板间的电压为 U,为真空电容器两极板间电压 U_0 的 $1/\varepsilon_r$ 倍,即 $U = U_0/\varepsilon_r$。因而充满电介质电容器的电容为

$$C = \frac{Q}{U} = \frac{Q_0}{U_0/\varepsilon_r} = \varepsilon_r C_0$$

即在维持电容器两极板电量不变的情况下,极板间充满电介质电容器的电容为真空电容的 ε_r 倍。

结论:有电介质电容器的电容为真空电容的 ε_r 倍。ε_r 为相对电容率,$\varepsilon = \varepsilon_r \varepsilon_0$ 为电容率。

说明:空气的相对电容率近似等于 1,其他电介质的相对电容率均大于 1。相对电容率较大的电介质可以用来制造电容量大、体积小的电容器,有助于实现电子设备的小型化。

当在极板上加上一定电压时,极板间就有一定的电场,电压越大,电场强度也越大。当电场强度增大到某一最大场强 E_b 时,电介质分子发生电离,从而使电介质分子失去绝缘性,这时电介质被击穿。电介质能够承受的最大场强 E_b 称为电介质的击穿场强。此时,两极板间的电压称为击穿电压 U_b。

3.7　电位移与有介质时的高斯定理

基本要求:了解电位移矢量;理解有介质存在时的高斯定理;会用有介质存在时的高斯定理计算简单情况下电荷的电场分布。

3.7.1　有电介质时的高斯定理

当静电场中有电介质时,在高斯面内既有自由电荷,又有极化电荷,这时,高斯定理在形式上有何变化呢? 下面以匀强电场中充满各向同性的均匀电介质为例来讨论。

如图 3.7-1 所示,取一闭合的正柱面作为高斯面,高斯面的两端面与极板平行,其中一个端面在电介质内,端面的面积为 S。设极板上的自由电荷的面密度为 σ_0,电介质表面上的极化电荷面密度为 σ',根据高斯定理得

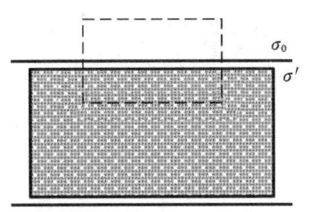

图 3.7-1　各向同性均匀电介质

$$\oint_S \vec{E} \cdot \mathrm{d}\vec{S} = \frac{1}{\varepsilon_0}(Q_0 - Q') \tag{3.7-1}$$

其中:$Q_0 = \sigma_0 S$、$Q' = \sigma' S$,Q' 不易测量,我们要把它消掉。实验表明:

$$E = E_0 - E' = \frac{E_0}{\varepsilon_r} \tag{3.7-2}$$

$$E' = \frac{\varepsilon_r - 1}{\varepsilon_r} E_0$$

$$\sigma' = \frac{\varepsilon_r - 1}{\varepsilon_r} \sigma_0$$

$$Q' = \frac{\varepsilon_r - 1}{\varepsilon_r} Q_0 \tag{3.7-3}$$

把式(3.7-3)代入式(3.7-1),得

$$\oint_S \vec{E} \cdot \mathrm{d}\vec{S} = \frac{Q_0}{\varepsilon_0 \varepsilon_r} \tag{3.7-4}$$

引入新的物理量电位移矢量 $\vec{D}$,定义

$$\vec{D} = \varepsilon_0 \varepsilon_r \vec{E} \tag{3.7-5}$$

电位移的单位为 $C \cdot m^{-2}$,则

$$\oint_S \vec{D} \cdot \mathrm{d}\vec{S} = Q_0$$

一般情况下,上式也成立。

结论:在任何电场中,通过任意一个闭合曲面的电位移矢量通量等于该面所包围的自由电荷的代数和,其数学表达式为

$$\oint_S \vec{D} \cdot \mathrm{d}\vec{S} = \sum Q_0 \tag{3.7-6}$$

这就是有电介质时的高斯定理。电位移通量只与自由电荷有关,而与极化电荷无关。

3.7.2　电介质中高斯定理的应用

$$\vec{D} = \varepsilon_0 \vec{E}_0 = \varepsilon \vec{E} \tag{3.7-7}$$

说明:电位移矢量 $\vec{D}$ 是辅助量,电场强度 $\vec{E}$ 才是基本量;描述电场性质的物理量是电场强度 $\vec{E}$ 和电势 U;在电介质中,环路定理仍然成立,静电场是保守场。

电介质中高斯定理的重要应用之一也是求介质中的场强分布。由式(3.7-6)可看出,如果电荷分布具有某种对称性,则电场的分布也具有某种对称性,这时只要选取合适的高斯面,用高斯定理就较容易计算出电场强度的分布。其基本步骤和真空中高斯定理的应用相同。下面举几个例子来说明如何应用介质中高斯定理求解电场强度。

例 3.7-1　如图 3.7-2 所示，一平板电容器充满两层厚度各为 d_1 和 d_2 的电介质，它们的相对电容率分别为 ε_{r_1} 和 ε_{r_2}，极板的面积为 S。试求：

（1）两层介质的电位移；

（2）电容器的电容；

（3）当极板上的自由电荷面密度为 σ_0 时，两介质分界面上的极化电荷的面密度。

解　（1）设两电介质中的场强分别为 $\vec{E}_1$ 和 $\vec{E}_2$，选如图 3.7-2 所示的上下底面面积均为 S' 的柱面为高斯面，上底面在导体中，下底面在电介质中，侧面的法线与场强垂直，柱面内的自由电荷为 $\sum Q_0 = \sigma_0 S'$。

根据高斯定理，得

$$\oint_S \vec{D} \cdot \mathrm{d}\vec{S} = DS_1 = \sigma_0 S_1$$

所以，$D = \sigma_0$。电位移矢量为

$$D_1 = D_2 = D = \sigma_0$$

电介质中的电场强度为

$$E_1 = \frac{D}{\varepsilon_0 \varepsilon_{r_1}} = \frac{\sigma_0}{\varepsilon_0 \varepsilon_{r_1}}, \quad E_2 = \frac{D}{\varepsilon_0 \varepsilon_{r_2}} = \frac{\sigma_0}{\varepsilon_0 \varepsilon_{r_2}}$$

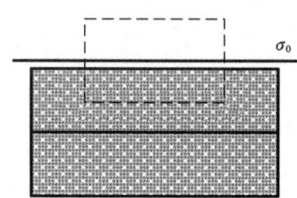

图 3.7-2　有电介质的平板电容器

两极板的电势差为

$$U = \int \vec{E} \cdot \mathrm{d}\vec{l} = E_1 d_1 + E_2 d_2 = \frac{\sigma_0}{\varepsilon_0}\left(\frac{d_1}{\varepsilon_{r_1}} + \frac{d_2}{\varepsilon_{r_2}}\right)$$

（2）由电容的定义，得

$$C = \frac{Q_0}{U} = \frac{\varepsilon_0 \varepsilon_{r_1} \varepsilon_{r_2} S}{\varepsilon_{r_1} d_2 + \varepsilon_{r_2} d_1}$$

（3）分界面处第一层电介质的极化电荷面密度为

$$\sigma_1' = \frac{\varepsilon_{r_1} - 1}{\varepsilon_{r_1}} \sigma_0$$

分界面处第二层电介质的极化电荷面密度为

$$\sigma_2' = \frac{\varepsilon_{r_2} - 1}{\varepsilon_{r_2}} \sigma_0$$

*3.8　静电场应用篇

3.8.1　静电复印机的工作原理

静电复印机是集静电成像技术、光学技术、电子技术和机械技术于一体的办公设备。国际上采用的都是间接复印法。间接复印时，静电图像不直接在复印纸上形成，而是先在一种

由硒光导材料构成的"硒鼓"上形成,通过显影,让墨粉吸附在静电图像上,再转印到复印纸上,成为文字图画的复印品。

静电复印的过程本质上是一种光电过程,它所产生的潜像是一个由静电荷组成的静电像,其充电、显影和转印过程都是基于静电吸引原理来实现的。由于其静电潜像是在通过光照下的光导层电阻下降而引起充电膜层上的电荷放电形成的,所以静电复印法对感光鼓有非常高的暗电阻率。这种感光鼓在无光照的情况下,表面一旦有电荷存在,就能较长时间地保存这些电荷;而在光照的情况下,感光鼓的电阻率应很快下降,即成为电的良导体,使得感光鼓的表面电荷很快释放而消失。静电复印法所使用的感光鼓主要由硒及硒合金、氧化锌、有机光电导材料等构成,一般是在导电基体上(如铝板或其他金属板)直接涂敷或蒸镀一薄层光电导材料。其结构的上面是光导层,下面是导电基体。

静电复印法大致可分为充电、曝光、显影、转印、分离、定影、清洁、消电 8 个基本步骤(见图 3.8-1)。

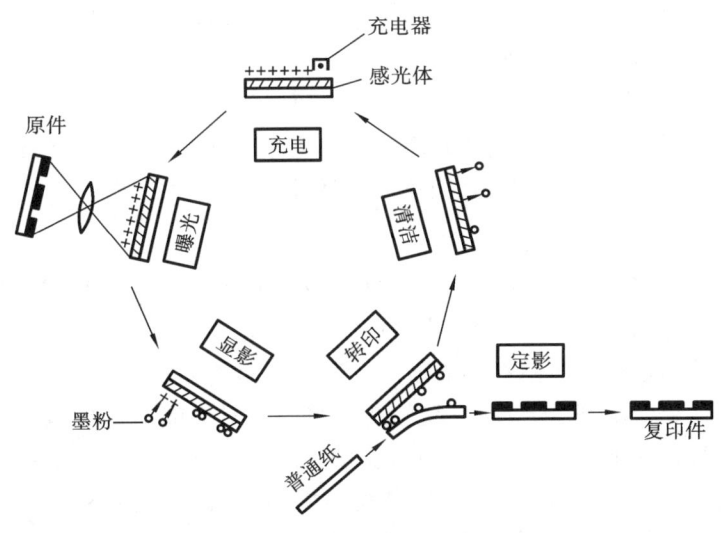

图 3.8-1　静电复印机步骤

1. 充电

充电就是使感光鼓在暗处,并处在某一极性的电场中,使其表面均匀地带上一定极性和数量的静电荷,即具有一定表面电位的过程,这一过程实际上是感光鼓的敏化过程,使原来不具备感光性的感光鼓具有较好的感光性。充电过程只是为感光鼓接受图像信息准备的,不依赖原稿图像信息的预过程,也是在感光鼓表面形成静电潜像的前提和基础。

当在暗处给感光鼓表面充上一层均匀的静电荷时,由于感光鼓在暗处具有较高的电阻,所以静电荷保留在感光鼓表面。对于由不同性质的光电导材料制成的感光鼓应充以不同极性的电荷,这是由半导体的导电性决定的,即只允许一种极性的电荷(空穴或电子)"注入",而阻止另一种极性的电荷(电子或空穴)"注入"。因此对于 N 型半导体,表面应充负电;而对 P 型半导体,则应充正电。当用正电晕对 P 型感光鼓充正电时,由于 P 型半导体中负电荷不能移动,因此光导层表面的正电荷与界面上的负电荷只能相互吸引,而不会中和。若用负电晕对 P 型感光鼓充负电,则由于光导层及共界面处感应产生的是正电荷,而 P 型半导体的主要载流子是"空穴",自由移动较为容易(或称为"注入"),易与感光鼓表面的负电荷中和。这样,对 P 型感光鼓充负电时,其充电效率是相当低的。对于 N 型感光鼓,由于其主要载流子是电子,若对其充正电,则其充电效率也是极其低的。目前静电复印机中通常采用电晕装置对感光鼓进行充电。

2. 曝光

曝光是利用感光鼓在暗处时电阻大、为绝缘体,在明处时电阻小、为导体的特性,对已充电的感光鼓用光像进行曝光,使光照区(原稿的反光部分)的表面电荷因放电而消失;无光照区域(原稿的线条和墨迹部分)的电荷依然保持,从而在感光鼓上形成表面电位随图像明暗变化而起伏的静电潜像的过程。进行曝光时,原稿图像经光照射后,图像光信号经光学成像系统投射到感光鼓表面,光导层受光照射的部分称为"明区",而没有受光照射的部分称为"暗区"。在明区,光导层产生电子空穴对,即生成光生载流子,使得光导层的电阻率迅速下降,由绝缘体变成良导体,呈现导电状态,从而使感光鼓表面的电位因光导层表面电荷与界面处反极性电荷的中和而很快衰减。在暗区,光导层则依然呈现绝缘状态,使得感光鼓表面电位基本保持不变。感光鼓表面静电电位的高低随原稿图像浓淡的不同而不同,感光鼓上对应图像浓的部分表面电位高,图像淡的部分表面电位低。这样,就在感光鼓表面形成一个与原稿图像浓淡相对应的表面电位起伏的静电潜像。

3. 显影

显影就是用带电的色粉使感光鼓上的静电潜像转变成可见的色粉图像的过程。显影色粉所带电荷的极性与感光鼓表面静电潜像的电荷极性相反。显影时,在感光鼓表面静电潜像是电场力的作用下,色粉被吸附在感光鼓上。静电潜像电位越高的部分,吸附色粉的能力越强;静电潜像电位越低的部分,吸附色粉的能力越弱。对应静电潜像电位(电荷的多少)的不同,其吸附色粉量也就不同。这样感光鼓表面不可见的静电潜像,就变成可见的与原稿浓淡一致的不同灰度层次的色粉图像。在静电复印机中,色粉带电通常是通过色粉与载体的摩擦来获得的。摩擦后,色粉带电极性与载体带电极性相反。

4. 转印

转印就是用复印介质贴紧感光鼓,在复印介质的背面赋予与色粉图像相反极性的电荷,从而将感光鼓已形成的色粉图像转移到复印介质上的过程。目前静电复印机中通常采用电晕装置对感光鼓上的色粉图像进行转印。当复印纸(或其他介质)与已显影的感光鼓表面接触时,在纸张背面使用电晕装置对其放电,该电晕的极性与充电电晕相同,而与色粉所带电荷的极性相反。由于转印电晕的电场力比感光鼓吸附色粉的电场力强得多,因此在静电引力的作用下,感光鼓上的色粉图像就被吸附到复印纸上,从而完成图像的转印,好比用图章盖印一样。在静电复印机中,为了易于转印和提高图像色粉的转印率,通常还采用预转印电极或预转印灯装置对感光鼓进行预转印处理。

5. 分离

在前述的转印过程中,复印纸由于具有静电的吸附作用,将紧紧地贴在感光鼓上。分离就是将紧贴在感光鼓表面的复印纸从感光鼓上剥落(分离)下来的过程。静电复印机中一般采用分离电晕(交、直流)、分离爪或分离带等方式来进行纸张与感光鼓的分离。

6. 定影

定影就是将复印纸上不稳定、可抹掉的色粉图像固着的过程,通过转印、分离过程转移到复印纸上的色粉图像,并未与复印纸融合为一体,这时的色粉图像极易被擦掉,因此必须经定影装置对其进行固化,以形成最终的复印品。目前的静电复印机多采用加热与加压相结合的方式,对热熔性色粉进行定影。定影装置加热的温度和时间以及加压的压力大小,对色粉图像的黏附牢固度有一定的影响。其中,加热温度的控制,是图像定影质量好坏的关键。

7. 清洁

清洁就是清除经转印后还残留在感光鼓表面色粉的过程。感光鼓表面的色粉图像由于受表面的电位、转印电压的高低、复印介质的干湿度及与感光鼓的接触时间、转印方式等的影响,其转印效率不可能达到100%,大部分色粉经转印从感光鼓表面转移到复印介质上后,感光鼓表面仍残留一部分色粉,如果不及时清除,将影响后续复印品的质量。因此必须对感光鼓进行清洁,使之在进入下一复印循环前恢复到原来的状态。静电复印机中一般采用刮板、毛刷或清洁辊等装置对感光鼓表面的残留色粉进行清除。

8. 消电

消电就是消除感光鼓表面残余电荷的过程。由于充电时在感光鼓表面沉积的静电荷并不会使所吸附的色粉微粒转移而消失,在转印后仍留在感光鼓表面,如果不及时清除,则会影响后续复印过程。因此,在进行第二次复印前必须对感光鼓进行消电,使感光鼓表面电位恢复到原来的状态。静电复印机中一般采用曝光装置来对感光鼓进行全面曝光,或者用消电电晕装置对感光鼓进行反极性充电,以消除感光鼓上的残余电荷。

3.8.2 　静电火箭发动机

随着空间事业的不断发展,人们对空间探测器和卫星的寿命提出了更高的要求。而静电火箭具有高比冲、低推力、长寿命等优点,所以它特别适宜在长寿命卫星上使用。美国国家空间委员会把它列为未来 50 年空间六大关键技术之一。

静电火箭发动机的工质(如汞、铯、氢等)从储存箱经过电离室电离成离子,在引出电极的静电场力作用下加速形成射束,如图 3.8-2 所示。离子射束与中和器发射的电子耦合形成中性的高速束流,喷射而产生推力。推力通常在$(0.5 \sim 25) \times 10^{-5}$ N 之间,比冲达 $8500 \sim 20000$ s,静电火箭发动机在理论上没有受热问题,效率也比较高。静电火箭适用于航天器的姿态控制、位置保持和星际航行等。

1982 年 1 月,我国第一次成功进行了电火箭的空间飞行试验。这次试验的成功,标志着我国电火箭的研制工作已进入一个新阶段,使我国继美、苏、日后有了一种新型空间微推力火箭发动机。

发射静电火箭,实际上是把离子加速器和发电设备搬到空间去,所以困难是相当大的。我国第一次试飞电火箭成功,说明我国在静电火箭的研制中已经克服了许多技术困难,掌握了静电火箭的基本规律。

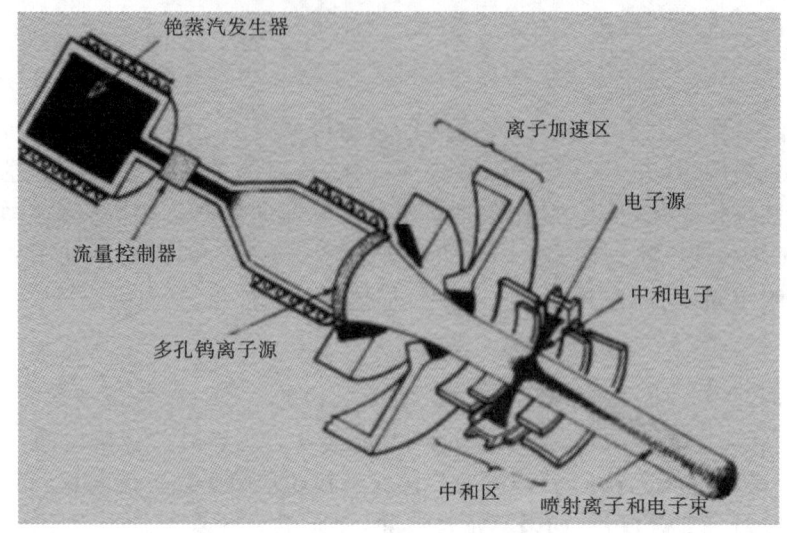

图 3.8-2　静电火箭发动机

总 习 题 三

一、选择题

3.1 由高斯定理的数学表达式 $\oint_S \vec{E} \cdot \mathrm{d}\vec{S} = \dfrac{\sum q^{in}}{\varepsilon_0}$，下述说法正确的是（　　）。

A. 闭合面内的电荷代数和为零时，闭合面上各点场强一定为零

B. 闭合面内的电荷代数和不为零时，闭合面上各点场强一定处处不为零

C. 闭合面内的电荷代数和为零时，闭合面上各点场强不一定处处为零

D. 闭合面上各点场强均为零时，闭合面内一定处处无电荷

3.2 有两个电荷都是 $+q$ 的点电荷，相距为 $2a$。今以左边的点电荷所在处为球心，以 a 为半径作一球形高斯面。在球面上取两块相等的小面积 S_1 和 S_2，其位置如总习题 3.2 图所示。设通过 S_1 和 S_2 的电场强度通量分别为 Φ_1 和 Φ_2，通过整个球面的电场强度通量为 Φ_S，则（　　）。

A. $\Phi_1 > \Phi_2$，$\Phi_S = q/\varepsilon_0$　　　　　　　　B. $\Phi_1 < \Phi_2$，$\Phi_S = 2q/\varepsilon_0$

C. $\Phi_1 = \Phi_2$，$\Phi_S = q/\varepsilon_0$　　　　　　　　D. $\Phi_1 < \Phi_2$，$\Phi_S = q/\varepsilon_0$

3.3 点电荷 $-q$ 位于圆心 O 处，A、B、C、D 为同一圆周上的四点，如总习题 3.3 图所示。现将一个试验电荷从 A 点分别移动到 B、C、D 各点，则（　　）。

A. 从 A 到 B，电场力做功最多　　　　B. 从 A 到 C，电场力做功最多

C. 从 A 到 D，电场力做功最多　　　　D. 从 A 到各点，电场力做功相等

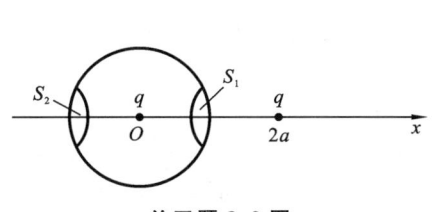

总习题 3.2 图

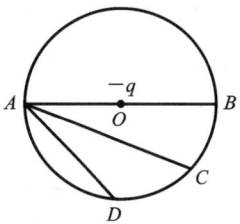

总习题 3.3 图

3.4 总习题 3.4 图中的实线表示某电场中的电场线,虚线表示等势面,由图可看出( )。

A. $E_A>E_B>E_C$,$U_A>U_B>U_C$

B. $E_A<E_B<E_C$,$U_A<U_B<U_C$

C. $E_A>E_B>E_C$,$U_A<U_B<U_C$

D. $E_A<E_B<E_C$,$U_A>U_B>U_C$

3.5 已知某电场的电场线分布情况如总习题 3.5 图所示。现观察到一负电荷从 M 点移到 N 点。有人根据这个图得出下列几点结论,正确的结论是( )。

A. 电场强度 $E_M<E_N$

B. 电势 $U_M<U_N$

C. 电势能 $W_M<W_N$

D. 电场力的功 $A>0$

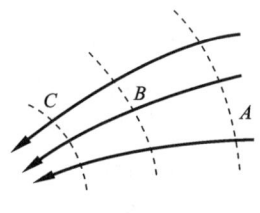

总习题 3.4 图

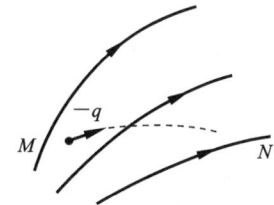

总习题 3.5 图

3.6 一个面积为 S 的空气平板电容器,极板上分别带电量±q,若不考虑边缘效应,则两极板间的相互作用力为( )。

A. $\dfrac{q^2}{\varepsilon_0 S}$
　　　　B. $\dfrac{q^2}{2\varepsilon_0 S}$
　　　　C. $\dfrac{q^2}{2\varepsilon_0 S^2}$
　　　　D. $\dfrac{q^2}{\varepsilon_0 S^2}$

3.7 两个半径相同的金属球,一个为空心,一个为实心,把两者各自孤立时的电容值加以比较,则( )。

A. 空心球电容值大

B. 实心球电容值大

C. 两球电容值相等

D. 大小关系无法确定

3.8 如果在空气平板电容器的两极板间平行地插入一块与极板面积相同的各向同性的均匀电介质板,由于该电介质板的插入和它在两极板间的位置不同,对电容器电容的影响为( )。

A. 使电容减小,但与介质板相对极板的位置无关

B. 使电容减小,且与介质板相对极板的位置有关

C. 使电容增大,但与介质板相对极板的位置无关

D. 使电容增大,且与介质板相对极板的位置有关

3.9 在一点电荷 q 产生的静电场中,一块电介质如总习题 3.9 图放置,以点电荷所在处为球心作一球形闭合面 S,则对此球形闭合面,( )。

A. 高斯定理成立，且可用它求出闭合面上各点的场强

B. 高斯定理成立，但不能用它求出闭合面上各点的场强

C. 由于电介质不对称分布，所以高斯定理不成立

D. 即使电介质对称分布，高斯定理也不成立

3.10 真空中一半径为 R 的未带电的导体球，在离球心 O 的距离为 a 的一处 $(a>R)$ 放一点电荷 q，如总习题 3.10 图所示。设无穷远处电势为零，则导体球的电势为（　　）。

A. $\dfrac{q}{4\pi\varepsilon_0 R}$ B. $\dfrac{q}{4\pi\varepsilon_0 a}$ C. $\dfrac{q}{4\pi\varepsilon_0 (a-R)}$ D. $\dfrac{q}{4\pi\varepsilon_0}\left(\dfrac{1}{a}-\dfrac{1}{R}\right)$

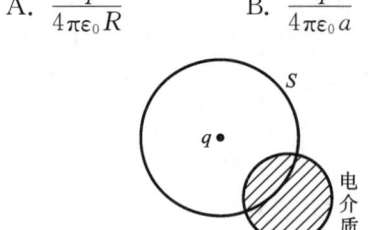

总习题 3.9 图

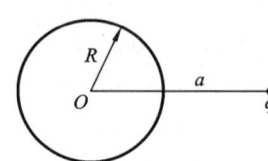

总习题 3.10 图

二、填空题

3.11 一半径为 R 的带有一缺口的细圆环，缺口长度为 $d(d\ll R)$，环上均匀带有正电，电荷为 q，如总习题 3.11 图所示。则圆心 O 处的场强大小 $E=$ _____，场强方向为 _____。

3.12 在点电荷 $+q$ 和 $-q$ 的静电场中，做出如总习题 3.12 图所示的三个闭合面 S_1、S_2、S_3，则通过这些闭合面的电场强度通量分别是 $\varPhi_1=$ _____，$\varPhi_2=$ _____，$\varPhi_3=$ _____。

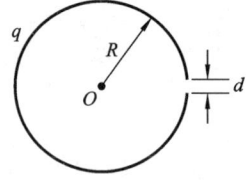

总习题 3.11 图

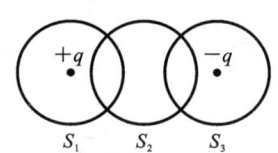

总习题 3.12 图

3.13 总习题 3.13 图所示为 BCD 是以 O 点为圆心、R 为半径的半圆弧，在 A 点有一个为 $+q$ 的点电荷，O 点有一个为 $-q$ 的点电荷。线段 $\overline{BA}=R$。现将一单位正电荷从 B 点沿半圆弧轨道 BCD 移到 D 点，则电场力所做的功为 _____。

3.14 静电力做功的特点 _____，因而静电力属于 _____ 力。

3.15 如总习题 3.15 图所示，一等边三角形边长为 a，三个顶点上分别放置着电荷为 q、$2q$、$3q$ 的三个正点电荷，设无穷远处为电势零点，则三角形中心 O 处的电势 $U=$ _____。

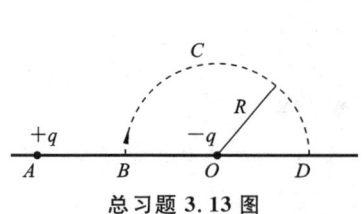

总习题 3.13 图

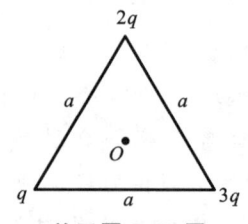

总习题 3.15 图

3.16 地球表面附近的电场强度约为 100 N/C,方向垂直地面向下,假设地球上的电荷都均匀地分布在地球表面上,则地面带_____电,电荷面密度=_____。(真空介电常量 ε_0 = 8.85×10^{-12} C^2/(N·m^2))

3.17 一个不带电的金属球壳的内、外半径分别为 R_1 和 R_2,今在中心处放置一电荷为 q 的点电荷,则球壳的电势 $U=$_____。

3.18 一个半径为 R 的薄金属球壳带有电荷 q,壳内充满相对介电常量为 ε_r 的各向同性均匀电介质。设无穷远处为电势零点,则球壳的电势 $U=$_____。

3.19 一空气平板电容器,两板相距为 d,与一电池连接时两板之间相互作用力的大小为 F,在与电池保持连接的情况下,将两板距离拉开到 $2d$,则两板之间的静电作用力的大小是_____。

3.20 一空气平板电容器,电容为 C,两极板间距离为 d。充电后,两极板间相互作用力为 F。则两极板间的电势差为_____,极板上的电荷为_____。

三、计算题

3.21 在氢原子内,电子和质子的间距为 5.3×10^{-11} m,求它们之间的库仑力和万有引力,并比较它们的大小。

3.22 如总习题 3.22 图所示,一长为 10 cm 的均匀带正电细杆,其电荷为 1.5×10^{-8} C,试求在杆的延长线上距杆的端点 5 cm 处的 P 点的电场强度。$\left(\dfrac{1}{4\pi\varepsilon_0}=9\times10^9 \text{ N·m}^2/\text{C}^2\right)$

3.23 一段半径为 a 的细圆弧,对圆心的张角为 θ_0,其上均匀分布有正电荷 q,如总习题 3.23 图所示。试以 a、q、θ_0 表示出圆心 O 处的电场强度。

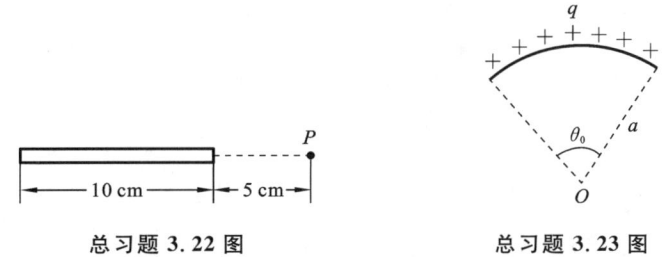

总习题 3.22 图　　　　　　总习题 3.23 图

3.24 正方形四个顶点上各放置一个电量 $q=2$ nC 的点电荷,各顶点距离中心点 A 的距离为 $r=8$ cm,若将试探电荷 $q_0=6\mu$C 从 A 点移动至无穷远处,电场力做功多大?

3.25 无限长带电直线沿着 x 轴放置,电荷线密度为 λ;y 轴正向有两个点,坐标分别为 y_1、y_2($y_2>y_1>0$),计算两点之间的电压 U_{12}。

3.26 长为 L 的直线上均匀分布有线密度为 λ 的电荷。在直线延长线上与导线一端相距 a 的位置放置了一个电量为 q 的点电荷。若将该电荷移动至无穷远处,电场力做功多大?

3.27 真空中一半径为 R 的均匀带电球体,电荷体密度为 ρ,试求空间任一点电势。

3.28 如总习题 3.28 图所示,半径为 R 的均匀带电球面,带有电荷 q。沿某一半径方向上有一均匀带电细线,电荷线密度为 λ,长度为 l,细线左端离球心距离为 r_0。设球和线上的电荷分布不受相互作用影响,试求细线所受球面电荷的电场力和细线在该电场中的电势能（设无穷远处的电势为零）。

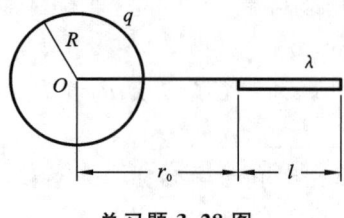

总习题 **3.28** 图

第 3 章测试题

第4章
稳恒磁场

静电场中,我们学习了静止电荷周围电场的性质与规律。在运动电荷周围,不仅存在电场,而且存在磁场。磁场和电场一样也是物质的一种形态。稳恒电流产生的磁场不随时间的变化而变化,称为稳恒磁场。稳恒磁场和静电场是两种不同性质的场,在学习的过程中会发现两者的定理、定律、解题方法等都十分相似。

4.1 磁 现 象

基本要求:了解磁现象。

4.1.1 磁现象及其特点

中国是世界上最早发现磁现象的国家,早在战国末年就有磁铁的记载,中国古代四大发明之一的司南(指南针)就是其中之一,指南针的发明为世界的航海业做出了巨大的贡献。

北宋的沈括在他的笔记体巨著《梦溪笔谈》中写道:"方家以磁石磨针锋,则能指南,然常微偏东,不全南也"证明了磁偏角的存在。

现代磁体是由人工制成的,比如铁、钴、镍合金永久磁体,铁氧体等(铁淀氧磁体,是Fe_2O_3与二价金属氧化物C_uO、Z_nO、M_nO等的一种烧结物,又称"磁性瓷")。

磁铁吸引铁、钴、镍等物质的性质称为磁性。磁铁两端磁性强的区域称为磁极,一端为北极(N极),一端为南极(S极)。实验证明,同名磁极相互排斥,异名磁极相互吸引。把磁铁任意分割,每一小块都有南北两极,任意磁铁总是南北两极同时存在,自然界中没有单独存在的N极与S极。某些本来不显磁性的物质,在接近或接触磁铁后就有了磁性,称为磁化。

4.1.2 磁与电之间的关联

1820年7月21日,丹麦物理学家奥斯特首先发现电流的磁效应。通电导线的周围存在磁场,且磁场与电流的方向有关。

1820 年 9 月,法国物理学家安培演示了两根通电导线相互吸引和排斥的现象,同时还证明了通电螺线管也能像磁铁一样相互吸引。1820 年,毕奥就向法国科学院报告了他与萨伐尔的重要发现:载流长直导线附近磁针磁极(不论是磁南极还是磁北极)上的力反比于磁极与导线间的距离,这也是人类首次对奥斯特效应的定量研究。

1821 年,英国物理学家 Faraday 开始研究把"磁变成电",经过十年的努力,于 1831 年发现了电磁感应现象。

实验表明:电荷(不论是静止还是运动)在其周围空间激发电场,而运动电荷在其周围空间还要激发磁场;在电磁场中,静止的电荷只受到电场力的作用,而运动的电荷除了受到电场力的作用之外,还将受到磁场力的作用。

V4.1-1 　磁生电

4.1.3　磁现象的本质

安培认为**一切磁现象都起源于电流**。如图 4.1-1(a)、(b)、(c)所示,在磁性物质的分子中,存在着小的回路电流,称为分子电流,它相当于最小的基元磁体。物质的磁性就是取决于这些分子电流对外磁效应的总和。如果这些分子电流毫无规则地取各种方向,则它们对外界引起的磁效应就会互相抵消,整个物质就不会显磁性。当这些分子电流的取向出现某种有规则的排列时,就会对外界产生一定的磁效应,显示出物质的磁化状态。

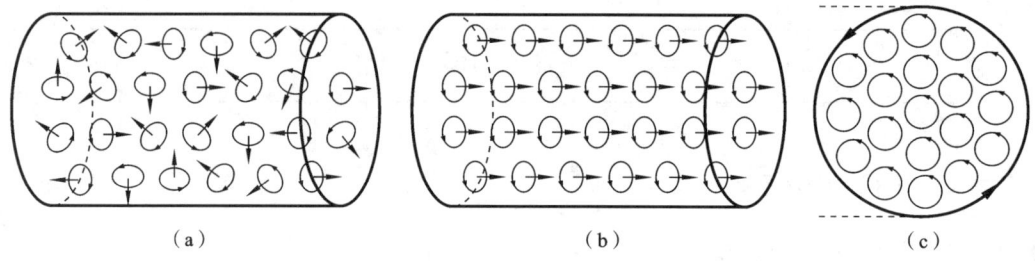

| (a) | (b) | (c) |

图 4.1-1　安培分子环流假设

用近代的观点看,可以将安培假说中的分子电流看成是由分子中电子绕原子核的运动和电子与核本身的自旋运动产生的。

一切磁现象都来源于电荷的运动,磁的相互作用本质上是运动电荷间的相互作用,磁场力就是运动电荷之间的一种相互作用力。

4.2　磁场及磁感应强度

基本要求:理解磁感应强度的概念;理解电流元模型;理解毕奥-萨伐尔定律和磁场的叠加原理;能用毕奥-萨伐尔定律求解简单电流分布的磁感应强度。

4.2.1　磁感应强度

运动电荷之间的磁力作用是怎样传递的？现代观点认为：运动电荷（或电流）的周围空间存在一种特殊形式的物质，称为**磁场**。在运动电荷的周围空间，除了产生电场外，还要产生磁场。运动电荷之间的相互作用是通过磁场传递的。

磁场是物质存在的一种形式。磁场的物质性表现为：一是磁场对磁体、运动电荷或载流导线有磁力的作用；二是载流导线在磁场中运动时，磁力要做功，从而显示出磁场具有能量。

与电场强度定义相似，引入**运动试探电荷**定义磁感应强度。实验表明：如图 4.2-1 所示，运动电荷所受的磁场力不仅与运动电荷的电量 q 和速度有关，而且与运动电荷的运动方向有关，且磁场力总是垂直于速度；在磁场中的任一点存在一个特殊的方向，当电荷沿此方向或其反方向运动时所受的磁场力为零，与电荷本身的性质无关，而且这个方向就是自由小磁针在该点平衡时北极的指向；在磁场中的任一点，当电荷沿与上述方向垂直的方向运动时，电荷所受到的磁场力最大（F_m），并且 F_m 与电荷 q 的比值是与 q、v 无关的确定值，比值 $F_m/(qv)$ 是位置的函数。

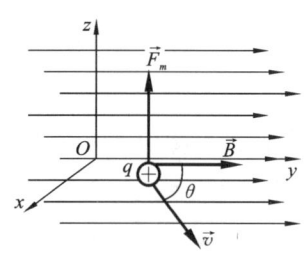

图 4.2-1　运动电荷在磁场中的受力方向

由实验结果可知，磁场中任一点都存在一个特殊的方向和确定的比值 $F_m/(qv)$，与运动试探电荷的性质无关，它们分别客观地反映了磁场在该点的方向特征和大小特征。为了描述磁场的性质，可据此定义一个矢量函数 $\vec{B}$，规定它的大小为

$$B = \frac{F_{\max}}{qv} \tag{4.2-1}$$

即以单位速率运动的单位正电荷所受到的磁场力，其方向为放在该点的小磁针平衡时 N 极的指向，$\vec{B}$ 称为磁感应强度。

在 SI 制中，F 的单位是牛顿（N），q 的单位是库仑（C），v 的单位是米/秒（m·s^{-1}），则 B 的单位是特斯拉（T）。

$$1\ \text{T} = 1\ \text{N} \cdot \text{A}^{-1} \cdot \text{m}^{-1}$$

在工程中，磁感应强度的单位有时还用高斯（Gauss，G）表示：

$$1\ \text{G} = 10^{-4}\ \text{T}, \quad 1\ \text{T} = 10^4\ \text{G}$$

地球的磁感应强度约为 0.5×10^{-4} T，心脏的磁感应强度约为 0.3×10^{-9} T，一般永磁体的磁感应强度约为 1×10^{-2} T。

4.2.2　稳恒电流

1. 电流

导体中的自由电荷在电场力的作用下做有规则的定向运动就形成电流。形成电流的带电粒子称为**载流子**，它们可以是自由电子、离子或运动的物体。

为了描述电流的强弱，引入了电流强度的概念。电流强度是指单位时间内通过导体任一横截面积的电量，用 I 表示：

$$I = \frac{dq}{dt} \qquad (4.2\text{-}2)$$

若导体中的 I(大小、方向)不随时间变化而变化,则称为稳恒电流或直流电。电流强度是标量,其单位为安培(A),$1\ \text{A} = 1\ \text{C} \cdot \text{s}^{-1}$。

如图 4.2-2 所示,设导体中自由电子的数密度为 n,电子的电量为 e,假定每个电子的定向漂移速度为 v,在时间间隔 dt 内,长为 $dl = vdt$、横截面积为 S 的圆柱体内的自由电子都要通过横截面积 S。此圆柱体内的自由电子数为 $nSvdt$,电量为 $dq = neSvdt$,因此通过此导体的电流强度为

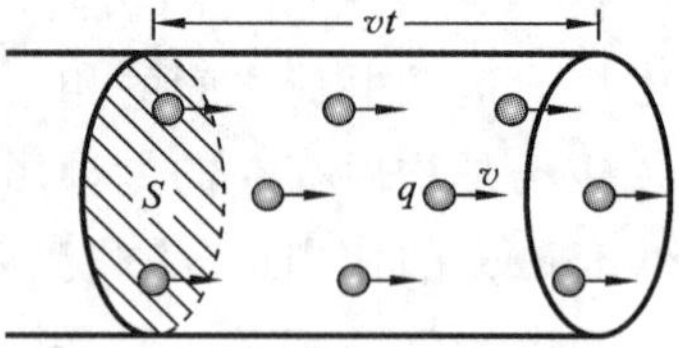

图 4.2-2　电流强度与电子定向漂移速度的关系

$$I = \frac{dq}{dt} = \frac{neSvdt}{dt} = neSv \qquad (4.2\text{-}3)$$

因而导体中的电流强度正比于自由电子数密度和漂移速度的乘积。

2. 电流密度

电流强度只能用于描述导体中通过某一截面的整体特征。为了描述导体内各点电流的分布情况,需要引入一个新的物理量——电流密度,即流过单位面积的电流。

电流密度是矢量,其方向和大小规定如下:导体中任一点电流密度的方向为该点正电荷运动的方向(电场的方向),如图 4.2-3 所示。电流密度的大小等于在单位时间内通过该点附近垂直于正电荷运动方向的单位面积的电量。

$$j = \frac{dq}{dSdt} = \frac{dI}{dS} \qquad (4.2\text{-}4)$$

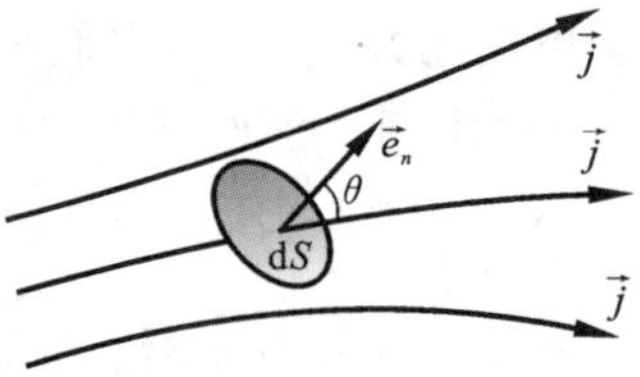

电流密度的单位为 $\text{A} \cdot \text{m}^{-2}$。

因此可以证明:$\vec{j} = ne\vec{v}$。

电流密度的大小等于垂直于正电荷运动方向单位面积上的电流,即

图 4.2-3　电流密度

$$dI = jdS$$

写成矢量形式为

$$dI = \vec{j} \cdot d\vec{S}$$

因此由上式可得,通过任意面积的电流为

$$I = \int dI = \iint_S \vec{j} \cdot d\vec{S} \qquad (4.2\text{-}5)$$

4.2.3　毕奥-萨伐尔定律

1. 毕奥-萨伐尔定律

在静电场中,计算任意形状带电体在空间某点的电场强度时,我们**首先**要把带电体分割成无限多个电荷元,每个电荷元可等价为点电荷;**其次**要写出其在该点产生的电场强度;**最后**按场强叠加原理就可以计算出带电体在该点产生的电场强度($dq \rightarrow d\vec{E} \rightarrow \vec{E}$)。在磁场中,计算稳恒电流产生磁感应强度的步骤与电场的类似。**首先**把载流导线分成无限多个微元矢量 $d\vec{l}$,电流 I 与 $d\vec{l}$ 的乘积 $Id\vec{l}$ 称为**电流元**,而且可把电流元中电流的流向作为线元矢量的方

向;**其次**求出每个电流元在该点产生的磁感应强度;**最后**按场强叠加原理就可以计算出载流体在该点产生的磁感应强度($I\mathrm{d}\vec{l}\to\mathrm{d}\vec{B}\to\vec{B}$)。**毕奥-萨伐尔定律揭示了真空中任一点磁感应强度** $\mathrm{d}\vec{B}$ 与 $I\mathrm{d}\vec{l}$、矢径 $\vec{r}$ 以及两者之间的夹角 θ 有关:

$$\mathrm{d}B=k\frac{I\mathrm{d}l\sin\theta}{r^2} \qquad (4.2\text{-}6)$$

在 SI 制中,$k=\dfrac{\mu_0}{4\pi}$。其中,$\mu_0=4\pi\times10^{-7}\ \mathrm{N\cdot A^{-2}}$,为真空磁导率。

故

$$\mathrm{d}B=\frac{\mu_0}{4\pi}\frac{I\mathrm{d}l\sin\theta}{r^2} \qquad (4.2\text{-}7)$$

$\mathrm{d}\vec{B}$ 的方向即 $I\mathrm{d}\vec{l}\times\vec{r}$ 的方向(右手螺旋法则确定),如图 4.2-4 所示。

写成矢量形式为

$$\mathrm{d}\vec{B}=\frac{\mu_0}{4\pi}\frac{I\mathrm{d}\vec{l}\times\vec{r}}{r^3}$$

或者

$$\mathrm{d}\vec{B}=\frac{\mu_0}{4\pi}\frac{I\mathrm{d}\vec{l}\times\vec{e_r}}{r^2} \qquad (4.2\text{-}8)$$

其中:$\vec{e_r}=\vec{r}/r$ 为矢径 $\vec{r}$ 方向上的单位矢量。这就是**毕奥-萨伐尔定律**。

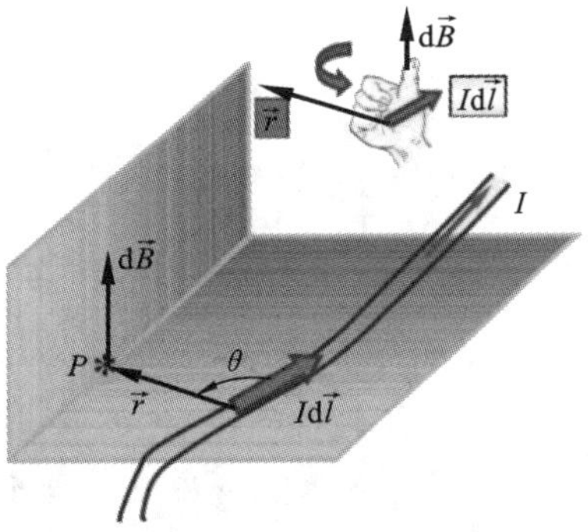

任意载流导线在 P 点的磁感应强度 $\vec{B}$ 为

$$\vec{B}=\int\mathrm{d}\vec{B}=\int\frac{\mu_0}{4\pi}\frac{I\mathrm{d}\vec{l}\times\vec{r}}{r^3} \qquad (4.2\text{-}9)$$

图 4.2-4　电流元的磁感应强度的方向

毕奥-萨伐尔定律是求解电流磁场的基本公式,利用该定律,原则上可以求解任何稳恒载流导线的磁感应强度。

2. 毕奥-萨伐尔定律应用举例

例 4.2-1　载流长直导线的磁场。

如图 4.2-5 所示,真空中有一长度为 L 通有电流 I 的长直导线,试求此长直导线附近任意一点 P 处的磁感应强度 $\vec{B}$。已知 P 与长直导线的垂直距离为 a。

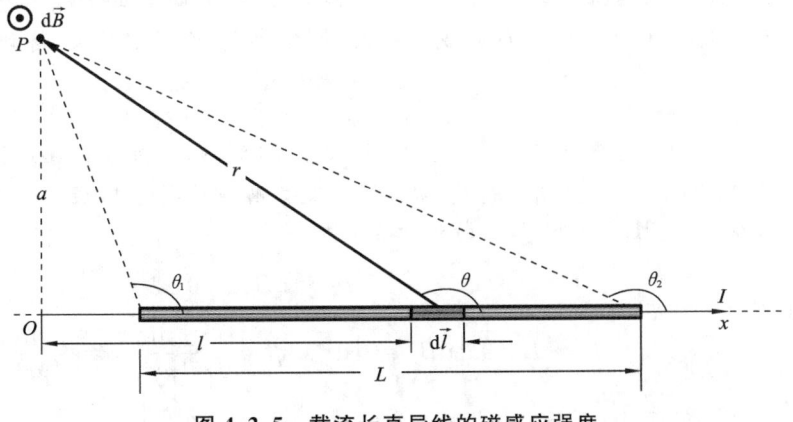

图 4.2-5　载流长直导线的磁感应强度

解　　(1) 建立坐标系。

(2) 在载流直导线上,任取一电流元 $I\mathrm{d}\vec{l}$ 或 $I\mathrm{d}x$,由毕奥-萨伐尔定律得电流元在 P 点产生的磁感应强度为

$$\mathrm{d}\vec{B}=\frac{\mu_0}{4\pi}\frac{I\mathrm{d}\vec{l}\times\vec{e_r}}{r^2},\quad \mathrm{d}B=\frac{\mu_0}{4\pi}\frac{I\mathrm{d}x\sin\theta}{r^2}$$

方向为 $\odot$。所有电流元在 P 点产生的磁场方向相同,所以求总磁感应强度的积分为标量积分,即

$$B=\int_L \mathrm{d}B=\frac{\mu_0}{4\pi}\int_L \frac{I\mathrm{d}x\sin\theta}{r^2} \tag{1}$$

(3) 统一积分变量、积分。由图 4.2-5 得 $x=a\cdot\cot(\pi-\theta)$,因此,

$$\mathrm{d}x=a\mathrm{d}\theta/\sin^2\theta$$

$$r=\frac{a}{\sin(\pi-\theta)}=\frac{a}{\sin\theta}$$

代入式(1)可得

$$B=\int\frac{\mu_0}{4\pi}\frac{Ia\csc^2\theta\mathrm{d}\theta}{\left(\dfrac{a}{\sin\theta}\right)^2}\sin\theta=\frac{\mu_0 I}{4\pi a}\int_{\theta_1}^{\theta_2}\sin\theta\mathrm{d}\theta=\frac{\mu_0 I}{4\pi a}(\cos\theta_1-\cos\theta_2)$$

上式中,θ_1 和 θ_2 分别是直导线两端的电流元和它们到 P 点的矢径之间的夹角。对于无限长载流直导线来说,$\theta_1=0$,$\theta_2=\pi$,于是有

$$B=\frac{\mu_0 I}{2\pi a} \tag{4.2-10}$$

即在以无限长载流直导线为轴、半径相同的圆柱面上的磁感应强度大小处处相等,方向垂直于直导线,并沿圆周的切线。

例 4.2-2　　求圆形载流导线轴线上的磁场。

设在真空中有一半径为 R、通电流为 I 的细导线圆环,求其轴线上距圆心 O 为 x 处的 P 点的磁感应强度。

解　　(1) 建立坐标系。

(2) 取电流元 $I\mathrm{d}\vec{l}$,它在轴上任一点 P 处的**磁感应强度** $\mathrm{d}\vec{B}$ 的方向垂直于 $\mathrm{d}\vec{l}$ 和 $\vec{r}$,即垂直于由 $\mathrm{d}\vec{l}$ 和 $\vec{r}$ 组成的平面,结合毕奥-萨伐尔定律,得到 $\mathrm{d}\vec{B}$ 的大小为

$$\mathrm{d}B=\frac{\mu_0}{4\pi}\frac{I\mathrm{d}l\sin90°}{r^2}=\frac{\mu_0}{4\pi}\frac{I\mathrm{d}l}{r^2}$$

方向如图 4.2-6 所示:当电流元 $I\mathrm{d}\vec{l}$ 遍历圆环时,其对应的 $\mathrm{d}\vec{B}$ 形成锥面。

(3) 对称性分析、积分。将 $\mathrm{d}\vec{B}$ 正交分解成平行于轴线的分量 $\mathrm{d}\vec{B}_{/\!/}$ 和垂直于轴线的分量 $\mathrm{d}\vec{B}_{\perp}$ 两部分,则由对称性分析得

$$B_{\perp}=\int\mathrm{d}B_{\perp}=0$$

$$B=B_{/\!/}=\int\mathrm{d}B_{/\!/}=\int\mathrm{d}B\sin\beta=\oint_l\frac{\mu_0}{4\pi}\frac{IR}{r^3}\mathrm{d}l=\frac{\mu_0}{4\pi}\frac{IR}{r^3}\oint_l\mathrm{d}l$$

因为 $\oint_l\mathrm{d}l=2\pi R$,所以

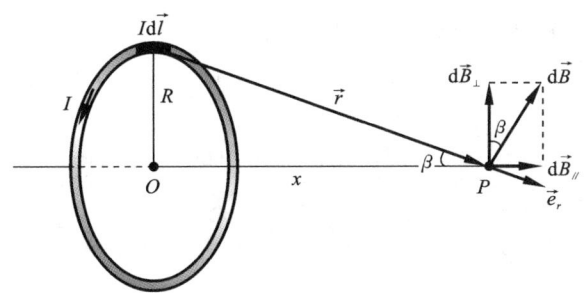

图 4.2-6 载流圆环轴线上的磁感应强度

$$B = \frac{\mu_0 I R^2}{2 r^3} = \frac{\mu_0 I S}{2\pi (R^2 + x^2)^{3/2}}$$

$\vec{B}$ 的方向沿 x 轴正方向，与电流成右手螺旋法则关系，上式中圆电流的面积为 $S = \pi R^2$。

（1）在圆心处，$x = 0$，$B = \dfrac{\mu_0 I}{2R}$。

（2）当 $x \gg R$，即 P 点远离圆环电流时，P 点的磁感应强度为 $B = \dfrac{\mu_0 I S}{2\pi x^3}$。

（3）定义圆电流的磁矩 $\vec{m}$ 为

$$\vec{m} = I S \vec{e}_n \qquad (4.2\text{-}11)$$

如图 4.2-7 所示，$\vec{m}$ 的方向与圆电流的单位正法线 $\vec{e}_n$ 方向相同，$\vec{e}_n$ 和线圈中电流的方向符合右手螺旋法则关系。如果电流回路为 N 匝线圈，则载流线圈的总磁矩为

$$\vec{m} = N I S \vec{e}_n \qquad (4.2\text{-}12)$$

当圆电流的半径很小或讨论远离圆电流处的磁场分布时，把圆电流称为磁偶极子，产生的磁场称为磁偶极磁场。

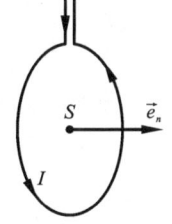

图 4.2-7 磁矩

磁偶极子的**磁矩**为：

$$\vec{m} = I S \vec{e}_n$$

磁偶极子的磁场为

$$\vec{B} = \frac{\mu_0 \vec{m}}{2\pi x^3} \qquad (4.2\text{-}13)$$

分子、原子、电子、质子等都可以等效为圆电流（具有磁矩）。

---

3. 匀速运动电荷的磁场

通电导线中的电流是导线中大量自由电子做定向运动而形成的，因而电流产生的磁场可归结为大量运动电荷所产生的磁场的总和。

根据毕奥-萨伐尔定律，电流元 $I \mathrm{d}\vec{l}$ 产生的磁场为

$$\mathrm{d}\vec{B} = \frac{\mu_0}{4\pi} \frac{I \mathrm{d}\vec{l} \times \vec{r}}{r^3}$$

假设电流元中有 $\mathrm{d}N$ 个运动电荷，则每个电荷产生的磁场为 $\vec{B} = \dfrac{\mathrm{d}\vec{B}}{\mathrm{d}N}$。

由 $I=qnvS$，电流元 $I\vec{dl}$ 产生的磁场 $d\vec{B}$ 可表示为

$$d\vec{B}=\frac{\mu_0}{4\pi}\frac{qnSdl\cdot\vec{v}\times\vec{r}}{r^3} \quad (4.2\text{-}14)$$

式中：$Sdl=dV$ 为电流元体积，$ndV=dN$ 为电流元中的电荷数，于是单个电荷产生的磁场为

$$\vec{B}=\frac{d\vec{B}}{dN}=\frac{\mu_0}{4\pi}\frac{q\vec{v}\times\vec{r}}{r^3} \quad (4.2\text{-}15)$$

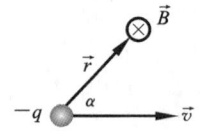

图 4.2-8 负电荷的磁场方向

显然，$\vec{B}$ 的方向垂直于 $\vec{v}$ 与 $\vec{r}$ 所确定的平面。当 $q>0$（正电荷）时，$\vec{B}$ 的方向为 $\vec{v}\times\vec{r}$ 方向；当 $q<0$（负电荷）时，$\vec{B}$ 的方向为 $\vec{v}\times\vec{r}$ 相反方向，如图 4.2-8 所示。

随堂练习

4.1 电量为 q 的粒子以角速度 ω 做圆周运动，它形成的等效电流强度 $I=$ _____。

4.2 无限长的直导线载有电流 I，距离导线 x 处的磁感应强度大小为 _____；沿着直线运动的电荷，其运动的正前方的磁感应强度大小为 _____。

4.3 相互平行的直导线之间距离为 d，电流大小都是 I，方向相反，则两导线中点位置的磁场 $B=$ _____。

4.4 半径为 R 的单匝环形导线载有电流 I，环心处的磁感应强度大小为 _____；该电流的磁矩大小为 _____。

4.5 半径为 R 的两个单匝圆形线圈正交放置，其圆心重合。若两个线圈中的电流大小都是 I，则圆心处的磁场 $B=$ _____，两个电流环的总磁矩大小为 _____。

4.6 边长为 0.1 m、匝数为 1000 的正方形线圈，通电 0.5 A，其磁矩大小为 _____。

4.3 磁场的高斯定理与环路定理

基本要求：理解稳恒磁场的高斯定理和安培环路定理；掌握用安培环路定理计算磁场分布的方法和条件，能利用安培环路定理计算一些典型载流导体的磁场强度。

4.3.1 磁场的高斯定理

1. 磁感线

在静电场中，可以用电场线来描述电场的分布情况；在稳恒磁场中，也可以用一些假想的曲线来形象地反映磁场的分布情况。我们规定曲线上任一点切线的方向即为磁感应强度 $\vec{B}$ 的方向，而曲线的疏密程度则表示该点磁感应强度 $\vec{B}$ 的大小。这样的曲线称为磁感线或 B 线。磁感线是人为画出来的，并非磁场中确有这种线。磁感线是用来描述磁场分布的一系列曲线。因而磁感线的分布能形象地反映磁场的方向和大小的特征。如图 4.3-1 所示，两种典型的磁感线（载流长直导线、圆电流）分布如下：磁感线的绕行方向与电流流向之间互为右

手螺旋法则。对载流直导线,右手握载流导线,伸直的拇指与导线平行,以大拇指的指向表示电流的方向,则其余四指的指向就是磁感线环绕电流的方向,即磁感应强度的方向。对载流圆环,弯曲四指指向的是电流方向,大拇指的指向表示磁感应强度的方向。

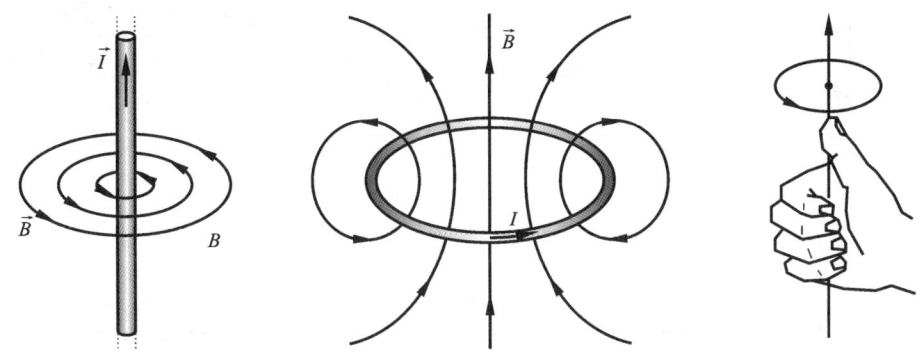

图 4.3-1　典型磁场分布

由上述典型的载流导线磁感线的图形可以看出,磁感线具有如下特性。

(1) 由于磁场中某点的磁场方向是确定的,所以磁场中的磁感线不会相交。磁感线的这一特性与静电场中的电场线是一样的。

(2) 磁感线是环绕电流的无头尾的闭合曲线,没有起点也没有终点。磁感线的这个特性与静电场中的电场线不同,静电场中的电场线始于正电荷,终止于负电荷。

(3) 磁感线的疏密程度能表征磁感应强度的大小。穿过与磁感线垂直的单位面积上的磁感线的数目等于该点磁感应强度的大小。

$$B = \frac{\mathrm{d}N}{\mathrm{d}S} \tag{4.3-1}$$

B 大的地方磁感线就密集,B 小的地方磁感线就稀疏。

2. 磁通量

通过磁场中某一曲面的磁感线的数目定义为通过此曲面的磁通量,用 Φ_m 表示。

如图 4.3-2(a)所示,在磁感应强度为 $\vec{B}$ 的均匀磁场中,设平面的面积为 S,单位法线矢量为 $\vec{e}_n$,$\vec{e}_n$ 与磁感应强度 $\vec{B}$ 的夹角为 0,则通过此平面的磁通量为

$$\Phi_m = BS \tag{4.3-2}$$

如图 4.3-2(b)所示,$\vec{e}_n$ 与磁感应强度 $\vec{B}$ 的夹角为 θ,则 S 在垂直于 $\vec{B}$ 的方向的投影为 $S_\perp = S\cos\theta$,所以

$$\Phi_m = BS_\perp = BS\cos\theta$$

在非均匀磁场中,通过任意曲面的磁通量是怎样计算的呢? 与电通量的计算非常相似。如图 4.3-2(c)所示,取面元 $\mathrm{d}\vec{S}$,其单位外法线矢量为 $\vec{e}_n$,$\vec{e}_n$ 与磁感应强度 $\vec{B}$ 的夹角为 θ,又面元 $\mathrm{d}\vec{S}$ 处的 $\vec{B}$ 近似为匀强,按照式(4.3-2),通过 $\mathrm{d}\vec{S}$ 的磁通量为

$$\mathrm{d}\Phi_m = B\mathrm{d}S\cos\theta \tag{4.3-3}$$

通过有限曲面的磁通量为

$$\Phi_m = \iint_S \mathrm{d}\Phi_m = \iint_S B\mathrm{d}S\cos\theta \tag{4.3-4}$$

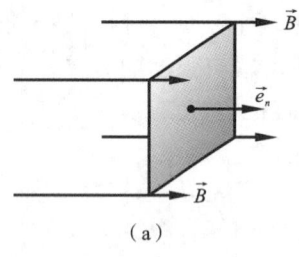
（a）

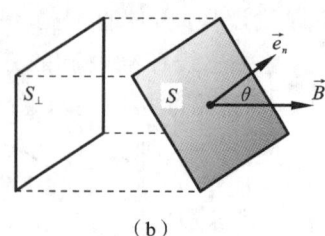
（b）

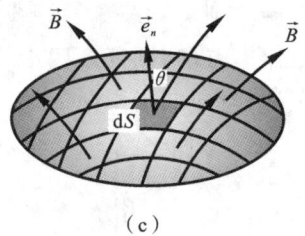
（c）

图 4.3-2　磁通量

或者

$$\Phi_m = \iint_S \vec{B} \cdot d\vec{S} \qquad (4.3\text{-}5)$$

对于闭合曲面,当磁感线从曲面内穿出时,磁通量为正($\theta < \pi/2, \cos\theta > 0$);当磁感线从曲面穿入时,磁通量为负($\theta > \pi/2, \cos\theta < 0$)。穿过曲面的磁通量可直观地理解为穿过该面的磁感线条数。磁通量的单位为韦伯(Wb),有

$$1 \text{ Wb} = 1 \text{ T} \cdot \text{m}^2$$

3. 磁场高斯定理

由于磁感线是闭合的,因此对任一闭合曲面来说,有多少条磁感线进入闭合曲面,就有多少条磁感线穿出闭合曲面。

$$d\Phi_{m1} = \vec{B}_1 \cdot d\vec{S}_1 > 0, \quad d\Phi_{m2} = \vec{B}_2 \cdot d\vec{S}_2 < 0$$

如图 4.3-3 所示,通过任意闭合曲面的磁通量等于零,这就是**磁场高斯定理**。数学表达式为

$$\oiint_S \vec{B} \cdot d\vec{S} = 0 \qquad (4.3\text{-}6)$$

磁场高斯定理是描述磁场性质的重要定理之一。磁场高斯定理与电场高斯定理在形式上明显不同,这实际上反映了磁场和静电场是**两种不同性质的场**。静电场是有源场,而磁场是有旋/无散场(非保守场)。磁场高斯定理说明磁感线没有起点和终点,磁场是一个无源场。

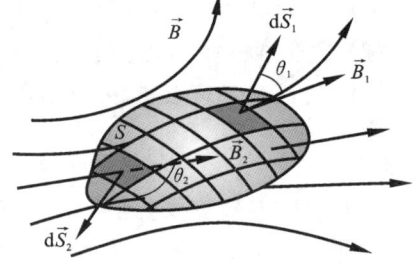

图 4.3-3　闭合曲面的磁通量

例 4.3-1　　在一根通有电流 I 的长直导线旁,与之共面地放着一个长为 l 的矩形线框,线框的两长边与载流长直导线平行,且分别相距为 d_1、d_2,如图 4.3-4 所示。在此情形中,求矩形线框内的磁通量 Φ_m。

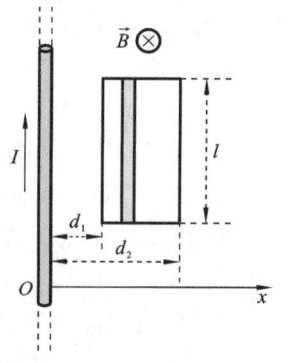

图 4.3-4　矩形线框的磁通量

解　　（1）**建立坐标系**，如图 4.3-4 所示。

（2）**取微面元** $dS = l\,dx$，x 处的磁场强度

$$B = \frac{\mu_0 I}{2\pi x}, \quad \vec{B} /\!/ \vec{S}, \quad d\Phi_m = B\,dS = \frac{\mu_0 I}{2\pi x}l\,dx$$

（3）**积分**，

$$\Phi_m = \int_S \vec{B} \cdot d\vec{S} = \frac{\mu_0 I l}{2\pi} \int_{d_1}^{d_2} \frac{dx}{x}$$

$$\Phi_m = \frac{\mu_0 I l}{2\pi} \ln \frac{d_2}{d_1}$$

4.3.2　安培环路定理

静电场的环路定理中曾指出：电场强度 $\vec{E}$ 沿任意闭合路径的积分等于零，即 $\oint_l \vec{E} \cdot d\vec{l} = 0$，所以静电场是保守场，可以引入电势。那么，磁场中的磁感应强度 $\vec{B}$ 沿任意闭合路径的积分 $\oint_l \vec{B} \cdot d\vec{l}$ 等于什么呢？

以真空中无限长载流直导线产生的磁场为例，在垂直于载流直导线的平面内，以载流直导线上某点为圆心，作一条半径为 R 的圆形环路，圆周上任一点磁感应强度 $\vec{B}$ 的大小为

$$B = \frac{\mu_0 I}{2\pi R}$$

（1）若电流 I 与圆形环路绕向服从右手螺旋法则，则圆周上每一点 $\vec{B}$ 的方向与线元 $d\vec{l}$ 同向，即 $\vec{B}$ 与 $d\vec{l}$ 之间的夹角 $\theta = 0°$。如图 4.3-5 所示，磁感应强度 $\vec{B}$ 沿此圆周积分为

$$\oint_l \vec{B} \cdot d\vec{l} = \oint_l B\cos\theta\,dl = \oint_l \frac{\mu_0 I}{2\pi R}\,dl = \frac{\mu_0 I}{2\pi R}2\pi R = \mu_0 I$$

即

$$\oint_l \vec{B} \cdot d\vec{l} = \mu_0 I \qquad (4.3\text{-}7)$$

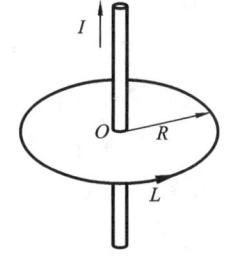

图 4.3-5　积分路径为圆环

式（4.3-7）表明：在稳恒磁场中，磁感应强度 $\vec{B}$ 沿闭合路径的线积分等于此闭合路径包围的电流与真空磁导率的乘积。磁感应强度 $\vec{B}$ 沿闭合路径的积分又称 $\vec{B}$ 的环流。

（2）若圆形环路的绕向与电流 I 的反方向服从右手螺旋法则，则圆周上每一点 $\vec{B}$ 的方向与线元 $d\vec{l}$ 反向，即 $\vec{B}$ 与 $d\vec{l}$ 之间的夹角 $\theta = 180°$。此时，磁感应强度 $\vec{B}$ 沿此圆周积分为

$$\oint_l \vec{B} \cdot d\vec{l} = \oint_l B\cos\theta\,dl = -\oint_l \frac{\mu_0 I}{2\pi R}\,dl = -\frac{\mu_0 I}{2\pi R}2\pi R = -\mu_0 I$$

即

$$\oint_l \vec{B} \cdot d\vec{l} = -\mu_0 I = \mu_0(-I) \qquad (4.3\text{-}8)$$

这时可以认为,对于此闭合路径,电流是负的。

（3）以上结论是从特例得出的,如果 $\vec{B}$ 的环流是沿**任意**闭合路径,如图 4.3-6(a)所示,则式(4.3-7)可以改写为

$$\oint_l \vec{B} \cdot \mathrm{d}\,\vec{l} = \oint_l \frac{\mu_0 I}{2\pi R} \mathrm{d}l\cos\theta = \oint_l \mu_0 I \frac{\mathrm{d}l\cos\theta}{2\pi R}$$

其中:$\dfrac{\mathrm{d}l\cos\theta}{2\pi R} = \dfrac{\mathrm{d}\beta}{2\pi}$,$\mathrm{d}\beta$ 为载流直导线与环路所在平面的交点对圆周(虚线)上微元 $\mathrm{d}l\cos\theta$ 的张角,也是**任意**闭合路径上微元 $\mathrm{d}l$ 对该交点的张角,所以有

$$\oint_l \vec{B} \cdot \mathrm{d}\,\vec{l} = \oint_l \mu_0 I \frac{\mathrm{d}l\cos\theta}{2\pi R} = \oint_l \mu_0 I \frac{\mathrm{d}\beta}{2\pi} = \frac{\mu_0 I}{2\pi} \oint_l \mathrm{d}\beta = \mu_0 I$$

上述计算再次说明 $\vec{B}$ 的环流积分与环路的大小、形状无关。

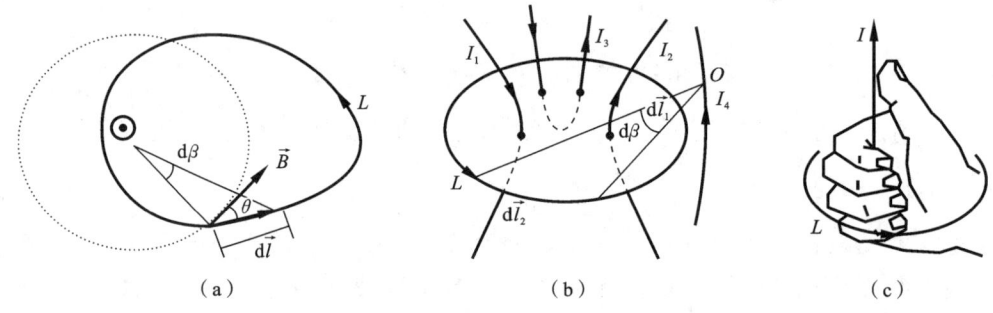

图 4.3-6   安培环路定理

（4）任意环路不包围电流。在垂直于长载流直导线的平面内,在载流直导线 I_4 的外侧作一条如图 4.3-6(b)所示的任意环路 L,取环路的绕行方向为逆时针方向。以载流直导线与环路所在平面的交点 O 向环路作两条夹角为 $\mathrm{d}\beta$ 的射线,在环路上截取两个线元 $\mathrm{d}\,\vec{l}_1$、$\mathrm{d}\,\vec{l}_2$。利用上述(3)的结论可知 $\vec{B}_1 \cdot \mathrm{d}\,\vec{l}_1 = -\vec{B}_2 \cdot \mathrm{d}\,\vec{l}_2$,从载流直导线与环路所在平面的交点 O 出发,可以作许多条射线,将环路分割成许多**成对**的线元,磁感应强度对每对线元的标量积之和均为零,即环路不包围电流时,$\vec{B}$ 的环流值为零。

（5）如图 4.3-6(b)所示,任意环路内、外都有电流而且其中不止一个电流,可以证明:**磁感应强度沿任一闭合路径的线积分,等于该闭合路径所包围电流的代数和的 μ_0 倍**,即

$$\oint_l \vec{B} \cdot \mathrm{d}\,\vec{l} = \mu_0 \sum I_{\text{in}} \tag{4.3-9}$$

这就是真空中磁场的环路定理,也称**安培环路定理**,它是电流与磁场之间关系的基本公式之一。其中,若电流流向与积分回路成右手螺旋关系,则电流取正;反之电流取负。

从安培环路定理可以看出,不管闭合路径外面电流如何分布,只要闭合路径内没有包围电流,或者所包围电流的代数和等于零,总有 $\oint_l \vec{B} \cdot \mathrm{d}\,\vec{l} = 0$。但是 $\vec{B}$ 的环流为零一般并不意味着路径上各点的磁感应强度 $\vec{B}$ 都为零,路径上各点的磁感应强度 $\vec{B}$ 仍是闭合路径内、外电流的总贡献。

磁场中 $\vec{B}$ 的环流一般不等于零,说明磁场属于非保守场,磁场是涡旋场。安培环路定理

对于稳恒电流的任意形状的闭合回路均成立,反映了稳恒电流产生磁场的规律,稳恒电流本身是闭合的,故安培环路定理仅适用于闭合的载流导线,而对于任意设想的一段载流导线则不成立。如果电流随时间变化而变化,还必须加以修正。

4.3.3　安培环路定理的应用举例

当载流导体的磁感应强度的空间分布具有轴对称性或匀强分布时,应用安培环路定理可以方便地计算出磁感应强度。所以,利用安培环路定理求磁场分布的一般解题步骤为:**首先**,分析磁场的对称性;**其次**,选取合适的闭合积分路径,其原则是保证路径上的磁感应强度大小处处相等或等于零,方向与该点的切向处处平行或垂直;**最后**,根据回路取向来确定回路内电流的正负值,由安培环路定理求出磁感应强度。

例 4.3-2　　载流长直螺线管内的磁场。

如图 4.3-7 所示,一个缠绕得很均匀、很紧密的长直螺线管,通有电流 I,计算螺线管内的磁场。

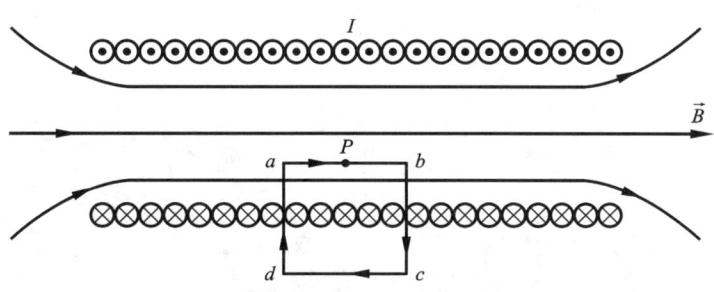

图 4.3-7　载流长直螺线管的磁感应强度

解　　(1)**对称性分析**:密绕长直的线管内的磁场可视为均匀磁场(参考例 4.2-2,载流螺线管磁感应强度可以认为是无数个载流圆环轴线场强的叠加),设其单位长度匝数为 n,电流为 I,磁感应强度为 $\vec{B}$,方向与轴线平行,大小相等,管外磁感应强度为零。

(2)**取闭合回路为矩形** $abcda$,满足安培回路选取原则,则磁感应强度 $\vec{B}$ 沿此回路积分为

$$\oint_l \vec{B} \cdot \mathrm{d}\vec{l} = \int_{ab} \vec{B} \cdot \mathrm{d}\vec{l} + \int_{bc} \vec{B} \cdot \mathrm{d}\vec{l} + \int_{cd} \vec{B} \cdot \mathrm{d}\vec{l} + \int_{da} \vec{B} \cdot \mathrm{d}\vec{l}$$
$$= B \cdot \overline{ab} + 0 + 0 + 0 = B \cdot \overline{ab}$$

(3)**根据安培环路定理**,可得

$$\oint_l \vec{B} \cdot \mathrm{d}\vec{l} = \mu_0 \cdot \overline{ab} \cdot nI$$

比较两式,可得

$$B = \mu_0 nI$$

例4.3-3　载流环形螺线管内的磁场。螺绕环可以认为是由长直螺线管首尾相连组成的。环管的轴线半径为 R，线圈的直径为 d，线圈的总匝数为 N，通有电流为 I，求环管内、外空间的磁场分布。

解　（1）**对称性分析**：磁场几乎全部集中在管内，外部趋于0，磁感线是同心圆，在半径为 r 的积分路径上，各点处的磁感应强度 $\vec{B}$ 大小相等，方向与圆周相切（见图4.3-8）。

（2）**选取安培回路**半径为 r 的圆环，由安培环路定理，可得

$$\oint_l \vec{B} \cdot \mathrm{d}\vec{l} = B \cdot 2\pi r = \mu_0 NI$$

当环形螺线管轴线的直径比线圈直径大得多时，可忽略从环心到管内各点 r 的区别，取 $r=R$，则有

$$B = \frac{\mu_0 NI}{2\pi R} = \mu_0 nI$$

其中，$n = \dfrac{N}{2\pi R}$ 为螺线管单位长度的匝数。可见，当 $2R \gg d$ 时，管内的磁场可视为均匀的。

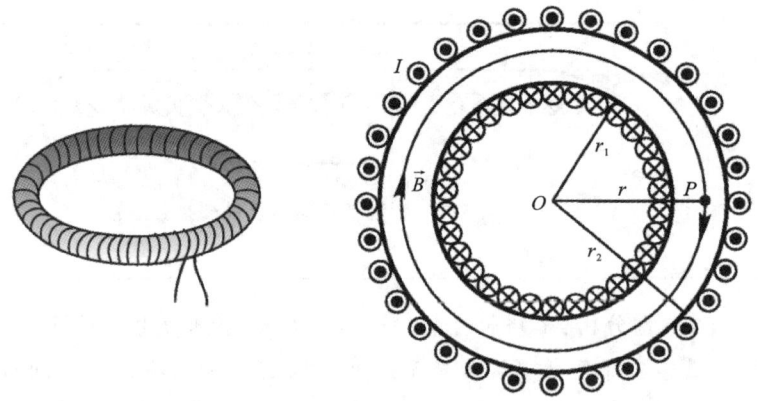

图4.3-8　载流环形螺线管的磁感应强度

例4.3-4　无限长载流圆柱体的磁场。设圆柱体的半径为 R，均匀分布的轴向总电流为 I。求无限长载流圆柱体内、外的磁场。若电流仅分布在此圆柱体的表面上，磁场又如何分布？

解　（1）**对称性分析**：首先，载流圆柱体可分割为无数个半径不同的同轴圆柱壳，载流同轴圆柱壳又可分割为无数载流细条（等价为直导线）。其次，任意两对称分布的载流细条的磁感应强度 $\mathrm{d}\vec{B}$ 如图4.3-9所示，显然圆柱壳的磁场具有轴对称性。最后，载流圆柱体的磁场分布也具有轴对称性。

（2）**取半径为 r 的圆为积分环路**，利用安培环路定理，有

$$\oint_l \vec{B} \cdot \mathrm{d}\vec{l} = B \cdot 2\pi r = \mu_0 \sum_i I$$

对于圆柱体外部一点：

$$\sum_i I = I$$

$$B = \frac{\mu_0 I}{2\pi r}$$

对于圆柱体内部一点：

$$\sum_i I = \frac{I}{\pi R^2}\pi r^2 = \frac{r^2}{R^2}I$$

$$B = \frac{\mu_0}{2\pi r} \cdot \frac{r^2}{R^2}I = \frac{\mu_0 r I}{2\pi R^2}$$

$B \sim r$ 曲线如图 4.3-9 所示。

类似的证明可以给出，若电流 I 均匀地分布在圆柱面上，则由安培环路定理可得空间的磁场分布为

$$B = \begin{cases} 0, & r<R \\ \dfrac{\mu_0 I}{2\pi r}, & r>R \end{cases}$$

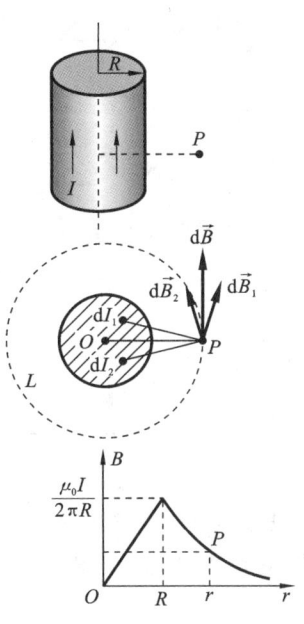

图 4.3-9　载流圆柱体的磁感应强度

随堂练习

4.7　图 4.3-10 中的两导线的电流绝对值分别为 I_1、I_2，写出下列环路积分的值。

$$\oint_{L_1} \vec{B} \cdot \mathrm{d}\vec{l} = \underline{\qquad}$$

$$\oint_{L_2} \vec{B} \cdot \mathrm{d}\vec{l} = \underline{\qquad}$$

$$\oint_{L_3} \vec{B} \cdot \mathrm{d}\vec{l} = \underline{\qquad}$$

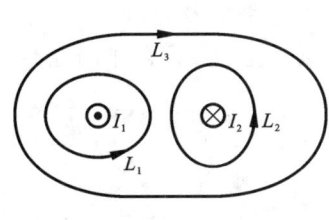

图 4.3-10

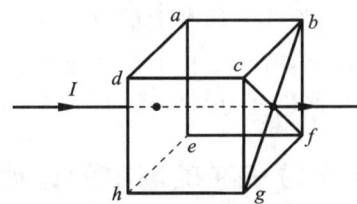

图 4.3-11

4.8　如图 4.3-11 所示，直线电流 I 从立方体的两个相对表面的中心穿过，则下列积分分别等于多少。

$$\oint_{abcd} \vec{B} \cdot \mathrm{d}\vec{l} = \underline{\qquad}$$

$$\oint_{abcd} \vec{B} \cdot d\vec{S} = \underline{\qquad}$$

$$\oint_{bcgfb} \vec{B} \cdot d\vec{l} = \underline{\qquad}$$

$$\oint_{bcgfb} \vec{B} \cdot d\vec{S} = \underline{\qquad}$$

4.9 无限长的空心直螺线管,线圈数密度为 n,横截面积为 S,载流为 I,则其管内的磁场 B = _____ ,横截面上的磁通量为 _____ 。

4.4 带电粒子在电场和磁场中的运动

基本要求:掌握洛伦兹力公式;会分析带电粒子在磁场中的运动特点;了解磁聚焦、霍尔效应、回旋加速器、质谱仪的工作原理。

4.4.1 带电粒子在电场、磁场中的受力

磁场对运动的带电粒子的作用力称为**洛伦兹力**。本节首先介绍运动电荷在电场和磁场中受力的运动情况;其次讨论带电粒子在磁场中的运动,以及带电粒子在电场和磁场中运动的一些例子;最后进一步介绍电磁学的一些基本原理在科学技术上的应用。

从电场的讨论中我们知道,若电场中某一点的电场强度为 $\vec{E}$,则带电量为 $+q$ 的电荷在该点受到的电场力为 $\vec{F}_e = q\vec{E}$。

运动电荷在磁场中所受的力称为洛伦兹力。实验表明,带电量为 $+q$、速度为 $\vec{v}$ 的电荷在磁场 $\vec{B}$ 中运动时,受到的洛伦兹力可以表示为:$\vec{F} = q\vec{v} \times \vec{B}$。

如果 $\vec{v}$ 与 $\vec{B}$ 的夹角为 θ,则洛伦兹力的大小为 $F = Bqv\sin\theta$,方向由右手螺旋法则确定。

洛伦兹力与电荷正负有关,当 $q > 0$ 时,洛伦兹力的方向与 $\vec{v} \times \vec{B}$ 的方向相同;当 $q < 0$ 时,洛伦兹力的方向与 $\vec{v} \times \vec{B}$ 的方向相反。由于 $\vec{F} \perp \vec{v}$,因此洛伦兹力只改变带电粒子运动的方向,而不改变其运动速度的大小,故洛伦兹力对带电粒子不做功。电子、质子等微观粒子在磁场中运动,洛伦兹力远大于重力,可以不考虑重力,只考虑洛伦兹力。

一般情况下,若带电粒子既在电场中运动,又在磁场中运动,那么作用在带电粒子上的力为电场力和洛伦兹力的矢量和,即 $\vec{F} = q\vec{E} + q\vec{v} \times \vec{B}$。

4.4.2 带电粒子在磁场中的运动举例

1. 回旋半径和回旋周期

设质量为 m、电荷为 $+q$ 的带电粒子,以速度 $\vec{v}$ 进入磁感应强度为 $\vec{B}$ 的均匀磁场中,且粒子的初速度与磁场垂直 $\vec{v} \perp \vec{B}$,如图 4.4-1 所示。由于它受到的洛伦兹力 $F = qvB$,方向总是与速度 $\vec{v}$ 垂直,洛伦兹力只改变速度方向,不改变速度大小,所以带电粒子将做匀速圆周运动。

由牛顿第二定律,得

$$qvB = m\frac{v^2}{R} \qquad (4.4\text{-}1)$$

所以圆周运动的轨道半径 R 为

$$R = \frac{mv}{qB} \qquad (4.4\text{-}2)$$

我们把粒子运行一周所用的时间称为回旋周期 T,有

$$T = \frac{2\pi R}{v} = \frac{2\pi mv}{v\,qB} = \frac{2\pi m}{qB} \qquad (4.4\text{-}3)$$

带电粒子在单位时间内运行的周数称为回旋频率 f,有

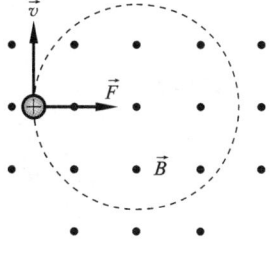

图 4.4-1　电荷的圆周运动

$$f = \frac{1}{T} = \frac{qB}{2\pi m} \qquad (4.4\text{-}4)$$

由上述两式可知,回旋半径 R 与粒子速度成正比,但回旋周期 T 及回旋频率 f 与带电粒子的速度无关,在回旋加速器中利用这一特点加速带电粒子。

2. 磁聚焦

如果带电粒子进入磁场时方向不与磁场垂直,设速度 $\vec{v}$ 与磁场 $\vec{B}$ 有一个夹角 θ,可把速度 $\vec{v}$ 分解成平行于磁场 $\vec{B}$ 分量 $v_{/\!/}$ 与垂直于磁场 $\vec{B}$ 的分量 $v_{\perp}$(见图 4.4-2)。

$$\begin{cases} v_{/\!/} = v\cos\theta \\ v_{\perp} = v\sin\theta \end{cases} \qquad (4.4\text{-}5)$$

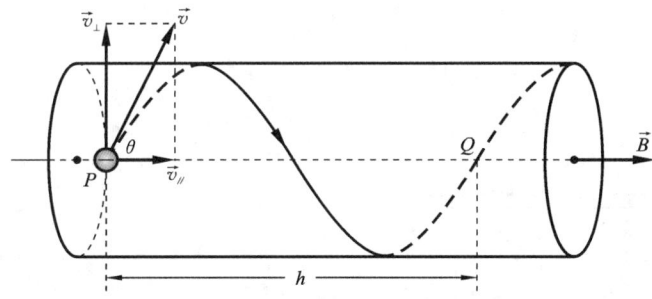

图 4.4-2　螺旋运动

(1)带电粒子在平行于磁场 $\vec{B}$ 的方向:$F_{/\!/} = 0$,做匀速直线运动。

(2)带电粒子在垂直于磁场 $\vec{B}$ 的方向:$F_{\perp} = qvB\sin\theta$,做匀速圆周运动,半径为

$$R = \frac{mv_{\perp}}{qB} = \frac{mv}{qB}\sin\theta$$

带电粒子同时参与以上两个运动,其运动轨迹是螺旋线,即带电粒子做轴线沿磁场方向的螺旋运动。

粒子回旋周期:

$$T = \frac{2\pi R}{v_{\perp}} = \frac{2\pi m}{qB}$$

粒子回旋频率:

$$f = \frac{1}{T} = \frac{qB}{2\pi m}$$

带电粒子回旋一周前进的距离称为**螺距** d,

$$d = v_{/\!/} T = \frac{2\pi m}{qB} v\cos\theta \tag{4.4-6}$$

V4.4-1   磁聚焦

可见,螺距 d 与 $v_\perp$ 无关,只与 $v_{/\!/}$ 成正比,若各粒子的 $v_{/\!/}$ 相同,则其螺距是相同的,每转一周,粒子都相交于一点,利用这个原理,可实行磁聚焦。它广泛应用于电真空器件中,特别是电子显微镜中。实际中用得更多的是短线圈产生的非均匀磁场的磁聚焦作用,这种线圈称为磁透镜,它在电子显微镜中起到类似透镜的作用。

4.4.3   带电粒子在电场和磁场中的运动举例

质谱仪是利用物理方法分析同位素的仪器,由英国物理学家与化学家 Aston 于 1919 年创造。Aston 当年用它发现了氯与汞的同位素,从而获得 1922 年的 Nobel 化学奖。

质谱仪的结构如图 4.4-3 所示。从离子源产生的正离子,以速度 $\vec{v}$ 经过狭缝 S_1 之后,进入**速度选择器**。设速度选择器中 C_1、C_2 之间的匀强电场的电场强度为 $\vec{E}$,而垂直纸面向外的均匀磁场的磁感应强度为 $\vec{B}$,则离子同时受到方向相反的磁场的洛伦兹力 $q\vec{v} \times B$ 和电场力 $q\vec{E}$ 的作用。若离子能穿过 S_2 进入下面的磁场,则必须满足:

$$qvB = qE \tag{4.4-7}$$

所以,

$$v = \frac{E}{B} \tag{4.4-8}$$

这部分装置起到了速度选择器的作用。

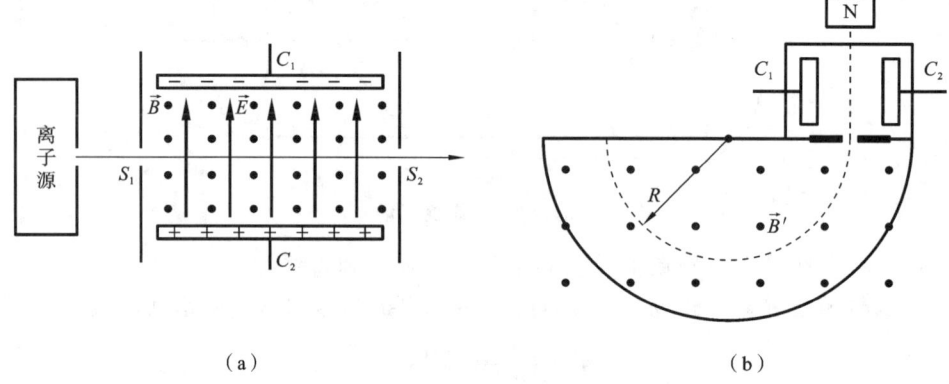

（a）   （b）

图 4.4-3   质谱仪的结构

从 S_2 射出的离子垂直进入匀强磁场 $\vec{B}'$ 中,图 4.4-3(b)所示的此区域没有电场,离子在磁场 $\vec{B}'$ 的作用下做半径为 R 的匀速圆周运动,若离子的质量为 M,则有

$$qvB' = M\frac{v^2}{R}$$

所以,

$$M = \frac{qB'R}{v} \tag{4.4-9}$$

由于磁场 $\vec{B}'$ 与 v 已知,若每个离子的电量是相等的,从上式可以看出,则离子的质量与它的轨道半径成正比。

若离子中有不同质量的同位素,则它们的轨道半径就不同,故质量不同的离子,将分别射到照片底板的不同位置上,形成若干条纹,每一条纹相当于一定质量的离子,从条纹的位置,可以推出轨道半径 R,从而推出它们的相对质量,所以这种仪器称为质谱仪。图 4.4-4 表示锗的质谱,条纹表示质量数为 $70,72,\cdots\cdots$ 的同位素。

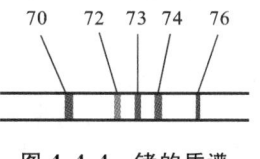

图 4.4-4　锗的质谱

4.4.4　霍尔效应

1. 实验现象

1879 年,霍尔首先观察到把一块宽 b、厚为 d 的导体薄片放在磁场 $\vec{B}$ 中,纵向流有电流 I,则在薄片的横向两端就会出现一定的电势差,如图 4.4-5 所示。这种现象称为**霍尔效应**,产生的电压叫霍尔电压 U_H。

实验表明,当磁场不太强时,霍尔电压与电流 I 和磁感应强度 $\vec{B}$ 成正比,而与导电板的厚度 d 成反比,即

$$U_{\mathrm{H}}=K\frac{BI}{d} \tag{4.4-10}$$

其中:K 称为霍尔系数,如果撤去磁场或者电流,霍尔电压也将随之消失。

2. 理论解释

设载流子是正电荷,当有电流 I 时,正电荷以平均速度 $\vec{v}$ 运动,则正电荷在磁场中受到洛伦兹力的作用,其大小为

$$F_m=qvB$$

其方向为 $\vec{v}\times\vec{B}$,在内侧表面积累正电荷,外侧表面积累负电荷,在两侧表面之间产生一个电场 $\vec{E}$,则电荷还将受到电场力 $\vec{F}_e$ 的作用,如图 4.4-5 所示。

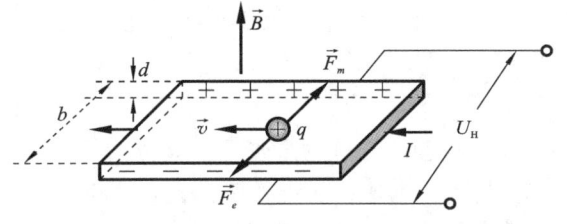

图 4.4-5　霍尔效应示意图

V4.4-2　霍尔效应

当两侧电荷积累到一定的程度时,使得 $\vec{F}_m+\vec{F}_e=0$,就达到了动态平衡,此时两侧面间的电场达到稳定状态。我们把这个电场称为霍尔电场,用 $\vec{E}_{\mathrm{H}}$ 表示,则有

$$qE_{\mathrm{H}}=qvB$$

所以有

$$E_{\mathrm{H}}=Bv \tag{4.4-11}$$

用霍尔电压 U_{H} 表示,则有

$$\frac{U_H}{b} = Bv \tag{4.4-12}$$

把载流子运动速度 v 用电流 I 表示，

$$I = nqvbd$$

则有

$$v = \frac{I}{nqbd}$$

所以，

$$\frac{U_H}{b} = \frac{BI}{nqbd}$$

即

$$U_H = \frac{BI}{nqd}$$

对于一定的材料，电荷密度 n 与电量 q 是一定的，令：

$$K = \frac{1}{nq} \tag{4.4-13}$$

则有

$$U_H = K\frac{BI}{d} \tag{4.4-14}$$

如果载流子带负电荷，则上述霍尔电压的推导同样适用，但是霍尔电压的符号发生了变化。霍尔系数 K 的正负取决于载流子的正负。用霍尔效应的方法能够证明金属中的载流子是负电荷，并能判断半导体材料是空穴导电（P 型半导体）还是电子导电（N 型半导体），还可以测定载流子的浓度 n。由于在半导体中载流子的浓度 n 远小于金属中自由电子的浓度，可以得到较大的霍尔电压，所以常用半导体制成各种霍尔传感器，用来测量磁场、电流，甚至压力、转速等。在自动控制和计算机技术的各个领域中，霍尔传感器已经获得了极其广泛的应用。

随堂练习

4.10　在霍尔效应的实验中，通过导体的电流 I 和 B 的方向垂直（见图 4.4-6）。电子在洛伦兹力的作用下聚集到_____（请填入上或下）表面，这个表面的电势_____（请填入高或低）。

4.11　在霍尔效应的实验中，通过 N 型半导体的电流 I 和 B 方向垂直（见图 4.4-7）。载流子在洛伦兹力的作用下聚集到_____（请填入上或下）表面，这个表面的电势_____（请填入高或低）。（注：P 型半导体，多数载流子为空穴的半导体，N 型半导体，多数载流子为电子的半导体。）

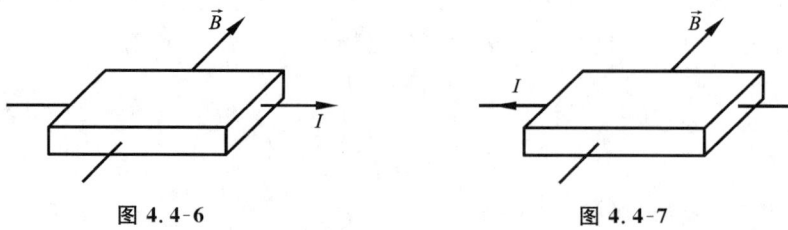

图 4.4-6　　　　　　　　　　　　　　图 4.4-7

4.5　载流导线在磁场中所受的力

基本要求：掌握安培定律，理解磁矩的概念；能计算简单情况下载流导体在磁场中所受的力，以及载流平面线圈在均匀磁场中所受的力矩。

4.5.1　安培力

在洛伦兹力的作用下，导体中做定向运动的电子与金属导体中晶格上的正离子不断地碰撞，把动量传给了导体，从而使整个载流导体在磁场中受到磁力的作用。安培最先从实验结果总结出了这个磁场力的表达式，因此这一类磁场力也称**安培力**。

如图 4.5-1 所示，取电流元 $I\mathrm{d}\vec{l}$，自由电子的定向漂移速度为 $\vec{v}$，与磁场 $\vec{B}$ 的夹角为 θ，则自由电子受到的洛伦兹力大小为

$$f = evB\sin\theta \tag{4.5-1}$$

自由电子的受力方向垂直纸面向里。

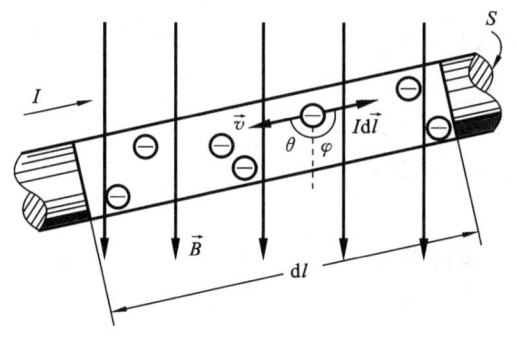

图 4.5-1　电流元受的安培力

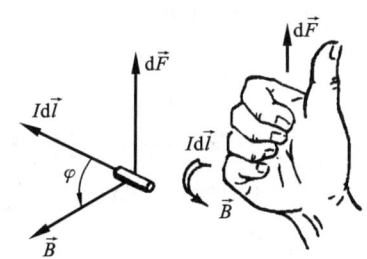

图 4.5-2　安培力的方向

若电流元的截面积为 S，单位体积内的自由电子数为 n，则电流元共有电子的数目为 $nS\mathrm{d}l$，这些电子所受洛伦兹力的总和即为电流元所受的力。所以，磁场作用于电流元上的力 $\mathrm{d}F$ 的大小为

$$\mathrm{d}F = nS\mathrm{d}l \cdot f = nS\mathrm{d}l \cdot evB\sin\theta$$

又因为，

$$I = neSv$$

所以，

$$\mathrm{d}F = I\mathrm{d}lB\sin\theta = I\mathrm{d}lB\sin\varphi \tag{4.5-2}$$

如图 4.5-2 所示，该力的方向垂直于 $I\mathrm{d}\vec{l}$ 与磁场 $\vec{B}$ 所确定的平面，由右手螺旋法则来确定。φ 是电流元 $I\mathrm{d}\vec{l}$ 与磁场 $\vec{B}$ 之间的夹角，矢量形式表达式为

$$\mathrm{d}\vec{F} = I\mathrm{d}\vec{l} \times \vec{B} \tag{4.5-3}$$

这就是微分形式的安培定律。宏观的安培力与微观的洛伦兹力本质上是相同的。

一段任意形状的载流导线所受的安培力等于作用在各段电流元上安培力的矢量和：

$$\vec{F} = \int I \mathrm{d}\vec{l} \times \vec{B} \tag{4.5-4}$$

例 4.5-1 如图 4.5-3 所示，在 Oxy 平面上有一根形状不规则的载流导线，电流为 I，磁感应强度为 $\vec{B}$ 的均匀磁场与 Oxy 平面垂直，求作用在此导线上的磁场力。

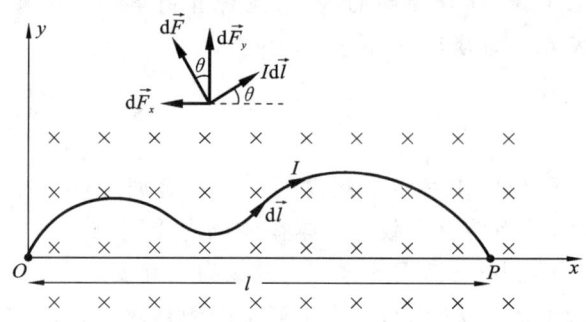

图 4.5-3 载流导线所受的磁场力

解 （1）**建立坐标系**，如图 4.5-3 所示，导线一端在原点 O，另一端在 x 轴的 P 点上，$OP = l$。

（2）**取电流元** $I\mathrm{d}\vec{l}$，它所受的安培力为 $\mathrm{d}\vec{F} = I\mathrm{d}\vec{l} \times \vec{B}$。此力沿 Ox 轴和 Oy 轴的分量分别为

$$\mathrm{d}F_x = \mathrm{d}F\sin\theta = BI\mathrm{d}l\sin\theta$$
$$\mathrm{d}F_y = \mathrm{d}F\cos\theta = BI\mathrm{d}l\cos\theta$$

（3）**统一积分变量，积分。**

而 $\mathrm{d}l\sin\theta = \mathrm{d}y$，$\mathrm{d}l\cos\theta = \mathrm{d}x$，所以上面两式分别为

$$\mathrm{d}F_x = BI\mathrm{d}y$$
$$\mathrm{d}F_y = BI\mathrm{d}x$$

积分得 $F_x = \int_0^0 BI\mathrm{d}y = 0$，$F_y = \int_0^l BI\mathrm{d}x = BIl$，故载流导线所受的磁场力为 $\vec{F} = BIl\vec{j}$。

由上述结果可以看出，在均匀磁场中，任意形状的载流导线所受的磁力与始点和终点相连的载流直导线所受的磁力相等。

例 4.5-2 无限长载流直导线电流 1 和长为 L 的载流直导线 2 共面且垂直放置，相距为 a，求载流直导线 2 受到的磁场力。

解 （1）**建立坐标系**，如图 4.5-4 所示。

（2）在载流直导线 2 上**任取一微元** $\mathrm{d}x$，对应电流元为 $I_2\mathrm{d}x$，无限长载流直导线电流 1 在 x 处产生的**磁感应强度**为 $B = \dfrac{\mu_0 I_1}{2\pi x}$，方向垂直纸面向内。电流元 $I_2\mathrm{d}x$ 受力为 $\mathrm{d}\vec{F} = I\mathrm{d}\vec{l} \times \vec{B}$，$\mathrm{d}F = I_2\mathrm{d}xB = I_2\mathrm{d}x\dfrac{\mu_0 I_1}{2\pi x}$，方向向上。

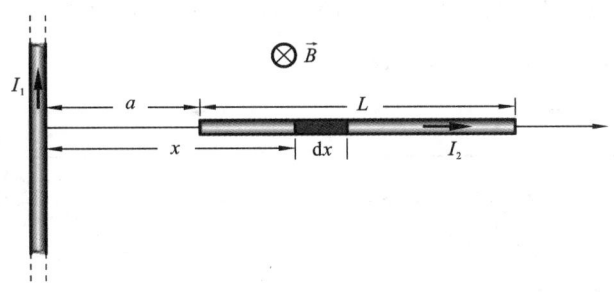

图 4.5-4 载流直导线受到的磁场力

（3）积分，$F = \int_a^{a+L} I_2 \mathrm{d}x \dfrac{\mu_0 I_1}{2\pi x} = \dfrac{\mu_0 I_1 I_2}{2\pi} \ln \dfrac{a+L}{a}$，方向向上。

例 4.5-3 如图 4.5-5 所示，两平行长直载流导线之间的相互作用。设有两无限长平行直导线 AB 与 CD 之间的距离为 a，各自通有电流 I_1、I_2，且电流的流向相同，求 CD 段单位长度导线所受的作用力。

解 如图 4.5-5 所示，当 AB 通有电流 I_1 时，它在 CD 段上各点的磁场为

$$B = \frac{\mu_0 I_1}{2\pi a}$$

磁感应强度的方向垂直于 CD，由安培定律，CD 上任意电流元所受的安培力为

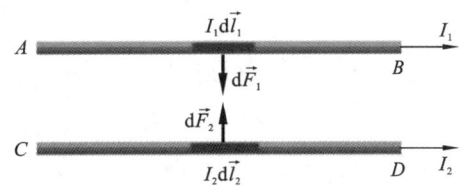

图 4.5-5 两平行长直载流导线受到的磁场力

$$\mathrm{d}F = B I_1 \mathrm{d}l = \frac{\mu_0 I_1 I_2}{2\pi a} \mathrm{d}l$$

其方向垂直于 CD 且指向 AB。

所以 CD 上单位长度导线所受的安培力为

$$\frac{\mathrm{d}F}{\mathrm{d}l} = \frac{\mu_0 I_1 I_2}{2\pi a}$$

由上可见，两载流导线的电流同方向时互相吸引，电流不同方向时互相排斥。

电流的单位"安培"为国际单位制中的基本单位，其定义如下：在真空中有两根平行的长直线，它们之间相距 1 m，两根导线上的电流流向相同，大小相等，调节它们的电流，使得两根导线每单位长度上的吸引力为 2×10^{-7} N·m^{-1}，我们就规定这个电流为 1 A。

4.5.2 磁场对载流线圈作用的磁力矩

如图 4.5-6 所示，在匀强磁场 $\vec{B}$ 中，线圈 $abcd$（长为 l_1、宽为 l_2）通过的电流为 I，设线圈

平面的法线方向$\vec{e}_n$与磁场$\vec{B}$的夹角为φ,线圈平面与磁场$\vec{B}$的夹角为θ。

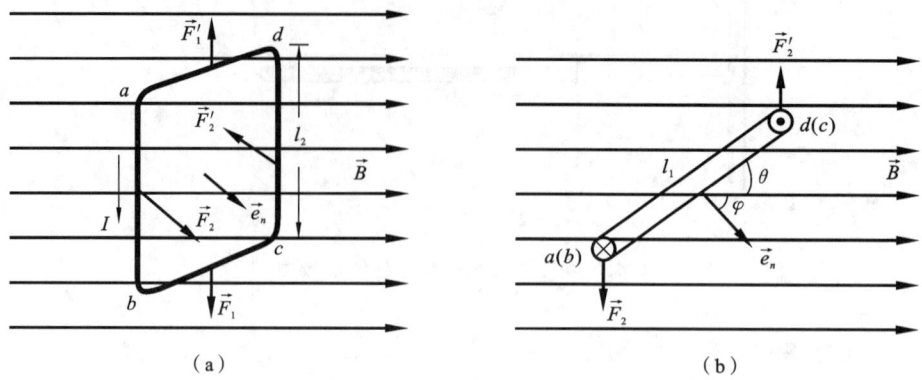

（a）　　　　　　　　　　　　　　　　（b）

图 4.5-6　磁场中的载流线圈

由安培定理可知,导线bc和ad所受的磁力大小相等,$F_1=BIl_1\sin\theta$,由图 4.5-6 可知,这两个力方向相反且在同一条直线上,所以这对磁力不产生力矩。显然,ab 和 cd 所受的磁力也必然大小相等且方向相反,大小为$F_2=BIl_2$。但两个力的作用线并不在同一条直线上,即F_2 与 F_2' 形成一个力偶,其力偶臂为$l_1\cos\theta$,所以线圈所受的磁力矩为

$$M=F_2l_1\cos\theta \tag{4.5-5}$$

又因为$\varphi=\dfrac{\pi}{2}-\theta$,所以$\cos\theta=\sin\varphi$。于是

$$M=F_2l_1\cos\theta=BIl_2l_1\sin\varphi=BIS\sin\varphi$$

当线圈有 N 匝时,则线圈所受的磁力矩为

$$M=NBIS\sin\varphi$$

引入磁矩 $\vec{m}$,$\vec{m}=I\vec{S}=IS\vec{e}_n$,$\vec{e}_n$ 按右手螺旋法则:四指与电流方向相同,大拇指方向即为法线方向。若有 N 匝线圈,则线圈磁矩为 $\vec{m}=NIS=NIS\vec{e}_n$。把磁力矩写成矢量形式为

$$\vec{M}=\vec{m}\times\vec{B} \tag{4.5-6}$$

载流线圈的法线方向与磁场方向成不同角度时的磁力矩如图 4.5-7 所示。

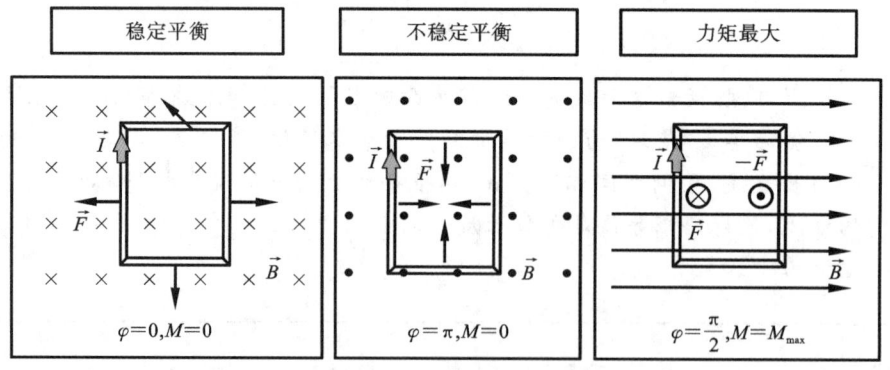

图 4.5-7　载流线圈的法线方向与磁场方向成不同角度时的磁力矩

下面讨论几种情况。

（1）当线圈法线方向与磁场 $\vec{B}$ 方向平行时，$\varphi = 0$，磁通量 $\Phi_m = BS$，力矩 $M = 0$，此时线圈处于稳定平衡状态。

（2）当线圈法线方向与磁场 $\vec{B}$ 方向垂直时，$\varphi = \dfrac{\pi}{2}$，磁通量 $\Phi_m = 0$，力矩 $M_{\max} = ISB$。

（3）当线圈法线方向与磁场 $\vec{B}$ 方向相反时，$\varphi = \pi$，磁通量 $\Phi_m = -BS$，力矩 $M = 0$，此时线圈处于不稳定平衡状态，只要线圈稍微偏过一个微小的角度，它就会在磁力矩的作用下离开这个位置。

随堂练习

4.12　判断正误。

（1）均匀磁场不会改变带电粒子的速率。　　　　　　　（　　）

（2）非均匀磁场的洛伦兹力能够对运动电荷做正功。　（　　）

（3）受到洛伦兹力后，带电粒子的动能和动量都不变。（　　）

（4）闭合载流线圈在均匀磁场中受到的总磁场力为零。（　　）

（5）闭合载流线圈在均匀磁场中受到的磁力矩为零。　（　　）

（6）电流方向相同的平行直导线相互吸引。　　　　　（　　）

（7）载流长直螺线管中的多匝线圈之间相互排斥。　　（　　）

4.6　磁场中的磁介质

基本要求：了解物质的磁性；了解顺磁质、抗磁质磁化以及磁场强度的定义；了解铁磁质的特性及其应用。

4.6.1　磁介质概述

在磁场的作用下能发生变化，并能反过来影响原磁场的物质，称为**磁介质**。磁介质在磁场的作用下所发生的变化，称为磁介质的磁化，其结果是产生了附加磁场。若真空中某点的磁感应强度为 $\vec{B}_0$，磁介质磁化而产生的附加磁场为 $\vec{B}'$，磁介质中的磁感应强度为 $\vec{B}$，则

$$\vec{B} = \vec{B}_0 + \vec{B}' \tag{4.6-1}$$

$\vec{B}$ 的方向随磁介质的不同而不同。

在电介质中，附加电场 $\vec{E}'$ 总是削弱原电场 $\vec{E}_0$（反向）。而在磁介质中，$\vec{B}'$ 的方向随介质变化而变化。根据 $\vec{B}'$ 与 $\vec{B}_0$ 的方向是否相同，磁介质可分为顺磁质、抗磁质、铁磁质三种。

若 $\vec{B}'$ 与 $\vec{B}_0$ 同向，则 $B > B_0$，这样的介质称为**顺磁质**，如氧、铝、钨、铂、铬等。若 $\vec{B}'$ 与 $\vec{B}_0$ 反向，则 $B < B_0$，这样的介质称为**抗磁质**，如氮、水、铜、银、金、铋等，超导体是理想的抗磁体。这两类物质，$\vec{B}'$ 比 $\vec{B}_0$ 小得多（通常只有 $\vec{B}_0$ 的十万分之几），通称为弱磁质。若 $\vec{B}'$ 与 $\vec{B}_0$ 同向且 $B \gg B_0$，这样的介质称为**铁磁质**，如铁、钴、镍及其合金、铁氧体等。这类物质的 $\vec{B}'$ 比 $\vec{B}_0$ 大得多，能够显著地增强磁场，通常称它们为强磁质。

4.6.2　铁磁质

以铁为代表的一类磁性很强的物质叫**铁磁质**。在纯化学元素中,除铁外,还有过渡族中的其他元素,如钴、镍,以及某些稀土族元素,如钆、镝、钬都具有铁磁性。但常用的铁磁质大多数是由铁和其他金属或非金属组成的合金,以及某些包含铁的氧化物(铁氧体)。

在外磁场的作用下能产生很强的磁感应强度,当外磁场停止作用时,仍能保持其磁化状态。磁感应强度与外部磁场强度之间不是简单的线性关系。铁磁质都有一个临界温度,在此温度之上,铁磁性完全消失而成为顺磁质,这一温度称为居里温度或居里点。不同的铁磁质有不同的居里温度,如铁的居里温度为 770 ℃,镍的居里温度为 358 ℃,钴的居里温度为 1934 ℃。

1. 磁滞回线

如图 4.6-1 所示,当外加磁场的强度 $H=0$ 的时候,介质处于未磁化状态。这相当于坐标原点。在逐渐增加磁场强度 H 的过程中,B 随之增加。开始时 B 增加得慢一些,然后经过一段急剧增加的过程又慢下来,再继续增大磁场强度 H 时,B 几乎不再变化,这时介质的磁化已达到饱和。饱和时的磁化强度称为饱和磁化强度。从未磁化到饱和磁化的这段磁化曲线称为铁磁质的起始磁化曲线,如图 4.6-1 所示中的 oa 段。

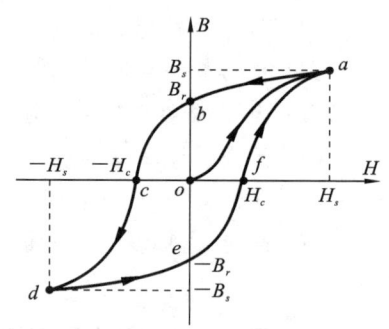

图 4.6-1　磁滞回线

当铁磁质的磁化达到饱和之后,如果将磁化场去掉,即 $H=0$ 介质的磁化状态,则并不是恢复到原来的起点,而是 $B=B_r$ 保留一定的磁性。这时的磁场强度 H 和磁感应强度 B 称为剩余磁场强度和剩余磁感应强度。通常用 H_r 和 B_r 来表示。若要使介质的磁场强度和磁感应强度减到 0,则必须加一个相反方向的磁化场,即 $H<0$。只有当反方向的磁化场大到一定程度时,介质才完全退磁,即达到 $H=-H_c$、$B=0$ 的状态。使介质完全退磁所需的反向磁化场的大小称为这种铁磁质的**矫顽力**。从具有剩磁的状态到完全退磁的状态这一段曲线,称为退磁曲线。

磁滞现象是铁磁质的一个重要特性。实验表明,当外磁场由 H 逐渐减小时,磁感应强度 B 并不是沿起始曲线 oa 减少,而是落后于 H 的变化,这种现象就是磁滞现象,简称**磁滞**。

当 $H=-H_s$ 时,反向饱和。当反向磁场减弱时,沿 de 变化。

由于磁滞 B-H 曲线形成一条闭合曲线,称为**磁滞回线**。

当铁磁质在交变磁场中被反复磁化时,由于受磁滞现象的影响,所以介质要发热而消耗能量。这种损失的能量称为磁滞损耗。由此可以证明,在缓慢磁化的情况下,经历一次磁化过程损耗的能量与磁滞回线包围的面积成正比。

2. 铁磁质的分类

根据矫顽力的大小或磁滞回线的形状,铁磁质可分为软磁材料和硬磁材料。

(1) **软磁材料**:如纯铁、硅钢、坡莫合金、铁氧体等。其特点包括:矫顽力小,容易磁化,也容易退磁;磁滞回线细而窄,所包围的面积小,因而磁滞损耗小,如图 4.6-2(a)所示。软磁材料适用于交变磁场中,常用作变压器、继电器、电磁铁、电动机和发电机的铁芯。

（2）**硬磁材料**:如碳钢、钨钢、铝镍合金等。其特点包括:矫顽力大,剩磁大,磁滞回线粗而宽,磁滞损耗大,如图 4.6-2(b)所示。这种材料磁化后能保留很强的磁性,适用于制造各种类型的永久磁体、扬声器。

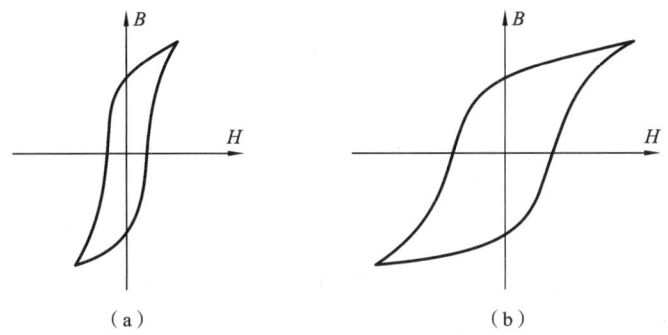

图 4.6-2　软磁材料和硬磁材料

3. 铁磁质的磁化起因

铁磁质的起因可以用"磁畴"理论来解释。如图 4.6-3 所示,在铁磁质内存在着无数个自发磁化的小区域,称为**磁畴**。磁畴内部,各个原子的磁矩排列很整齐,具有很强的磁性,称为自发磁化。磁畴的大小不一,一般的体积为 10^{-9} cm^3,包含 10^{15} 个原子,每个磁畴有一定的磁矩。

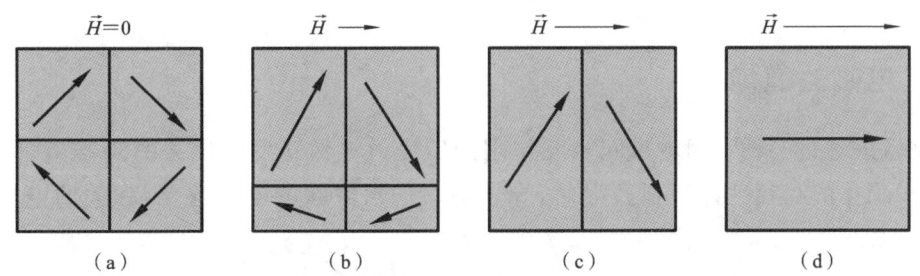

图 4.6-3　外加磁场增加时磁畴的变化情况

通常各个磁畴的磁矩取向不同,彼此抵消,因此整块铁磁质对外不显磁性。磁畴的这种排列方式使磁体处于最小能量的稳定状态。因此对整个铁磁体来说,任何宏观区域的总磁矩仍为零,整个磁体不显磁性。线条为畴界,箭头为磁畴的磁化方向。

在外磁场的作用下,磁畴将发生变化,这时磁矩与外磁场的方向一致或接近的磁畴处于有利地位,于是这种磁畴向外扩展,磁畴的畴壁发生位移。当外磁场较强时,还会发生磁畴的转向,外磁场越强,转向作用越强,从而产生很强的附加磁场。当所有的磁畴都转到其磁矩与外磁场相同的方向时,介质的磁化就达到饱和。

由于磁畴的转向需要克服阻力,因此,当外磁场减弱或消失时,磁畴并不按原来的变化规律退回到原状,因而表现出磁滞现象。当外磁场停止作用时,磁畴的某种排列被保留下来,使得铁磁质仍能保留磁性。

当温度升高时,分子热运动加剧,破坏了磁畴的整齐排列,因此铁磁质具有居里温度。若高于居里温度,则磁畴被瓦解,从而使铁磁质的特性消失,成为非铁磁质物质。

4.6.3　磁导率

磁导率 μ 等于磁介质中磁感应强度 B 与磁场强度 H 之比,即

$$\mu = B/H \tag{4.6-2}$$

$$B = \mu H \tag{4.6-3}$$

通常使用的是磁介质的相对磁导率 μ_r,其定义为磁导率 μ 与真空磁导率 μ_0 之比,即 $\mu_r = \mu/\mu_0$。

对于顺磁质,$\mu_r > 1$,对于抗磁质,$\mu_r < 1$,但两者的 μ_r 都与 1 相差无几。大多数情况下,导体的相对磁导率等于 1。在铁磁质中,B 与 H 的关系是非线性的磁滞回线,不是常量,与 H 有关,其数值远大于 1。

例如,如果空气(非磁性材料)的相对磁导率是 1,铁氧体的相对磁导率为 10000,则通过空气、磁性材料的磁通密度相差 10000 倍。铸铁的相对磁导率为 200~400,硅钢片的相对磁导率为 7000~10000,镍锌铁氧体的相对磁导率为 10~1000。

*4.7　稳恒磁场应用篇

4.7.1　电磁轨道炮

电磁轨道炮是一种利用电流间相互作用的安培力将弹丸发射出去的武器。如图 4.7-1 所示,两根扁平的互相平行的长直导轨,导轨间由一滑块状的电枢连接,强大的电流从一根

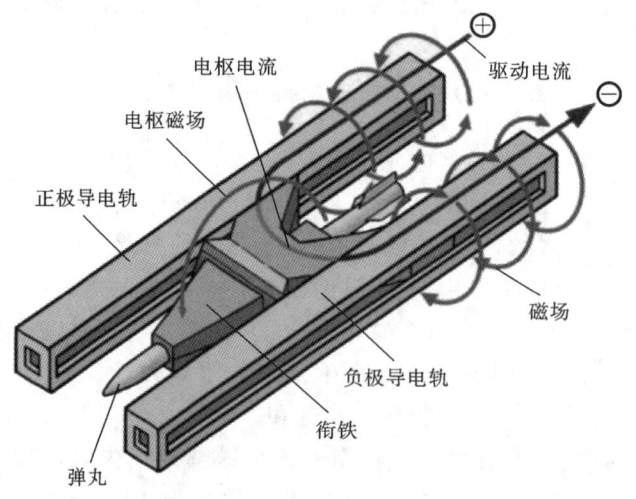

图 4.7-1　电磁轨道炮示意图

直导轨流经电枢后,再从另一根直导轨流回。电流在两根直导轨之间产生垂直于电枢的强磁场。

电导轨从电枢的位置处开始,长度为从 $x=0$ 到 $x=-\infty$,可以简化为半无限长载流直电线,由**毕奥-萨伐尔定律**,它产生的磁场为

$$B=\frac{\mu_0 I}{4\pi r}$$

设两根导轨的间距为 d,在电枢上任意一点产生的总磁场为

$$B=\frac{\mu_0 I}{4\pi}\left(\frac{1}{r}+\frac{1}{d-r}\right)$$

其中:r 是电枢上一点到轨道的垂直距离。通常通电的电枢在安培力的作用下被加速。

$$\vec{F}=\int I\mathrm{d}\vec{l}\times\vec{B}$$

如图 4.7-1 所示,设弹丸的初速度为零,则安培力将弹头推出导轨所做的功等于弹丸的动能。由于超导材料研究上的突破,电流可达到 10^6 A 的电流,在 5 m 长的导轨上可使弹丸加速到 6 km/s 的速度。而常规火炮受结构和材料强度的限制,发射弹丸的速度一般不超过 2 km/s。

为了加快出口初速度,使用电容等快速放电装置提供瞬时大电流。更大的电流对供能、放电、安全等装置也提出了更高的要求,这也是现代军用电磁轨道炮的技术瓶颈之一。终点动能与磁轨长度的平方根成正比,可增加磁轨长度;提高弹丸速度。在动能相同的情况下,终点速度与弹丸质量的平方根成反比,可采用轻质的弹丸。

1. 突出优点

(1)弹丸速度快,精度高,射程远,威力大。弹丸在 6 分钟内约能飞行 200 海里,初始速度达到 2500 m/s,比普通枪弹的速度快 2 至 3 倍。带有巨大动能的弹丸通过直接撞击目标可将其摧毁,威力极大。同时,极高的飞行速度可以减少电磁轨道炮的飞行时间,使电磁轨道炮不易受到干扰,保证了电磁轨道炮的精度。

(2)电磁轨道炮体积小,重量轻。电磁轨道炮几乎不使用推进剂,减少了装药量,所以电磁轨道炮的体积只是传统炮弹(120 毫米)的八分之一,重量是传统炮弹的十分之一,这样可显著提高武器系统的携弹量,减少后勤负担。舰船一次一般只能携带 70 枚制导导弹,而电磁轨道炮则能一次装载几百枚。

(3)生存能力强。电磁轨道炮几乎不装填炸药,可减少炮弹在制造、运输、储存方面的安全隐患。

2. 电磁轨道炮的应用

作为发展中的高技术兵器,其军事用途十分广泛,主要应用于以下几个方面。

(1)天基反导系统:由于电磁轨道炮的初速度极高,所以可用于摧毁空间的低轨道卫星和导弹,还可用于拦截由舰只和装甲车发射的导弹。在美国的"星球大战"计划中,电磁轨道炮已成为一项主要的研究任务。

(2)防空系统:美军认为可用电磁轨道炮代替高射武器和防空导弹遂行防空任务。美国正在研制长 7.5 米、发射速度为 500 发/分、射程达几十千米的电磁炮,准备替代舰上的"火

神-方阵防空系统"。使用它不仅能射击临空的各种飞机,还能远距离拦截空对舰导弹。英国也正在积极研制用于装甲车的防空电磁炮。

我国马伟明院士在《电工技术学报》上发表的一篇题为《电磁发射技术的突破为核动力舰搭载轨道炮、激光和大功率微波铺平了道路》的学术论文,表示我国已经突破全电推进技术,可以把线圈炮等高能武器整合到一艘作战舰艇上。以马伟明院士为首的科研队伍成功研发了舰载中压直流全电推进技术,提供了电能合理流动的物理途径,既保证了军舰推进时的充足动力,又提供了战斗状态下的高能电力,可实现推进和舰载武备系统之间电能分配的集中控制,提高了军舰在高威胁环境下的生存能力和作战效能。现在,中国已成为世界上第一个在舰艇上实现中压直流综合电力系统的国家,率先在某新型攻击型核潜艇上使用,军方反馈的消息也很好,将其装备在新型水面舰艇上已成为可能。

(3)反装甲武器:美国的打靶试验证明,电磁轨道炮是一种对付坦克装甲的有效手段。发射质量为 50 克、速度为 3 km/s 的炮弹,可穿透 25.4 mm 厚的装甲。有关资料还报道,使用一种电磁轨道炮做试验,完全可以穿透模拟的 T-72、T-80 坦克的装甲厚度。由此可见,电磁轨道炮具有很强的穿透力,是一种非常优良的反装甲武器。

(4)改装常规火炮:随着电磁发射技术的发展,在普通火炮的炮口加装电磁加速系统,可大大提高火炮的射程。美国利用这一技术,已将火炮射程增加到 150 km。

(5)新交通工具:对于月球的开发,采用电磁轨道炮技术发射月基货运飞船返回地球,将大大减少燃料消耗,飞船仅携带少量的变轨用的燃料。从而为月地货运运输提供一个廉价、可重复利用的发射平台。

V4.7-1 电磁轨
道炮

4.7.2 磁电式电流计

磁电式电流计是利用载流线圈在磁场中受磁力矩的作用而发生偏转的原理制成的,其结构如图 4.7-2 所示。在永久磁铁的两极和圆柱体铁芯之间的空隙内放一个可绕固定转轴 OO' 转动的铝制框架,框架上绕有线圈,转轴的两端各有一个旋丝,且在一端上固定一个指针。当电流通过线圈时,由于磁场对载流线圈所起的磁力矩作用,使指针跟随线圈一起发生偏转,通过偏转角的大小就可以测出线圈的电流。

在永久磁铁与圆柱之间空隙内的磁场是径向的,所以线圈平面的法线方向总是与线圈所在处的磁场垂直,因而线圈的磁力矩为

$$M = NBIS$$

当线圈转动时,旋丝卷紧,产生一个反抗力矩,即

$$M' = \alpha\theta$$

其中:α 为扭转常数,θ 为线圈转角。

平衡时,

$$M = NBIS = \alpha\theta$$

所以,

$$I = \frac{\alpha}{NBS}\theta = k\theta$$

其中：$k = \dfrac{\alpha}{NBS}$ 为常量。因此，根据线圈偏转角度 θ，就可以测出线圈的电流 I。

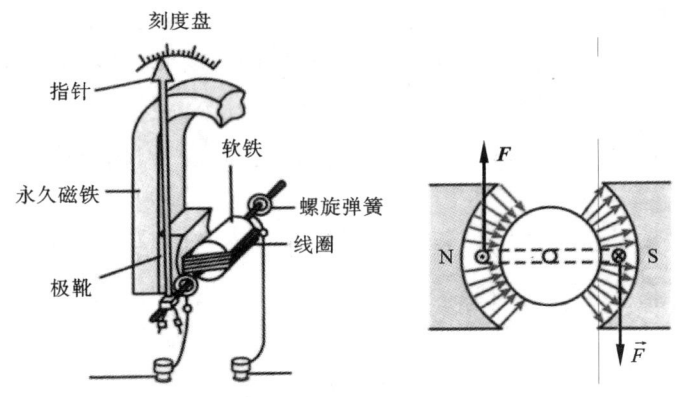

图 4.7-2　磁电式电流计的结构

总习题四

一、选择题

4.1 有一个圆形回路 1 及一个正方形回路 2，圆的直径和正方形的边长相等，二者中通有大小相等的电流，它们在各自中心产生的磁感应强度的大小之比 B_1/B_2 为（　　）。

   A. 0.90　　　　　　　B. 1.00　　　　　　　C. 1.11　　　　　　　D. 1.22

4.2 无限长直导线在 P 处弯成半径为 R 的圆（见总习题 4.2 图），当通以电流 I 时，则在圆心 O 点的磁感应强度大小等于（　　）。

   A. $\dfrac{\mu_0 I}{2\pi R}$　　　　　B. $\dfrac{\mu_0 I}{4R}$　　　　　C. 0　　　　　D. $\dfrac{\mu_0 I}{2R}\left(1 - \dfrac{1}{\pi}\right)$

4.3 边长为 l 的正方形线圈中通有电流 I，此线圈在 A 点（见总习题 4.3 图）产生的磁感应强度 B 为（　　）。

   A. $\dfrac{\sqrt{2}\mu_0 I}{4\pi l}$　　　　B. $\dfrac{\sqrt{2}\mu_0 I}{2\pi l}$　　　　C. $\dfrac{\sqrt{2}\mu_0 I}{\pi l}$　　　　D. 以上均不对

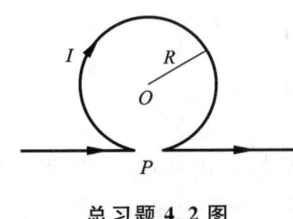

     总习题 4.2 图

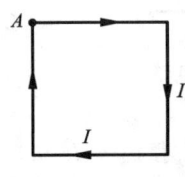

     总习题 4.3 图

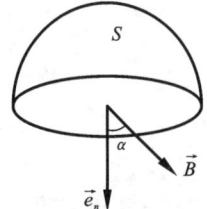

     总习题 4.4 图

4.4 在磁感应强度为 $\vec{B}$ 的均匀磁场中作一半径为 r 的半球面 S，S 边线所在平面的法线方

向单位矢量 $\vec{e}_n$ 与 $\vec{B}$ 的夹角为 α，则通过半球面 S 的磁通量（取弯面向外为正）为（   ）。

A. $\pi r^2 B$ B. $2\pi r^2 B$ C. $-\pi r^2 B\sin\alpha$ D. $-\pi r^2 B\cos\alpha$

4.5 A、B 两个电子都垂直于磁场方向射入一均匀磁场而做圆周运动。A 电子的速率是 B 电子速率的两倍。设 R_A、R_B 分别为 A 电子与 B 电子的轨道半径；T_A、T_B 分别为它们各自的周期，则（   ）。

A. $R_A : R_B = 2, T_A : T_B = 2$ B. $R_A : R_B = \dfrac{1}{2}, T_A : T_B = 1$

C. $R_A : R_B = 1, T_A : T_B = \dfrac{1}{2}$ D. $R_A : R_B = 2, T_A : T_B = 1$

4.6 一个电流元 $Id\vec{l}$ 位于直角坐标系原点，电流沿 z 轴方向，点 $P(x, y, z)$ 的磁感应强度沿 x 轴的分量是（   ）。

A. 0 B. $-(\mu_0/4\pi)Iydl/(x^2+y^2+z^2)^{3/2}$

C. $-(\mu_0/4\pi)Ixdl/(x^2+y^2+z^2)^{3/2}$ D. $-(\mu_0/4\pi)Iydl/(x^2+y^2+z^2)$

4.7 电流由长直导线 1 沿半径方向经 a 点流入一电阻均匀的圆环，再由 b 点沿切向从圆环流出，经长直导线 2 返回电源（见总习题 4.7 图）。已知直导线上电流强度为 I，圆环的半径为 R，且 a、b 与圆心 O 三点在同一直线上。设直电流 1、2 及圆环电流分别在 O 点产生的磁感应强度为 $\vec{B}_1$、$\vec{B}_2$ 及 $\vec{B}_3$，则 O 点的磁感应强度大小为（   ）。

A. $B=0$，因为 $B_1 = B_2 = B_3 = 0$

B. $B=0$，因为 $\vec{B}_1 + \vec{B}_2 = 0, B_3 = 0$

C. $B \neq 0$，因为虽然 $B_1 = B_3 = 0$，但 $B_2 \neq 0$

D. $B \neq 0$，因为虽然 $B_1 = B_2 = 0$，但 $B_3 \neq 0$

4.8 如总习题 4.8 图所示的一细螺绕环，它由表面绝缘的导线在铁环上密绕而成，每厘米绕 10 匝。当导线中的电流 I 为 2.0 A 时，测得铁环内的磁感应强度的大小 B 为 1.0 T，则可求得铁环的相对磁导率 μ_r 为（真空磁导率 $\mu_0 = 4\pi \times 10^{-7}$ T·m·A^{-1}）（   ）。

A. 7.96×10^2 B. 3.98×10^2 C. 1.99×10^2 D. 63.3

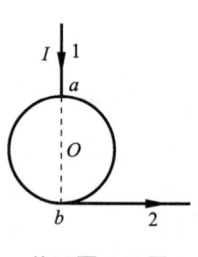

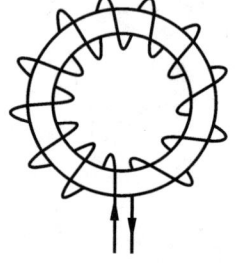

总习题 4.7 图   **总习题 4.8 图**

4.9 用细导线均匀密绕成长为 l、半径为 $a(l \gg a)$、总匝数为 N 的螺线管，管内充满相对磁导率为 μ_r 的均匀磁介质。若线圈中载有稳恒电流 I，则管中任意一点的（   ）。

A. 磁感应强度大小为 $B = \mu_0 \mu_r NI$ B. 磁感应强度大小为 $B = \mu_r NI/l$

C. 磁场强度大小为 $H = \mu_0 NI/l$ D. 磁场强度大小为 $H = NI/l$

4.10 如总习题 4.10 图所示,有一块无限长通电流的扁平铜片,宽度为 a,厚度不计,电流 I 在铜片上均匀分布,在铜片外与铜片共面,离铜片右边缘 b 处 P 点的磁感应强度 $\vec{B}$ 为(　　)。

A. $\dfrac{\mu_0 I}{2\pi(a+b)}$

B. $\dfrac{\mu_0 I}{2\pi a}\ln\dfrac{a+b}{b}$

C. $\dfrac{\mu_0 I}{2\pi b}\ln\dfrac{a+b}{b}$

D. $\dfrac{\mu_0 I}{\pi(a+2b)}$

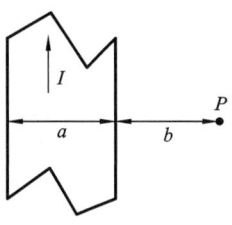

总习题 **4.10** 图

二、填空题

4.11 一个半径为 $r=10$ cm 的细导线圆环,流过强度 $I=3$ A 的电流,那么细环中心的磁感应强度 $B=$ _____。(真空中的磁导率 $\mu_0=4\pi\times10^{-7}$ T·m·A^{-1})

4.12 在真空中,电流由长直导线 1 沿半径方向经 a 点流入一个由电阻均匀的导线构成的圆环中,再由 b 点沿切向从圆环中流出,经长直导线 2 返回电源(见总习题 4.12 图)。已知直导线上的电流强度为 I,圆环半径为 R。a、b 和圆心 O 在同一直线上,则 O 处的磁感应强度 B 为_____。

4.13 如总习题 4.13 图所示,两根导线沿半径方向引到铁环的 A、A' 两点,并在很远处与电源相连,则环中心的磁感应强度大小为_____。

4.14 如总习题 4.14 图所示,两根长直导线通有电流 I,图示中有三种环路。每种环路情况下,$\oint_l \vec{B}\cdot\mathrm{d}\vec{l}$ 等于:_____(对环路 a),_____(对环路 b),_____(对环路 c)。

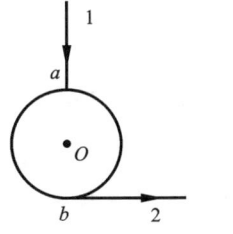

总习题 **4.12** 图

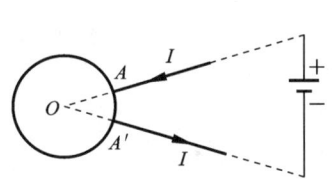

总习题 **4.13** 图

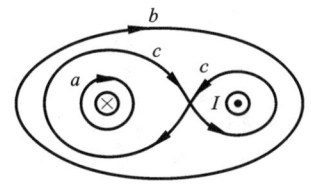

总习题 **4.14** 图

4.15 如总习题 4.15 图所示,一根通有电流 I 的导线,被折成长度分别为 a、b,夹角为 120° 的两段,并置于均匀磁场 $\vec{B}$ 中,若导线长度为 b 的一段与 $\vec{B}$ 平行,则 a、b 两段载流导线所受的合磁力的大小为_____。

4.16 在一磁感应强度为 $\vec{B}$ 的均匀磁场中放一个通有电流为 I、面积为 S 的矩形线圈,开始时线圈平面与磁场相互垂直,现将线圈转过 90°,使线圈平面与磁场相互平行,此过程中安培力做功的绝对值为_____。

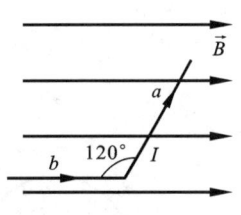

总习题 **4.15** 图

4.17 α 粒子与质子 p 以同一速率垂直于磁场方向入射到均匀磁场中,它们各自做圆周运动的半径比为 R_α/R_p _____,周期比 T_α/T_p 为_____。

4.18 有一个半导体通有电流 I,放在均匀磁场 $\vec{B}$ 中,其上、下表面积累电荷如总习题 4.18 图所示。试判断它们各是什么类型的半导体?

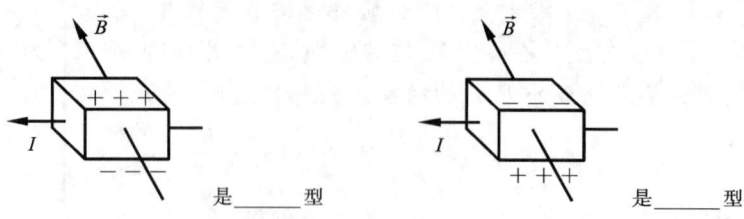

是____型   是____型

总习题 4.18 图

4.19 如总习题 4.19 图所示,在真空中有一半径为 a 的 3/4 圆弧形的导线,其中通以稳恒电流 I,导线置于均匀外磁场 $\vec{B}$ 中,且 $\vec{B}$ 与导线所在的平面垂直。则该载流导线 bc 所受的磁力大小为_____。

4.20 半径为 R 的圆柱体上载有电流 I,电流在其横截面上均匀分布,一回路 L 通过圆柱体内部将圆柱体横截面分为两部分,其面积大小分别为 S_1、S_2,如总习题 4.20 图所示,则 $\oint_L \vec{B} \cdot d\vec{l} =$ _____。

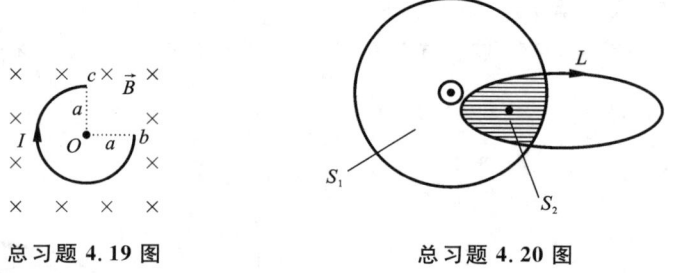

总习题 4.19 图   **总习题 4.20 图**

三、计算题

4.21 两根导线沿半径方向接到一个半径为 R 的截面积相同的导电圆环上,直导线上的电流为 I。如总习题 4.21 图所示,圆弧 ACB 对圆心的张角为 θ。直导线在很远处与电源相连,求圆心 O 点处磁感应强度 B 的大小。

4.22 如总习题 4.22 图所示,一扇形薄片的半径为 R、张角为 θ,其上均匀分布正电荷,面电荷密度为 σ,薄片绕过角顶 O 点且垂直于薄片的轴转动,角速度为 ω。求 O 点处的磁感应强度。

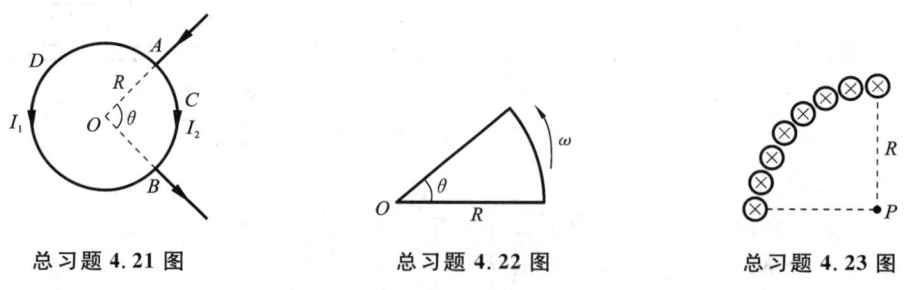

总习题 4.21 图   **总习题 4.22 图**   **总习题 4.23 图**

4.23 一个半径 $R = 1.0$ cm 的无限长 1/4 圆柱形金属薄片,沿轴向通有电流 $I = 10.0$ A 的电流,设电流在金属片上均匀分布,试求圆柱轴线上任意一点 P 的磁感应强度。

4.24 在真空中,电流由长直导线 1 沿垂直于底边 bc 方向经 a 点流入一由电阻均匀的导线构成的正三角形金属线框,再由 b 点从正三角形金属线框流出,经长直导线 2 沿 cb 延长线方向返回电源(见总习题 4.24 图)。已知长直导线上的电流强度为 I,正三角形金属线框的每一条边长为 l,求正三角形金属线框的中心点 O 处的磁感应强度 $\vec{B}$。

4.25 如总习题 4.25 图所示,A、B、C 为三根平行共面的长直导线,导线间距 $d=10$ cm,它们通过的电流分别为 $I_A=I_B=5$ A,$I_C=10$ A,其中 I_C 与 I_B、I_A 的方向相反,每根导线每厘米所受力的大小为多少?($\mu_0=4\pi\times10^{-7}$ N/A^2)

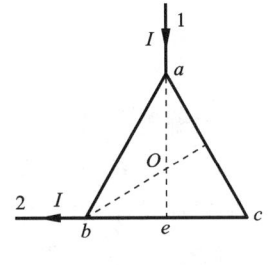

总习题 4.24 图

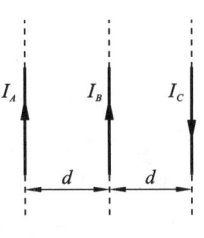

总习题 4.25 图

第 4 章测试题

第5章
时变电磁场

前面我们学习了静电场和稳恒磁场的性质，它们都是不随时间变化而变化的场。实际上，电场和磁场有着密切的联系。1820 年，奥斯特发现电流可以激发磁场以后，许多科学家致力于研究其逆效应，即磁场是否能产生电流。1831 年，英国物理学家法拉第首先发现变化的磁场引起感应电流的现象，随后总结出了电磁感应的基本规律。揭示了电与磁之间相互联系和转化的重要性质，深化了人类对电磁现象本质的认识，推动了电磁场理论的发展，使人类迈进了电气化时代。

本章首先讨论电磁感应的基本规律——法拉第电磁感应定律，以及动生电动势和感生电动势；然后介绍自感、互感、磁场能量和麦克斯韦关于有旋电场和位移电流的假设；最后给出积分形式的麦克斯韦方程组。通过本章的学习，可以加深对电场和磁场的认识，并建立起统一的电磁场概念。

5.1 电磁感应

基本要求：理解电源及其电动势的概念，了解电磁感应现象，掌握法拉第电磁感应定律和楞次定律，并能用法拉第电磁感应定律计算感应电动势及判明其方向。

5.1.1 电源

假设需要人造一个瀑布，让它从假山顶上落下，那么落下的水是不会自动从水潭里再返回到山顶的。想要制造一个持续不断的瀑布，就必须用水泵将水从地势低的水潭提升到地势高的山顶。电源的作用与水泵的作用是类似的，它能够将电荷从低势能处泵到高势能处。

若用导线（包括用电器）将电势不等的两带电导体 A、B 连接起来（见图 5.1-1），则在电场力的作用下，正电荷从高电势的导体 A 经导线向低电势的导体 B 移动而形成电流。由于静电力不可能再把正电荷从 B 移回到 A，所以，A、B 上的电荷分布必将逐渐减少，从而在导

体内达到 $E=0$ 和 $I=0$ 的静电平衡状态。若仅依靠静电力，则电路中的电流是瞬时的。如果在 A、B 之间同时存在一种与静电力不同的外来非静电力，它能反抗静电力，并把流到 B 的正电荷经由 AB 内部重新移回到 A，这样，在导体中便会存在稳定电场 E，从而能够维持稳定电流。这种能够提供非静电力的装置称为**电源**。

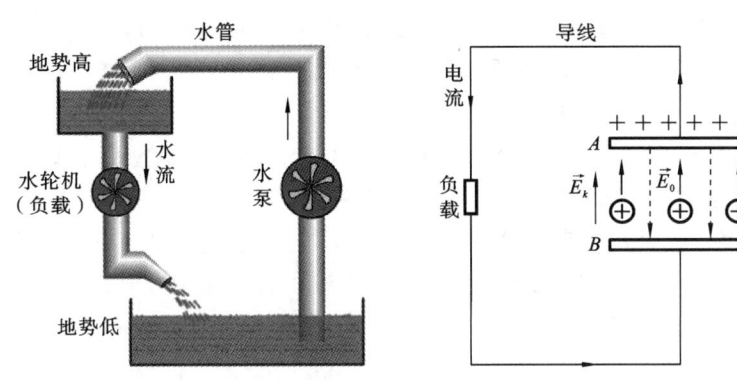

图 5.1-1　水泵和电源类比

V5.1-1　电动势

正电荷在电源内部同时受到方向相反的静电力和非静电力的作用。当非静电力大于静电力时，可把正电荷经电源内部由负极移到正极，反抗静电力对正电荷做正功。从能量的观点来看，在这个过程中，电源将其他形式的能量转化成电能。实质上，电源只是能量的一种转换装置，不同电源中的非静电力本质不同，实现着不同形式的能量转换。电源的种类很多，常见的有蓄电池、干电池、发电机、硅光电池等，它们将化学能、机械能、光能转换为电能。

5.1.2　电动势

为了定量描述非静电力做功本领的大小，或者电源将其他形式的能量转化为电能本领的大小，特引入**电动势**。非静电力把单位正电荷从负极经过电源内部搬移到正极所做的功，用电动势 ε 表示，单位为伏特，其数学表达式为

$$\varepsilon = \int_{-(\text{电源内部})}^{+} \vec{E}_k \cdot \mathrm{d}\vec{l} \tag{5.1-1}$$

其中：$\vec{E}_k$ 为单位正电荷所受的非静电力，称为**非静电电场强度**。因为 $\vec{E}_k$ 只存在于电源内部，所以若将此积分改写成 $\vec{E}_k$ 的环流，则其值不变，即

$$\varepsilon = \oint_L \vec{E}_k \cdot \mathrm{d}\vec{l} \tag{5.1-2}$$

我们知道，静电场中场强的环流恒等于零，而 $\vec{E}_k$ 的环流不为零，因此，表明静电场与非静电场是有本质区别的。能够充当电源的非静电力有很多，比如后面提到的洛伦兹力、涡旋电场。

注意，电动势是标量。但为了便于判断电流流过时非静电力做功的正负，通常规定非静电力驱使正电荷沿电路移动的方向为电动势的方向，即电源内部电动势的方向由负极指向正极。

5.1.3 电磁感应现象

电磁感应定律是建立在广泛的实验基础上的。这些实验可以归结为两类：一类是当一个不含电源的闭合导体回路与另一个载流线圈或磁铁有相对运动时，闭合回路中产生电流，如图 5.1-2(a)所示；另一类是当一个线圈中的电流发生变化时，在它附近的另一个不含电源的闭合导体回路中产生电流，如图 5.1-2(b)所示。在这两类实验中，引起闭合导体回路 A 中产生电流的原因似乎不同，但有一个共同的特点：穿过闭合导体回路所包围的面积内的磁通量发生了变化。我们把当穿过一个闭合回路所包围面积内的磁通量发生变化时，回路中产生电流的现象称为**电磁感应现象**，所产生的电流称为**感应电流**。感应电流的产生说明回路中有电动势的存在，这种电动势称为**感应电动势**。应当注意，电流的大小取决于回路中的电动势和回路电阻的大小。如果将回路断开，感应电流没有了，但感应电动势仍然存在。

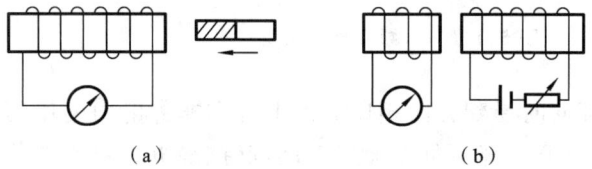

(a)　　　　　　　(b)

图 5.1-2　电磁感应定律实验示意图

5.1.4 法拉第电磁感应定律

感应电动势的大小和通过导体回路的磁通量的变化率成正比，感应电动势的方向有赖于磁场的方向和它的变化情况。用 Φ_m 表示通过闭合导体回路的磁通量，用 ε 表示磁通量发生变化时在导体回路中产生的感应电动势，电磁感应定律的数学表达式为

$$\varepsilon = -\frac{\mathrm{d}\Phi_m}{\mathrm{d}t} \tag{5.1-3}$$

式(5.1-3)中的负号反映感应电动势的方向与磁通量变化的关系。在判定感应电动势的方向时，应先规定导体回路 L 的绕行正方向。如图 5.1-3 所示，当回路中磁感线的方向和所规定的回路的绕行正方向有右手螺旋关系时，磁通量 Φ_m 是正值。这时，如果穿过回路的磁通量增大，$\frac{\mathrm{d}\Phi_m}{\mathrm{d}t}>0$，则 $\varepsilon<0$，这表明此时感应电动势的方向和 L 的绕行正方向相反(见图 5.1-3(a))。如果穿过回路的磁通量减小，即 $\frac{\mathrm{d}\Phi_m}{\mathrm{d}t}<0$，则 $\varepsilon>0$，这表示此时感应电动势的方向和 L 的绕行正方向相同(见图 5.1-3(b))。

若闭合回路中电阻为 R，则回路中感应电流为

$$I = \frac{\varepsilon}{R} = -\frac{1}{R}\frac{\mathrm{d}\Phi_m}{\mathrm{d}t} \tag{5.1-4}$$

还可以计算一定时间内通过回路中任一截面的感应电量

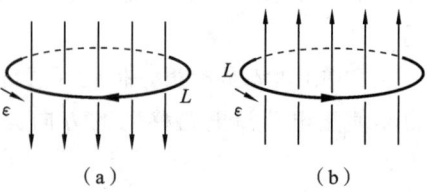

(a)　　　　　　(b)

图 5.1-3　电动势的方向

$$\mathrm{d}q = I\,\mathrm{d}t \tag{5.1-5}$$

$$q = \int_{t_1}^{t_2} I\,\mathrm{d}t = -\frac{1}{R}\int_{\Phi_{m1}}^{\Phi_{m2}} d\Phi_m = -\frac{1}{R}(\Phi_{m2} - \Phi_{m1}) \tag{5.1-6}$$

式(5.1-6)表明,感应电量仅与回路中磁通量的变化量成正比,而与磁通量的变化快慢无关。从实验中测出电阻 R 和通过回路截面的电量 q,就可以计算出相应磁通量的改变量 $\Delta\Phi_m = \Phi_{m2} - \Phi_{m1}$,这就是常用的磁通量计算的原理。

实际上用到的线圈常是由许多匝串联而成的,在这种情况下,整个线圈中产生的感应电动势应是每匝线圈中产生的感应电动势之和。设通过每匝线圈的磁通量都是 Φ_m,则在 N 匝密绕线圈组成的回路中的总感应电动势为

$$\varepsilon = -N\frac{\mathrm{d}\Phi_m}{\mathrm{d}t} = -\frac{\mathrm{d}(N\Phi_m)}{\mathrm{d}t} = -\frac{\mathrm{d}\psi}{\mathrm{d}t} \tag{5.1-7}$$

式中:$\psi = N\Phi_m$ 称为通过整个线圈的磁通链数。在国际单位制中,Φ_m 或 ψ 的单位是"韦伯"(Wb),即"特斯拉·米^2"(T·m^2),ε 的单位是伏特(V),1 V = 1 Wb·s^{-1}。

5.1.5　楞次定律

1833 年,俄国物理学家楞次总结出了判断感应电流方向的定律:闭合回路中,感应电流的方向总是使得它自身所产生的磁通量反抗引起感应电流的磁通量的变化。这一结论称为楞次定律。楞次定律的内容实际上已经由法拉第电磁感应定律中的负号表达了,但是由于它在确定感应电流方向时比较简捷直观,所以仍保留为一条独立的定律。

用楞次定律判断感应电流方向的步骤如下。

(1) 判断穿过闭合回路的磁感应强度沿什么方向,磁通量发生了什么变化(**增加**或**减少**);

(2) 根据楞次定律确定感应电流所激发的磁场沿什么方向(与原来的磁场反向还是同向);

(3) 根据右手螺旋法则从感应电流产生的磁场方向确定感应电流的方向。

例 5.1-1　　如图 5.1-4(a)所示,当永久磁铁移近线圈时,磁场方向向下(实线),磁通量增加。由楞次定律:感应电流产生的磁场方向(虚线)与永久磁体的磁场方向相反,将阻碍磁铁的运动,感应电流方向逆时针。

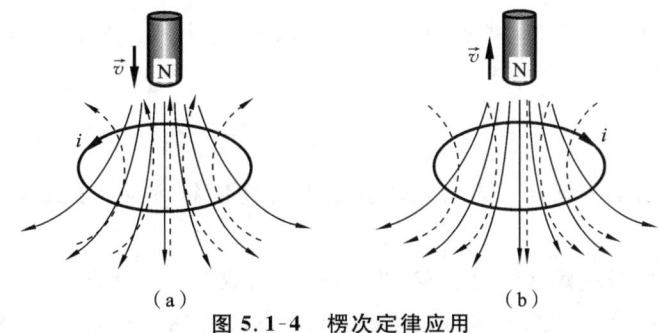

（a）　　　　　　　　（b）

图 5.1-4　楞次定律应用

当永久磁铁按图 5.1-4(b)远离线圈时,磁场方向仍向下(实线),但磁通量减少。由楞次定律:感应电流产生的磁场方向(虚线)与永久磁体的磁场方向同向,也将阻碍磁铁的运动,感应电流方向顺时针。

例 5.1-2　如图 5.1-5 所示，长直导线中通有交变电流 $i = I_0 \sin\omega t$，其中 I_0 是电流振幅，ω 是角频率。在长直导线旁共面放置一个矩形线圈，已知线圈长为 a、宽为 b，线圈靠近长直导线的一边离长直导线的距离为 l。求 $t=0$ 时线圈中的感应电动势。

解　首先确定电流、磁场以及电动势的参考方向。由于电流 i 的方向是不断变化的，为了分析方便，我们必须假定一个方向作为参考方向。参考方向确定之后，如果某时刻电流为负值，则表示真实的电流方向与参考方向相反；若电流为正值，则表示真实的电流方向与参考方向相同。按照题意，以上方为电流参考方向。若电流向上流动，则导线右侧的磁场垂直于纸面向内。因此我们规定垂直于纸面向内的方向为矩形线圈平面的法线方向，也是磁场的正参考

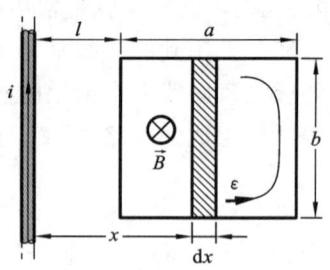

图 5.1-5　线圈中的电动势

方向。右手拇指指向磁场的正方向，其余四指环绕的方向（顺时针）就是电动势的正参考方向。

（1）**建立坐标系**，在某一瞬间，距长直导线为 x 处的磁感应强度为

$$B = \frac{\mu_0 i}{2\pi x}$$

（2）**取微元** $\mathrm{d}s = b\mathrm{d}x$，如图 5.1-5 所示，通过 $\mathrm{d}s$ 的磁通量为

$$\mathrm{d}\Phi_m = B\cos 0° \mathrm{d}s = \frac{\mu_0 i}{2\pi x} b \mathrm{d}x$$

（3）**积分**，在任意瞬时 t，通过整个线圈的磁通量为

$$\Phi_m = \int_S \mathrm{d}\Phi_m = \int_l^{l+a} \frac{\mu_0 i}{2\pi x} b \mathrm{d}x = \frac{\mu_0 bi}{2\pi} \ln\left(\frac{l+a}{l}\right)$$

（4）**根据法拉第电磁感应定律**，线圈内任意时刻的感应电动势为

$$\varepsilon = -\frac{\mathrm{d}\Phi_m}{\mathrm{d}t} = -\frac{\mathrm{d}\Phi_m}{\mathrm{d}i} \cdot \frac{\mathrm{d}i}{\mathrm{d}t} = -\frac{\mu_0 b}{2\pi} \ln\left(\frac{l+a}{l}\right) \omega I_0 \cos\omega t$$

从上式可知，线圈内的感应电动势随时间按余弦规律变化。将 $t=0$ 代入上式，得

$$\varepsilon_0 = -\frac{\mu_0 b I_0 \omega}{2\pi} \ln\left(\frac{l+a}{l}\right)$$

其中的负号表示真实的电动势方向为**逆时针**方向，与图 5.1-5 中标示的参考方向相反。

用楞次定律判断方向：当 $t=0_+$ 时，载流长直导线的电流方向向上且增加，其产生的磁感应强度垂直线圈向内，穿过线圈的磁通量增加。由楞次定律，感应电流所激发的磁场方向应与原磁场方向相反，于是，右手大拇指指向外，弯曲的四指指向——逆时针就是电动势的方向。

例 5.1-3 如图 5.1-6 所示,长江三峡水电站的大坝坝顶总长为 3035 m,坝顶高度为 185 m,正常蓄水位为 175 m,总库容为 393 亿立方米,共装 26 台单机容量为 70 万千瓦的发电机组。其发电原理可简化为:匀强磁场中,置有面积为 S 的可绕轴转动的 N 匝线圈。若线圈以角速度 ω 做匀速转动,求线圈中的感应电动势。

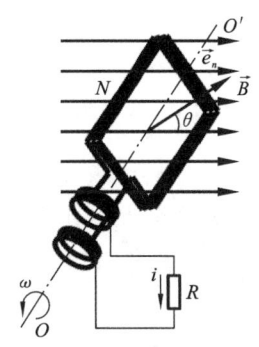

图 5.1-6 三峡水电站及发电原理图

解 设 $t=0$ 时,$\vec{e}_n$ 与 $\vec{B}$ 同向,则 t 时刻,线圈转过的角度 $\theta=\omega t$,通过线圈的磁链

$$\psi=N\Phi_m=NBS\cos\omega t$$

由法拉第电磁感应定律,线圈中的感应电动势为

$$\varepsilon(t)=-\frac{\mathrm{d}\psi}{\mathrm{d}t}=NBS\omega\sin\omega t$$

V5.1-2 三峡水利
发电原理

令 $\varepsilon_{\max}=NBS\omega$,则 $\varepsilon=\varepsilon_{\max}\sin\omega t$。

如果供电回路电阻为 R,则回路中电流 $i=\dfrac{\varepsilon}{R}=I_m\sin\omega t$。在匀强磁场中匀速转动的线圈内的感应电流是时间的正弦函数,这种电流称为交流电。

随堂练习

5.1 一根无限长平行直导线载有电流 I,一矩形线圈位于导线平面内沿垂直于载流导线方向以恒定速率运动(见图 5.1-7),则( )。

A. 线圈中无感应电流

B. 线圈中感应电流为顺时针方向

C. 线圈中感应电流为逆时针方向

D. 线圈中感应电流方向无法确定

图 5.1-7

5.2 如图 5.1-8 所示,导线回路 L 的形状不变,而其位置正在发生移动。判断感应电流绕行方向相同的组别是( )。

A.(a)、(b)　　　B.(b)、(c)　　　C.(a)、(b)、(c)　　　D.(a)、(b)、(c)、(d)

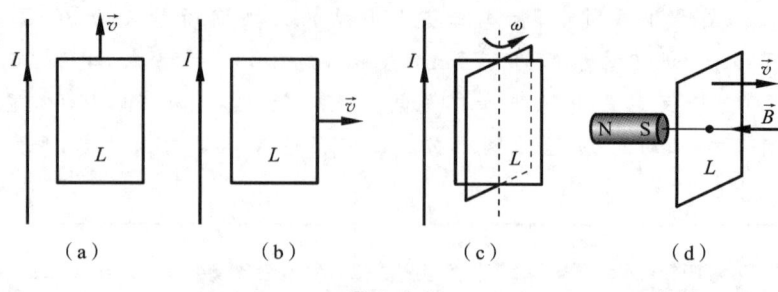

图 5.1-8

5.3 判断正误。

(1) 电动势可以由保守力来担当。   （ ）

(2) 静电力不可能担当电动势的角色。   （ ）

(3) 在一个孤立的电池内部,电动势与静电力的方向相反。 （ ）

5.2　感应电动势

基本要求: 理解动生电动势产生的机制及能量转换关系,能够计算在磁场中运动的典型导体的动生电动势;了解麦克斯韦涡旋电场假说,理解感生电动势;了解典型涡旋电场分布。

5.2.1　动生电动势

1. 产生动生电动势的物理机制

若长为 l 的导体棒 ab 在恒定的均匀磁场中以匀速度 $\vec{v}$ 沿垂直于磁场 $\vec{B}$ 的方向运动,如图 5.2-1 所示。这时,导体棒中的自由电子将随棒一起以匀速度 $\vec{v}$ 在磁场 $\vec{B}$ 中运动,因而每个自由电子都受到洛伦兹力 $\vec{F}_m$ 的作用

$$\vec{F}_m = -e(\vec{v} \times \vec{B})$$

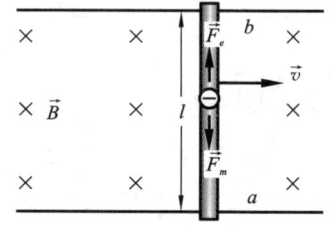

图 5.2-1　动生电动势

上式中,力 $\vec{F}_m$ 的方向由 b 指向 a。在力 $\vec{F}_m$ 的作用下,自由电子将沿棒向 a 端运动。自由电子运动的结果使棒 ab 两端出现了上正下负的电荷堆积,随着两端电荷的堆积,在棒中产生静电场 $\vec{E}$,$\vec{E}$ 的方向由 b 指向 a。于是电子又受到一个与洛伦兹力方向相反的静电力 $\vec{F}_e = -e\vec{E}$。此静电力随电荷的堆积而增大。当静电力的大小增大到与洛伦兹力的大小相等时,ab 两端形成恒定的电势差。这样,一旦将 ab 两端联结起来,就有电流由 b 端流出,经外电路由 a 端流回。电荷的运动破坏了原有的平衡,于是洛伦兹力又使自由电子不断地沿棒由 b 向 a 运动,维持 ab 两端的电势差,这时导体棒 ab 相当于一个具有一定电动势的电源。显然,洛伦兹力是此"电源"的非静电力,它不断地在此"电源"内部将电子从高电势处搬移到低电势处,在运动导体棒内形成动生电动势,产生闭合回路中的电流。

当 ab 两端维持恒定电势差时，运动导体棒与洛伦兹力相应的非静电性场强 $\vec{E}_k$ 为

$$\vec{E}_k = -\frac{\vec{F}_m}{e} = (\vec{v} \times \vec{B}) \tag{5.2-1}$$

式中：$\vec{E}_k$ 是电源内部作用在单位正电荷上的非静电力。由电动势的定义，则导体棒 ab 上任意微元 $\mathrm{d}\vec{l}$ 内的动生电动势为

$$\mathrm{d}\varepsilon = \vec{E}_k \cdot \mathrm{d}\vec{l} = (\vec{v} \times \vec{B}) \cdot \mathrm{d}\vec{l} = vB\sin\alpha\cos\theta \mathrm{d}l$$

其中：α 为 $\vec{v}$ 和 $\vec{B}$ 之间的夹角，θ 为 $\vec{v} \times \vec{B}$ 和 $\mathrm{d}\vec{l}$ 之间的夹角。导体棒 ab 上的动生电动势为

$$\varepsilon = \int \mathrm{d}\varepsilon = \int_a^b (\vec{v} \times \vec{B}) \cdot \mathrm{d}\vec{l} \tag{5.2-2}$$

由以上讨论可知，动生电动势只能在运动导体中产生，动生电动势的大小不仅与导体棒运动速度 $\vec{v}$ 和磁场 $\vec{B}$ 的大小有关，还与 $\vec{v}$、$\vec{B}$ 及导体棒上微元 $\mathrm{d}\vec{l}$ 三者间的夹角有关。由式 (5.2-2) 求得：若 $\varepsilon > 0$，则表示电动势 ε 的方向与所取的积分绕行方向一致（说明 b 点电势高，a 点电势低）；若 $\varepsilon < 0$，则表示相反。

2. 动生电动势的计算

计算动生电动势的基本方法通常有两种：(1)根据定义用积分法求解；(2)用法拉第电磁感应定律求解。一般来说：对于一段任意形状导线在磁场中平动或直导线在磁场中转动的情况用定义式求解；对于闭合线圈或一段曲导线在磁场中绕定轴转动的情况，直接使用 $\varepsilon = -\dfrac{\mathrm{d}\Phi_m}{\mathrm{d}t}$ 求解。

解题的一般步骤如下。

(1) **建立坐标系。**

(2) **取微元** $\mathrm{d}\vec{l}$，写出 $\mathrm{d}\vec{l}$ 处磁感应强度 $\vec{B}$ 及该处导线的运动速度 $\vec{v}$ 的方向。

(3) 在图上作出 $\vec{v} \times \vec{B}$ 的方向。

(4) 在图上正确画出 $\vec{v}$ 和 $\vec{B}$ 矢量之间的夹角 α 和 $\vec{v} \times \vec{B}$ 与 $\mathrm{d}\vec{l}$ 矢量之间的夹角 θ，则有

$$\mathrm{d}\varepsilon = \vec{E}_k \cdot \mathrm{d}\vec{l} = (\vec{v} \times \vec{B}) \cdot \mathrm{d}\vec{l} = vB\sin\alpha\cos\theta \mathrm{d}l$$

(5) 统一变量后，确定积分上下限，算出积分，得出 ε。

(6) 若 $\varepsilon > 0$，则末端为高电势相当电源的正极；若 $\varepsilon < 0$，则末端为低电势相当电源的负极。

例 5.2-1　如图 5.2-2(a)所示，长为 l 的导线 ab 与一载有电流 I 的长直导线共面且相互垂直，当 ab 以速度 $\vec{v}$ 平行于电流方向运动时，求其上的动生电动势。

解法一　采用定义式计算动生运动势。

(1) **建立坐标系**，如图 5.2-2(a)所示，l 的积分方向沿导线 ab。

(2) **取微元** $\mathrm{d}x$，$\vec{v} \times \vec{B}$ 的方向从 b 到 a，$\alpha = \dfrac{\pi}{2}$，$\theta = \pi$，则电动势为

$$\mathrm{d}\varepsilon = \vec{E}_k \cdot \mathrm{d}\vec{l} = (\vec{v} \times \vec{B}) \cdot \mathrm{d}\vec{l} = -vB\mathrm{d}x = -\frac{\mu_0 I v}{2\pi x}\mathrm{d}x$$

(3) 积分，ab 导线上的电动势为

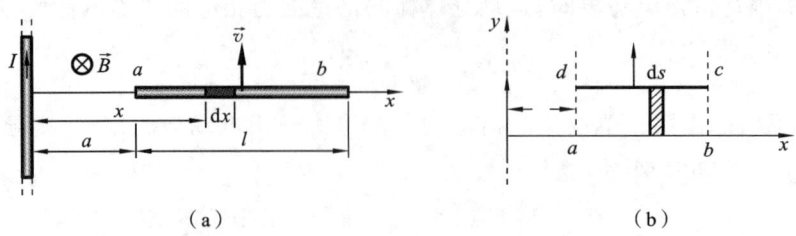

（a）　　　　　　　　　　　　　（b）

图 5.2-2　动生电动势的计算方法

$$\varepsilon_{ab}=\int d\varepsilon=-\frac{\mu_0 I v}{2\pi}\int_a^{a+l}\frac{dx}{x}=-\frac{\mu_0 I v}{2\pi}\ln\frac{a+l}{a}$$

a 处为高电势，a、b 导线上的电动势方向与 l 的绕行方面相反，即 $b\rightarrow a$。

解法二　　采用法拉第电磁感应定律计算，这时就必须构造一个闭合回路。

（1）**建立坐标系。**如图 5.2-2(b)所示，当 $t=0$ 时，导线位置为 $y=0$；在 t 时刻，导线位置为 y。

（2）可设想 ab 与另一部分假想的固定轨道 bc、ad 构成回路，L 的绕行方向为 $abcda$，则**某时刻通过微元的磁通量**为

$$d\Phi_m=B\cos 0°ds=\frac{\mu_0 I}{2\pi x}y dx$$

（3）积分，得

$$\Phi_m=\int d\Phi_m=\frac{\mu_0 I y}{2\pi}\int_a^{a+l}\frac{dx}{x}==\frac{\mu_0 I y}{2\pi x}\ln\frac{a+l}{a}$$

$$\varepsilon=-\frac{d\Phi_m}{dt}=-\frac{\mu_0 I v}{2\pi}\ln\frac{a+l}{a}$$

"—"表示 ε 与回路方向相反，沿 $abcda$ 的电动势即 ε，因为假设的固定轨道上 $\vec{v}=0$，即动生电动势为零。

用楞次定律判断方向：穿过回路 l 的磁通量增加，由楞次定律，感应电流所激发的磁场应与原磁场方向相反，于是，右手大拇指指向外，弯曲的四指指向——逆时针就是电动势的方向。

例 5.2-2　　如图 5.2-3(a)所示，长度为 R 的一根细铜棒，围绕 b 端在均匀磁场 B 中以角速度 ω 旋转。求这根铜棒两端的电势差 U_{ab}（设磁场的方向垂直纸面向外）。

解法一　　（1）以 b 为原点**建立坐标系，**方向由 b 端指向 a 端。

（2）在棒上**任取一微元** dl，由于棒上每一小段 dl 的速度不同，设此处的速度 $v=\omega l$，其中 l 为 dl 到 b 点的距离，ab 间的**动生电动势**为

$$d\varepsilon=(\vec{v}\times\vec{B})\cdot d\vec{l}=vBdl=\omega lBdl$$

（3）整个铜棒上产生的电动势是上式的**积分**

$$\varepsilon=\int_0^R\omega lBdl=\frac{1}{2}\omega R^2 B$$

电动势的方向就是 $\vec{v}\times\vec{B}$ 的方向，即 $b\rightarrow a$ 的方向。

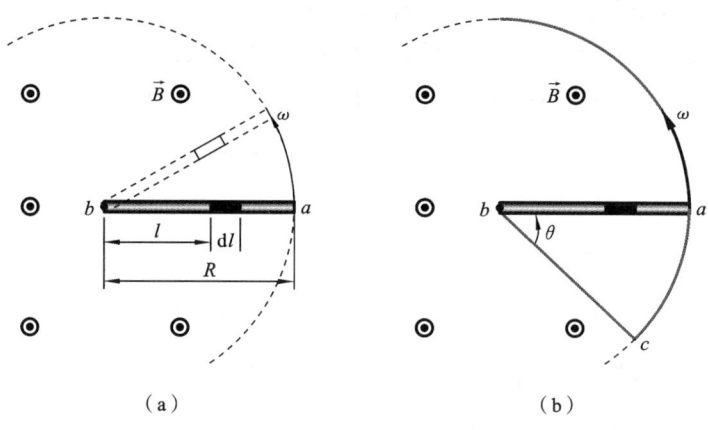

（a）　　　　　　　　　　　（b）

图 5.2-3　用两种方法求电动势

解法二　　采用法拉第电磁感应定律来计算,这时就必须构造一个闭合回路。如图 5.2-3(b) 所示,在扇形回路 *abca* 中,只有 *ab* 是转动的,因此 $\mathrm{d}\theta/\mathrm{d}t=\omega$。该扇形区域的面积 $S=R^2\theta/2$,磁通量 $\Phi_m=BS$,回路中的总电动势为

$$\varepsilon=-\frac{\mathrm{d}\Phi_m}{\mathrm{d}t}=-\frac{1}{2}BR^2\frac{\mathrm{d}\theta}{\mathrm{d}t}=-\frac{1}{2}\omega R^2 B$$

由于只有 *ab* 是运动的,所以回路中的总电动势就是运动导体 *ab* 的动生电动势。

5.2.2　感生电动势

1. 产生感生电动势的物理机制

如图 5.2-4 所示,当无限长载流螺线管的电流增加时,管内的磁场是空间均匀的,但随时间变化而变化,即 $\dfrac{\partial \vec{B}}{\partial t}>0$,管外部磁场近似为零。两根直导线分别放在螺线管内、外,通过实验发现,两根直导线两端均出现电动势。当磁场变化时,导体(线圈)不动,由此激发的感应电动势称为**感生电动势**。

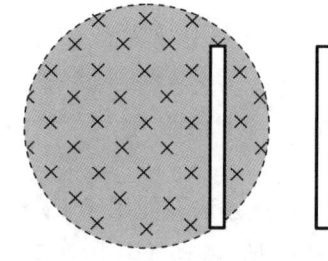

图 5.2-4　感生电动势

用洛伦兹力能很好地解释动生电动势产生的机制,但不能解释导体或回路不动时由磁场变化产生的感生电动势的机制。我们知道,电荷受力只可能有两种:电场力和磁场力。现在由于导体静止而排除了磁场力的作用,所以形成感生电动势的非静电力只可能是电场力。这说明应该存在一种不同于静电场的另一种类型的电场,该电场来源于磁场的变化。麦克斯韦在分析和研究了这类电磁感应现象后,于 1861 年提出了以下假设:不论有无导体或导体回路,**变化的磁场**都将在其周围空间产生具有闭合电场线的电场,并称此电场为**感生电场**或涡旋电场。大量的实验证实了麦克斯韦假设的正确性。

麦克斯韦假设可以圆满地解释感生电动势产生的原因:无论有无导体或导体回路,变化

的磁场总要在其周围空间激发感生电场,若此空间内有闭合导体回路存在,其中的自由电子就会在感生电场力的作用下形成感应电流。感生电场力正是形成回路中感生电动势的非静电力。若以 $\vec{E}_v$ 表示感生电场,则根据电动势的定义,由于磁场的变化,在任一闭合回路中产生的感生电动势应为

$$\varepsilon = \oint_L \vec{E}_v \cdot d\vec{l}$$

由法拉第电磁感应定律,有

$$\varepsilon = -\frac{d\Phi_m}{dt} = -\frac{d}{dt}\int_S \vec{B} \cdot d\vec{S}$$

式中:面积积分的区间 S 是以回路 L 为边界的曲面。当回路不变动时,可以将对时间的微分和对曲面的积分两种运算的顺序颠倒,则得

$$\oint_L \vec{E}_v \cdot d\vec{l} = -\int_S \frac{\partial \vec{B}}{\partial t} \cdot d\vec{S} \tag{5.2-3}$$

它表明了感生电场与变化磁场之间的关系,是电磁学的基本方程之一。

感生电场场强的环流不为零,说明其电场线类似于磁感线,呈涡旋形,是无头无尾的闭合曲线,即感生电场不是保守场。因此,$\vec{E}_v$ 穿过任一封闭曲面 S 的磁通量必然为零,即 $\oint_S \vec{E}_v \cdot d\vec{S} = 0$。这就是感生电场的高斯定理。它说明感生电场是无源场。

综上所述,在自然界中存在着:由静止电荷产生的静电场 $\vec{E}$ 及变化磁场产生的感生电场 $\vec{E}_v$。感生电场与静电场的相同之处是都具有电能,都能对场中的电荷施加作用力。但两种电场的起因和性质截然不同:静电场是一种有源无旋场(保守场);感生电场是一种无源感应场(非保守场)。

2. 感生电动势的计算

感生电动势的计算方法有以下两种。

第一种:由电动势定义,可求得

$$\varepsilon = \oint_L \vec{E}_v \cdot d\vec{l}$$

若导体不是闭合的,则

$$\varepsilon = \int_L \vec{E}_v \cdot d\vec{l}$$

这种方法只能用于 $\vec{E}_v$ 已知或容易求出的情况。

由 $\vec{E}_v$ 计算感生电动势的一般步骤如下。

(1) 求出 $\vec{E}_v$ 的大小和方向。

(2) 在导线上任取 $d\vec{l}$,正确给出 $d\varepsilon = \vec{E}_v \cdot d\vec{l} = E_v \cdot dl\cos\theta$,$\theta$ 是 $\vec{E}_v$ 和 $d\vec{l}$ 之间的夹角。

(3) $\varepsilon = \int_L \vec{E}_v \cdot d\vec{l} = \int_L E_v \cos\theta dl$,统一变量,确定上下限,进行积分,得出 ε。

(4) 若 $\varepsilon > 0$,则说明感生电动势的方向和 L 绕行方向一致;若 $\varepsilon < 0$,则说明感生电动势的方向和 L 绕行方向相反。

第二种:由法拉第电磁感应定律可求得

$$\varepsilon = -\frac{\mathrm{d}\varPhi_m}{\mathrm{d}t} = -\int_s \frac{\partial \vec{B}}{\partial t} \cdot \mathrm{d}\vec{S}$$

采用这种方法时,如果导体不是闭合的,则需要用辅助线构成闭合回路。

例 5.2-3　已知半径为 R 的长直螺线管中的电流随时间线性增大,因而管内的磁场亦随时间增大,即 $\frac{\partial \vec{B}}{\partial t} > 0$ 且为恒量。求感应电场分布。

解　螺线管截面如图 5.2-5 所示,由于 $\frac{\partial \vec{B}}{\partial t}$ 在管内处处相同,所以螺线管磁场分布始终保持轴对称性,空间的感应电场也具有轴对称性。感应电场线应该是以螺线管轴线为中心的一系列同心圆。在半径为 r 的圆周上,各点 $\vec{E}_V$ 的大小相等,方向沿圆周切线方向,与 $-\frac{\partial \vec{B}}{\partial t}$ 成右手螺旋法则(由楞次定律判断),如图 5.2-5 所示。

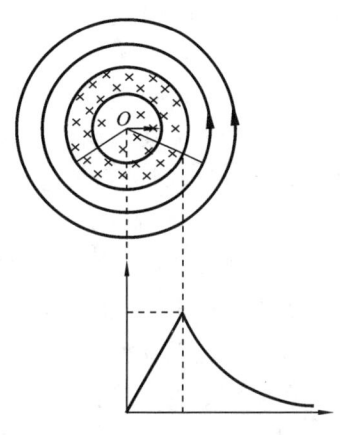

图 5.2-5　螺线管截面的感生电动势

选以 O 为中心、半径为 r 的圆周 L 为环路,以逆时针方向为绕行方向,其回路面积 S 方向垂直于纸面向外。则

$$\oint_L \vec{E}_V \cdot \mathrm{d}\vec{l} = \oint_L E_V \mathrm{d}l = E_V \cdot 2\pi r$$

$$\int_s \frac{\partial \vec{B}}{\partial t} \cdot \mathrm{d}\vec{S} = \int_s \frac{\partial B}{\partial t} \cdot \mathrm{d}S \cdot \cos\pi$$

$$= -\int_s \frac{\partial B}{\partial t} \mathrm{d}S$$

由式(5.2-3)得

$$E_V \cdot 2\pi r = \int_s \frac{\partial B}{\partial t} \cdot \mathrm{d}S$$

当 $r \leqslant R$ 时,

$$E_V \cdot 2\pi r = \frac{\partial B}{\partial t} \cdot \pi r^2$$

$$E_V = \frac{r}{2} \frac{\partial B}{\partial t}$$

当 $r > R$ 时,

$$E_V \cdot 2\pi r = \frac{\partial B}{\partial t} \cdot \pi R^2$$

$$E_V = \frac{R^2}{2r} \frac{\partial B}{\partial t}$$

$\vec{E}_V$ 的方向和 E_V-r 的空间分布曲线如图 5.2-5 所示。注意:在 $r > R$ 处,$B = 0$,但是 $E_V \neq 0$,即只要存在变化磁场,整个空间(不管该处是否存在磁场,是否有导体或介质)就有感应电场。

* 5.2.3 涡电流

我们已经指出,只要磁场随着时间的变化而变化,那么磁场周围就会激发感生电场,而且这种电场一定是涡旋的。如果在变化的磁场中放入大块的金属(如发电机和变压器中的铁芯),那么金属内部就会产生涡旋的感应电流。如图 5.2-6 所示,在圆柱形的铁芯上绕有线圈,当线圈中通上交变电流时,铁芯就处在交变磁场中。铁芯可看成是由一系列半径逐渐变化的圆柱状薄壳组成的,每层薄壳构成一个闭合回路。在交变磁场中,通过这些薄壳的磁通量都在不断地变化,所以,沿着一层层的壳壁产生了感应电流。从铁芯的上端俯视,电流的流线呈闭合的涡旋状,因而这种感应电流称为**涡电流**,简称涡流。由于大块金属的电阻很小,因此涡流可达到非常大的强度。

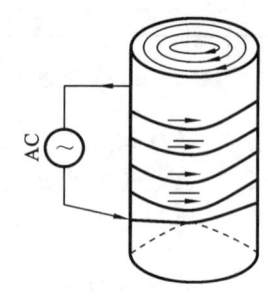

图 5.2-6 涡流

强大的涡流在金属内流动时,会释放出大量的焦耳热。利用这种热效应,可以制成高频感应电炉来冶炼金属。现代厨房电器之一的电磁灶也是利用交变磁场在铁锅底部产生涡流而发热来加热食物的。由于磁场能够穿透各种非铁磁性材料,因此这种加热方式可以加热真空管中的金属,或者地面以下的金属,非常方便。利用涡流的磁效应,还可以探测金属导体表面层内的细小裂缝、孔洞等,是无损检测的重要手段。

涡流所产生的热在某些问题中非常有害。例如,变压器或电机的铁芯常常因涡流而产生无用的热量,不仅浪费了电能,降低了电机的效率,而且会因铁芯严重发热而不能正常工作。如图 5.2-7 所示,为了减小涡流损耗,一般变压器、电机及其他交流仪器的铁芯不采用整块材料,而是用互相绝缘的薄片(如硅钢片)或细条叠合而成,使涡流受到绝缘的限制,只能在薄片范围内流动,于是增大了电阻,减小了涡流,使损耗降低。

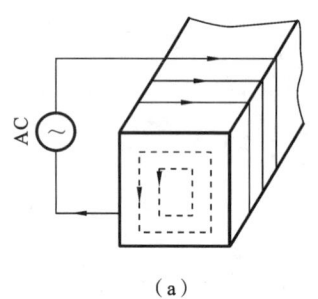

（a）

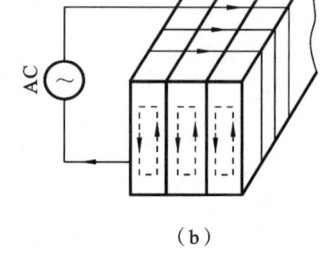

（b）

图 5.2-7 涡流的应用

V5.2-1 涡流
原理及应用

（随）（堂）（练）（习）

5.4 感应电动势分为两类:导体在磁场中运动产生的电动势称为_____,磁场分布随时间变化而引起的电动势称为_____。

5.5 一根长为 L 的铜棒,在均匀磁场 B 中以角速度 ω 并与磁场方向垂直的平面上做匀速转动,如图 5.2-8 所示。求铜棒的两端之间的感应电动势大小。

5.6　边长 $D=1$ m 的单匝正方形导线框绕其对角线以 3000 rev/min 的角速度转动,均匀磁场 $B=1$ mT 与其转轴垂直,则导线框中的最大磁通量为 ＿＿＿＿ Wb,最大电动势为 ＿＿＿＿ mV。

5.7　判断正误。

(1) 感生电动势来源于感生电场,而感生电场是由变化的磁场所激发的。 （　　）

(2) 感生电场是保守场。 （　　）

(3) 动生电动势的实质是运动电荷受洛伦兹力的结果。 （　　）

5.8　如图 5.2-9 所示,一直导线弯曲成 60°角,且 $AD=CD=a$。当导线在磁感强度为 $\vec{B}$ 的均匀磁场中以匀速率 v 在垂直的平面内向右移动时,则导线中产生的感应电动势的大小为 ＿＿＿＿ V。

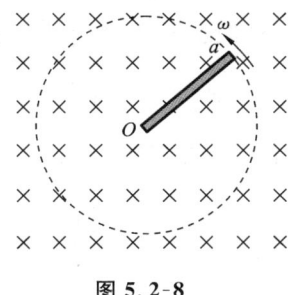
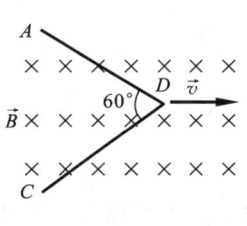

图 5.2-8　　　　　　　　　　图 5.2-9

5.3　自感和互感

基本要求:理解自感、互感的概念;能计算几何形状简单线圈的自感系数和互感系数。

5.3.1　自感现象、自感系数、自感电动势

当回路中有电流通过时,其电流在周围空间中产生的磁场,必有一部分磁感应线将穿过回路本身。导体回路中由于自身电流的变化,而在自己回路中产生感应电动势的现象称为**自感现象**,产生的电动势称为自感电动势。

自感现象可以通过图 5.3-1 所示的实验来观察。当合上电键 K 后,A 灯比 B 灯先亮,因为在合上电键后,A、B 两支路同时接通,但 B 灯的支路中有一多匝线圈,线圈中产生自感电动势,它阻碍电流的增加,因此 B 灯不能立即正常发光。

V5.3-1　自感

假设有一闭合回路,当回路通有电流 I 时,根据毕奥-萨伐尔定律,电流 I 激发的磁感强度与电流 I 成正比,所以穿过该回路的总磁通 Φ_m 应正比于回路中的电流 I,即

$$\Phi_m = LI \tag{5.3-1}$$

比例系数 L 称为该回路的自感系数,简称**自感**。如果回路周围不存在铁磁质,那么自感 L 是一个与电流 I 无关,仅由回路的匝数、几何形状、大小以及周围介质的磁导率决定的物理量。自感的物理意义是该回路中通过单位电流时穿过该回路的总磁通。在国际单位制中,自感的单位为亨利(H)。

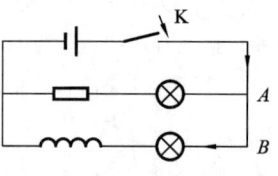

图 5.3-1　自感现象

$$1\ H = \frac{1\ Wb}{1\ A}$$

若回路的自感 L 保持不变,则通过回路的磁通量 Φ_m 仅随回路中电流的变化而变化,由法拉第电磁感应定律知,自感电动势为

$$\varepsilon_L = -\frac{d\Phi_m}{dt} = -L\frac{dI}{dt} \tag{5.3-2}$$

式中:"—"号表明自感电动势 ε_L 产生的感应电流总是反抗回路中电流的变化。由上式可看出,自感系数 L 也等于当回路中电流变化率为一个单位时回路中产生的自感电动势;当电流变化率 $\frac{dI}{dt}$ 一定时,回路 L 越大,产生的自感电动势越大,即回路保持自身中电流不变的能力越强,所以,自感系数 L 描述了线圈电磁惯性的大小。注意:以上我们仅考虑 L 是常量的情况。

5.3.2　自感系数和自感电动势的计算

自感系数的计算一般都比较复杂,常采用实验方法测定。只有在一些典型的、简单的情况下,才能利用公式来计算它。

例 5.3-1　计算长直螺线管的自感系数。

设已知一空心单层密绕长螺线管,长为 L,截面积为 S,单位长度上匝数为 n,管内充满磁导率为 μ 的磁介质。

解　设螺线管通有电流 I。忽略边缘效应,螺线管内部为均匀磁场,且磁感应强度的大小为

$$B = \mu n I$$

总磁链数 Ψ 为

$$\Psi = NBS = nL\mu nIS = \mu n^2 VI$$

式中:$V = LS$ 为螺线管的体积。

那么,

$$L = \frac{\Psi}{I} = \mu n^2 V$$

所以,提高螺线管自感系数最有效的途径是采用较细的导线绕制螺线管,可增加单位长度匝数和在螺线管内放置磁导率大的磁介质。但用铁磁质作为铁芯时,由于铁磁质的磁导率 μ 与 I 有关,此时 L 值与 I 有关。

下面用自感电动势的定义来进行 L 的计算:

$$\varepsilon = -\frac{\mathrm{d}\Phi_m}{\mathrm{d}t} = -\frac{\mathrm{d}}{\mathrm{d}t}(\mu n^2 VI) = -\mu n^2 V\frac{\mathrm{d}I}{\mathrm{d}t}$$

$$L = -\frac{\varepsilon}{\dfrac{\mathrm{d}I}{\mathrm{d}t}} = \mu n^2 V$$

实际中，一密绕的多匝线圈常称为自感线圈，它是电子技术中的基本元件之一。多用在稳流、滤波及产生电磁振荡等的电路中。

例 5.3-2　　　RL 电路。如图 5.3-2(a) 所示，由一自感线圈 L、电阻 R 与电源 ε 组成的电路。当电键 K 与 a 端相接触时，求接通后电流的变化情况。待电流稳定后，再迅速将电键 K 打向 b 端，再求此后的电流变化情况。

解　　当电键 K 与 a 接通时，回路中电流从无到有，线圈中产生的自感电动势为

$$\varepsilon_L = -L\frac{\mathrm{d}i}{\mathrm{d}t}$$

由全电路欧姆定律得

$$\varepsilon - L\frac{\mathrm{d}i}{\mathrm{d}t} = iR$$

将此方程分离变量后积分，并考虑初始条件，当 $t=0$ 时，$i=0$，得

$$\int_0^i \frac{\mathrm{d}i}{i-\dfrac{\varepsilon}{R}} = \int_0^t \left(-\frac{R}{L}\right)\mathrm{d}t$$

以上方程的解为

$$i = \frac{\varepsilon}{R}(1-e^{-\frac{R}{L}t})$$

此结果表明，电流随时间按指数规律增大，其极大值为

$$I_0 = \frac{\varepsilon}{R}$$

式中：指数 L/R 是有时间的量纲，称为此电路的时间常数。常以 τ 表示时间常数，即 $\tau = L/R$。

电键 K 接通后经过时间 τ，其电流强度为

$$I_\tau = \frac{\varepsilon}{R}(1-\frac{1}{e}) \approx 0.632 I_0$$

通常用时间 τ 来表示电路中电流增长的快慢（见图 5.3-2(b)）。

当电流达到稳定值 I_0 后，将电键 K 迅速拨到 b，电路中的电流发生变化，在线圈中产生自感电动势，其方向与电流方向相同。所以回路中的电流不是立即消失，而是逐渐衰减到零。由

$$\varepsilon_L = -L\frac{\mathrm{d}i}{\mathrm{d}t} = iR$$

利用初始条件，当 $t=0$ 时，$I_0 = \dfrac{\varepsilon}{R}$，这一方程的解为

$$I = \frac{\varepsilon}{R}e^{-\frac{R}{L}t}$$

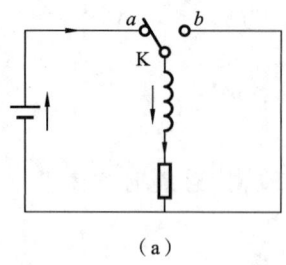 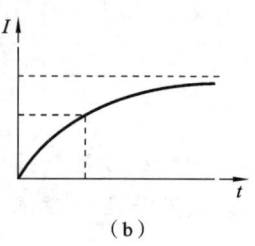

图 5.3-2　(a) RL 电路；(b) 电流与时间的关系

这一结果说明，电流随时间按指数规律减小。当 $t=\tau$ 时，

$$I_\tau = \frac{I_0}{e} \approx 0.368 I_0$$

5.3.3　互感现象、互感系数、互感电动势

由于某一个导体回路中的电流发生变化，而在邻近导体回路内产生感应电动势的现象称为**互感现象**。这种电动势称为互感电动势。

如图 5.3-3 所示，有两个固定的闭合电路 L_1 和 L_2。闭合回路 L_2 中的互感电动势是由回路 L_1 中电流 i_1 随时间的变化而引起的，以 ε_{21} 表示此电动势。下面说明 ε_{21} 与电流 i_1 的关系。

由毕奥-萨伐尔定律可知，电流 i_1 产生的磁场正比于 i_1，因而通过 L_2 线圈面积的、由 i_1 所产生的总磁通 Ψ_{21} 也应该与 i_1 成正比，即

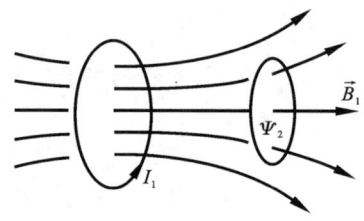

图 5.3-3　互感线圈

$$\Psi_{21} = M_{21} i_1 \qquad (5.3\text{-}3a)$$

式中：比例系数 M_{21} 称为回路 L_1 对回路 L_2 的互感系数（简称**互感**），它取决于两个回路的几何形状、相对位置、它们各自的匝数以及它们周围磁介质的分布。

同理，若回路 L_2 通以电流 i_2，则在回路 L_1 中产生的 Ψ_{12} 为

$$\Psi_{12} = M_{12} i_2 \qquad (5.3\text{-}3b)$$

式中：比例系数 M_{12} 称为回路 L_2 对回路 L_1 的互感系数（简称**互感**）。由法拉第电磁感应定律给出互感电动势为

$$\varepsilon_{21} = -\frac{\mathrm{d}\Psi_{21}}{\mathrm{d}t} = -M_{21}\frac{\mathrm{d}i_1}{\mathrm{d}t} \qquad (5.3\text{-}4a)$$

$$\varepsilon_{12} = -\frac{\mathrm{d}\Psi_{12}}{\mathrm{d}t} = -M_{12}\frac{\mathrm{d}i_2}{\mathrm{d}t} \qquad (5.3\text{-}4b)$$

理论和实验都证明：对两个固定回路 L_1 和 L_2 来说，互感系数是一个常数。对给定的一对导体回路有

$$M_{21} = M_{12} = M$$

M 就称为这两个导体回路的互感系数,简称它们的互感。在国际单位制中,互感系数的单位为亨利(H)。

式(5.3-4a)、式(5.3-4b)可统一表示为

$$\varepsilon_M = -M\frac{\mathrm{d}i}{\mathrm{d}t} \qquad (5.3\text{-}4c)$$

5.3.4　互感系数和互感电动势的计算

与自感系数 L 一样,通常互感 M 是通过实验来测定的,只有在一些简单的情况下才能利用公式计算出 M。

例 5.3-3　如图 5.3-4 所示,通有电流 I_1 的一长螺线管(称为原线圈)长为 l,截面积为 S,共有 N_1 匝。通有电流 I_2 的另一长螺线管(称为副线圈)共有 N_2 匝,两长螺线管的长度和截面积都相同且共轴,螺线管内磁介质的磁导率为 μ,求:

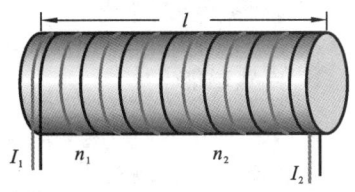

图 5.3-4　长螺线管

(1)这两个共轴螺线管的互感系数;

(2)两个螺线管的自感系数与互感系数的关系。

解　(1)设原线圈中通有电流 I_1,可知管内磁感应强度和磁通量分别为

$$B = \mu\frac{N_1}{l}I_1$$

$$\Phi_m = BS = \mu\frac{N_1}{l}I_1 S$$

通过副线圈的磁通量也是 Φ_m,所以副线圈的总磁通为

$$\Psi_{21} = N_2\Phi_m = \mu\frac{N_1 N_2 I_1}{l}S$$

根据互感系数的定义

$$M = \frac{\Psi_{21}}{I_1} = \mu\frac{N_1 N_2}{l}S$$

(2)长螺线管的自感系数为

$$L_1 = \mu n_1^2 V = \mu\frac{N_1^2}{l^2}lS = \mu\frac{N_1^2}{l}S$$

同理,

$$L_2 = \mu\frac{N_2^2}{l}S$$

由上式得

$$M^2 = \mu^2\frac{N_1^2 N_2^2}{l^2}S^2 = L_1 L_2$$

由此得

$$M = \sqrt{L_1 L_2}$$

一般情况下，此结果可以写为

$$M = K \sqrt{L_1 L_2} \quad (0 \leqslant K \leqslant 1)$$

式中：K 称为两回路的耦合系数，反映两线圈的磁耦合紧密程度，由它们的相对位置决定。在本例的情况下，$K=1$，称为理想耦合；当两螺线管互相垂直时，$K=0$；当 $K \ll 1$ 时，称为松耦合。

5.3.5　磁场的能量

1. 自感磁能

从例 5.3-2 我们知道，电键 K 突然由 a 拨到 b 时，线圈 L 中的电流不是立即消失，而是按指数规律逐渐衰减到零，即

$$I = \frac{\varepsilon}{R} e^{-\frac{R}{L}t}$$

当电键 K 合到 b 上时，电源已经不再提供能量了，线圈中电流的能量是"谁"提供的呢？要回答这个问题，就要分析自感线圈中电流衰减到零过程中是"谁"伴随着电流一起消失了。显然，伴随电流一起消失的是它所激发的磁场，消失的磁场将其能量转化为电流的能量。我们称储存在自感线圈中的磁能为自感磁能。它应该等于线圈 L 中电流 I 逐渐消失过程中自感电动势做的功

$$dW = \varepsilon_L I \, dt = -L \frac{dI}{dt} I \, dt = -L I \, dI$$

$$W = \int dW = \int_I^0 -L I \, dI = \frac{1}{2} L I^2$$

因此，具有自感 L 的线圈，通有电流 I 时所具有的自感磁能为

$$W_m = \frac{1}{2} L I^2 \tag{5.3-5}$$

W_m 称为自感磁能。与电容 C 的储能作用一样，自感线圈 L 也是一个储能元件。

2. 磁场能量、磁场能量密度

储存在线圈中的能量可以用描述磁场的物理量 $B(H)$ 来表示。下面以长直螺线管为例，由于其自感系数 $L = \mu n^2 V$，管内磁感应强度 $B = \mu n I$，所以其磁场能量为

$$W_m = \frac{1}{2} L I^2 = \frac{1}{2} \mu n^2 V \left(\frac{B}{\mu n} \right)^2 = \frac{B^2}{2\mu} V$$

我们把磁场单位体积内储存的能量称为磁场能量密度，用 w_m 表示。则

$$w_m = \frac{W_m}{V} = \frac{B^2}{2\mu}$$

或者

$$w_m = \frac{1}{2}BH \qquad\qquad (5.3\text{-}6)$$

虽然式(5.3-6)是从长直螺线管这一特例得出的,但可以证明它是普遍适用的。一般情况下,磁场能量密度是空间位置和时间的函数。对于不均匀磁场,可把磁场存在的空间划分为无数个体积元 dV,体积元 dV 内的磁场能量为

$$dW_m = w_m dV = \frac{B^2}{2\mu}dV$$

有限体积 V 内的磁场能量则为

$$W_m = \int_V dW_m = \frac{1}{2\mu}\int B^2 dV = \frac{1}{2}\int_V BH \, dV \qquad\qquad (5.3\text{-}7)$$

例 5.3-4   如图 5.3-5 所示,一长同轴电缆由半径为 R_1 的实心圆柱形导体和半径为 R_2 的薄圆筒(忽略壁厚)构成。其间充满相对磁导率为 μ_r 的绝缘材料。求同轴电缆单位长度上的自感系数(设圆柱形导体的磁导率为 μ_0)。

解   设电流为 I

当 $0 < r < R_1$ 时,电流均匀流过实心导体,

$$B_1 = \frac{\mu_0 r I}{2\pi R_1^2}, \qquad H_1 = \frac{rI}{2\pi R_1^2}$$

磁场能量密度为

$$w_1 = \frac{1}{2}\mu_0 H_1^2 = \frac{\mu_0 r^2 I^2}{8\pi^2 R_1^4}$$

单位长度内储存的磁场能量为

$$W_1 = \int_V w_1 dV = \int_0^{R_1} \frac{\mu_0 r^2 I^2}{8\pi^2 R_1^4} \cdot 2\pi r dr = \frac{\mu_0 I^2}{16\pi}$$

当 $R_1 < r < R_2$ 时,$H_2 = \dfrac{I}{2\pi r}$

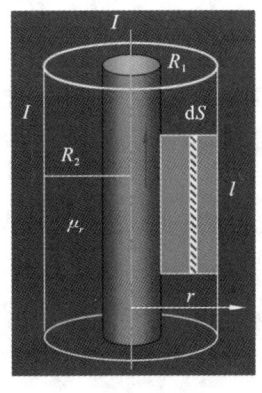

图 5.3-5 同轴电缆的
互感系数

磁场能量密度为

$$w_2 = \frac{1}{2}\mu_0 \mu_r H_2^2 = \frac{\mu_0 \mu_r I^2}{8\pi^2 r^2}$$

单位长度内储存的磁场能量为

$$W_2 = \int_V w_2 dV = \int_{R_1}^{R_2} \frac{\mu_0 \mu_r I^2}{8\pi^2 r^2} \cdot 2\pi r dr = \frac{\mu_0 \mu_r I^2}{4\pi}\ln\frac{R_2}{R_1}$$

单位长度内储存的总磁场能量为

$$W = W_1 + W_2 = \frac{1}{2}LI^2$$

所以

$$L = \frac{\mu_0}{8\pi} + \frac{\mu_0 \mu_r}{2\pi}\ln\frac{R_2}{R_1}$$

注意:同轴电缆的内导体为实心圆柱导体或空心圆筒导体,计算出的自感系数是有差别的,其原因是实心圆柱导体通有电流时,其内部有磁场能量。

例 5.3-5　如图 5.3-6 所示，求两相邻载流线圈的磁场能量。

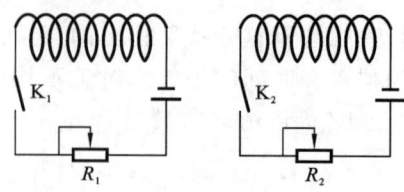

图 5.3-6　两回路的互感系数

解　我们先合上电键 K_1，使 L_1 中的电流由零增大到 I_1。这个过程中，电源 ε_1 克服 L_1 中的自感电动势做功而储存在 L_1 的磁场中的能量为

$$W_1 = \frac{1}{2} L_1 I_1^2$$

再合上电键 K_2，调节 R_1 使 I_1 保持不变，让 L_2 中电流由 0 增大到 I_2。这个过程中，电源 ε_2 克服 L_2 中的自感电动势做功而储存在 L_2 的磁场中的能量为

$$W_2 = \frac{1}{2} L_2 I_2^2$$

注意到，当线圈 L_2 中电流 i_2 由 0 增大到 I_2 的过程中，在 L_1 中会产生互感电动势，即

$$\varepsilon_{12} = -M_{12} \frac{\mathrm{d}i_2}{\mathrm{d}t}$$

要想 I_1 不变，电源 ε_1 还必须克服互感电动势做功。这样，由 ε_1 克服 ε_{12} 做功而储存到磁场中的能量为

$$W_3 = -\int \varepsilon_{12} I_1 \mathrm{d}t = \int M_{12} \frac{\mathrm{d}i_2}{\mathrm{d}t} I_1 \mathrm{d}t = \int_0^{I_2} M_{12} I_1 \mathrm{d}i_2 = M_{12} I_1 I_2$$

这时系统达到 L_1 和 L_2 中的电流分别是 I_1 和 I_2 的状态。这个过程中，磁场所储存的总能量为

$$W = W_1 + W_2 + W_3 = \frac{1}{2} L_1 I_1^2 + \frac{1}{2} L_2 I_2^2 + M_{12} I_1 I_2$$

如果改变通电方式，则需先合上电键 K_2，然后合上电键 K_1，同理可得出此过程中磁场所储存的总能量为

$$W' = W_1 + W_2 + W_3' = \frac{1}{2} L_1 I_1^2 + \frac{1}{2} L_2 I_2^2 + M_{21} I_1 I_2$$

这两种通电方式得到的最后状态相同，能量应与达到此状态的过程无关，即 $W = W'$。所以

$$M_{21} = M_{12} = M$$

由此，得

$$W = \frac{1}{2} L_1 I_1^2 + \frac{1}{2} L_2 I_2^2 + M I_1 I_2$$

随堂练习

5.9　某电路的电流变化引发周围另外一个电路中产生电流,此现象称为_____。

5.10　自感系数为 L 的线圈,通过电流 I,则其储存的磁场能量是_____。

5.11　磁场能量的两种表达式_____和_____的物理意义有什么不同?举例说明磁场具有能量。

5.4　位移电流和麦克斯韦电磁场方程组

基本要求:了解麦克斯韦位移电流假说,理解位移电流的概念;了解全电流安培环路定理;了解麦克斯韦方程组的积分形式及其物理意义。

5.4.1　麦克斯韦位移电流假设

我们知道,对于稳恒电流,其磁场遵从安培环路定理,即

$$\oint_L \vec{B} \cdot \mathrm{d}\vec{l} = \mu_0 \sum_{(L内)} I_i$$

对于非稳恒电流的情形又如何呢?如图 5.4-1 所示,假设电容器 C 充电或使电容器 C 放电,在上述过程中,导体中均有电荷流动,但却没有电荷在电容器两板的空间中流动,因而产生一个问题,在非恒定电流的情况下,传导电流的连续性不成立。在电容器充电过程中,作一包围载流导线的闭合回路 L,以 L 为边界作 S_1、S_2 两个曲面,按照安培环路定理,对不同的曲面,可得到两个结果

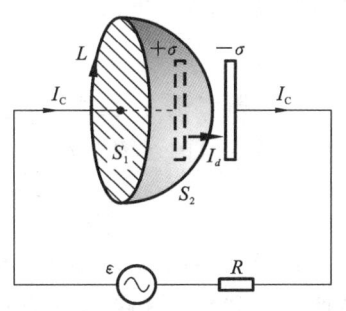

图 5.4-1　非稳恒电路

$$\oint_L \vec{B} \cdot \mathrm{d}\vec{l} = \mu_0 \sum_{S_1} I_i = \mu_0 I$$

$$\oint_L \vec{B} \cdot \mathrm{d}\vec{l} = \mu_0 \sum_{S_2} I_i = 0$$

这样又出现了第二个问题,对同一个闭合路径 $\vec{B}$ 的线积分,得到不同的积分结果,在这种情况下,显然,适用于稳恒电流的安培环路定理不再成立。

麦克斯韦注意到,在上述情况下,虽然电容器两极板之间没有传导电流,但却有变化的电场。电容器极板上的自由电荷 q、电荷面密度 σ 随时间变化时,两极板之间的电场 $\vec{E}$ 及通过曲面 S_2 的电通量 Φ_e 也都是随时间变化而相应地变化。现以电容充电为例来进行分析,我们发现极板上:$I(t) = \dfrac{\mathrm{d}q}{\mathrm{d}t} = S\dfrac{\mathrm{d}\sigma}{\mathrm{d}t}$,且 $I(t) = Sj$。这里 j 是极板上的电流面密度,S 为极板的面积。

由于 $E = \sigma/\varepsilon_0$,所以极板间有

$$\frac{\mathrm{d}\Phi_e}{\mathrm{d}t} = \frac{\mathrm{d}}{\mathrm{d}t}(E \cdot S) = S\frac{\mathrm{d}E}{\mathrm{d}t} = \frac{S}{\varepsilon_0}\frac{\mathrm{d}\sigma}{\mathrm{d}t}$$

从而发现,在量值上有

$$\begin{cases} \varepsilon_0 \dfrac{\mathrm{d}\Phi_e}{\mathrm{d}t} = I(t) \\ \varepsilon_0 \dfrac{\mathrm{d}E}{\mathrm{d}t} = j \end{cases}$$

可见,若把 $\varepsilon_0 \dfrac{\mathrm{d}\Phi_e}{\mathrm{d}t}$ 等价为某种电流,则上述的两个问题就容易解释了。因此麦克斯韦引入**位移电流**概念。

令

$$I_d = \varepsilon_0 \frac{\mathrm{d}\Phi_e}{\mathrm{d}t} \tag{5.4-1}$$

$$j_d = \varepsilon_0 \frac{\mathrm{d}E}{\mathrm{d}t} \tag{5.4-2}$$

I_d、j_d 分别称为位移电流和位移电流密度。

5.4.2 安培环路定理的推广

引入位移电流概念以后,麦克斯韦又提出,一般情况下,电流由传导电流和位移电流两部分组成,称为全电流。

$$I_{全} = \sum I_i + I_d \tag{5.4-3}$$

麦克斯韦认为,在恒定电流的情况下,传导电流的连续性方程在非恒定电流的情况下应推广为全电流的连续性方程。同样,在非稳恒电流的情况下,安培环路定理应修正为

$$\oint_L \vec{B} \cdot \mathrm{d}\vec{l} = \mu_0 \sum_{(L内)} I_{全} = \mu_0 \sum_{(L内)} I_i + \mu_0 \sum_{(L内)} I_d \tag{5.4-4}$$

式(5.4-4)是安培环路定理的一般形式,它表明传导电流 I_i 可以产生磁场,位移电流 I_d 也能产生磁场。这样,本节开始时提出的问题就得到了解决。穿过图 5.4-1 中以 L 为边界的曲面 S_1 和 S_2 的电流都应该为全电流:在 S_1 处位移电流几乎为零,只剩下传导电流,而在 S_2 处不存在传导电流,只有位移电流。于是,对 S_1,

$$\oint_L \vec{B} \cdot \mathrm{d}\vec{l} = \mu_0 \sum_{(L内)} I_{全} = \mu_0 I$$

对 S_2,

$$\oint_L \vec{B} \cdot \mathrm{d}\vec{l} = \mu_0 \sum_{(L内)} I_{全} = \mu_0 I_d = \mu_0 \varepsilon_0 \frac{\mathrm{d}\Phi_e}{\mathrm{d}t} = \mu_0 I$$

这样,无论是选择 S_1 还是选择 S_2 作为以 L 为边界的曲面来计算 $\vec{B}$ 的环流,都可得到相同的确定的值。

位移电流实质是变化的电场,而不是运动的电荷,所以位移电流产生磁场实质是"变化的电场产生磁场"。

从另外角度来看,法拉第电磁感应定律说明"变化的磁场能产生电场",这深刻地揭示了电场和磁场是密切相关的。同时又指出,这种电与磁互相激发而产生的磁场、电场均是变化

的场,而不是恒定的静电场和恒定磁场。

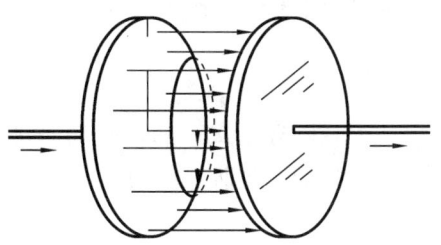

例 5.4-1　图 5.4-2 所示为一平板电容器,两极板都是半径 $R = 0.10$ m 的导体圆板。当充电时,极板间的电场强度以 $\mathrm{d}E/\mathrm{d}t = 10^{12}$ V·m^{-1}·s^{-1} 的变化率增加,设两极板间为真空,略去边缘效应,求:

（1）两极板间的位移电流 I_d;

（2）距两极板中心连线为 r（$r < R$）处的 B_r,并估算 $r = R$ 处的磁感应强度的大小。

图 5.4-2　平板电容器

解　在忽略边缘效应时,平板间的电场可看成均匀分布。

（1）$I_d = \varepsilon_0 \dfrac{\mathrm{d}\Phi_e}{\mathrm{d}t} = \varepsilon_0 \dfrac{\mathrm{d}E}{\mathrm{d}t} S = \pi R^2 \varepsilon_0 \dfrac{\mathrm{d}E}{\mathrm{d}t}$

$= 3.14 \times (0.1)^2 \times 8.85 \times 10^{-12} \times 10^{12} = 0.28$（A）

（2）两极板间的位移电流相当于均匀分布的圆柱电流,它产生具有轴对称的感应磁场,以两极板中心连线为轴,取半径为 r 的圆形回路为闭合积分路线。

（a）当 $r < R$ 时,

$$\oint_L \vec{B} \cdot \mathrm{d}\vec{l} = B \cdot 2\pi r = B \cdot 2\pi r = \mu_0 \varepsilon_0 \frac{\mathrm{d}\Phi_e}{\mathrm{d}t}$$

$$= \mu_0 \varepsilon_0 \frac{\mathrm{d}E}{\mathrm{d}t} \cdot \pi r^2 = \mu_0 \varepsilon_0 \frac{\mathrm{d}E}{\mathrm{d}t} \cdot \pi r^2$$

所以,

$$B_r = \frac{\varepsilon_0 \mu_0}{2} r \frac{\mathrm{d}E}{\mathrm{d}t}$$

（b）当 $r > R$ 时,

$$\oint_L \vec{B} \cdot \mathrm{d}\vec{l} = B \cdot 2\pi r = \mu_0 \varepsilon_0 \frac{\mathrm{d}E}{\mathrm{d}t} \pi R^2 = \mu_0 \varepsilon_0 \frac{\mathrm{d}E}{\mathrm{d}t} \pi R^2$$

故 $r = R$ 时,

$$B_R = \frac{\mu_0 \varepsilon_0}{2} R \frac{\mathrm{d}E}{\mathrm{d}t} = 5.56 \times 10^{-17}\ \mathrm{T}$$

计算结果表明,位移电流产生的磁场是相当弱的。一般只有在超高频的情况下才考虑位移电流产生的磁场。

5.4.3　麦克斯韦方程组

麦克斯韦认为:一般情况下,电场既包括自由电荷产生的静电场 $\vec{E}^{(1)}$,也包括变化磁场产生的涡旋电场 $\vec{E}^{(2)}$,电场强度 $\vec{E}$ 是两种电场的矢量和。即

$$I_全 = \sum I_i + I_d, \quad \vec{E} = \vec{E}^{(1)} + \vec{E}^{(2)} \tag{5.4-5}$$

同时，磁场既包括传导电流产生的磁场 $\vec{B}^{(1)}$，也包括位移电流（变化电场）产生的磁场 $\vec{B}^{(2)}$，即

$$\vec{B} = \vec{B}^{(1)} + \vec{B}^{(2)} \tag{5.4-6}$$

这样就得到一般情况下的电磁场所满足的方程组，如下。

（1）电场的高斯定理为

$$\oint_S \vec{E} \cdot \mathrm{d}\vec{S} = \sum_i q_i / \varepsilon_0 = \int_V \rho \mathrm{d}V / \varepsilon_0 \tag{5.4-7}$$

（2）法拉第电磁感应定律为

$$\oint_L \vec{E} \cdot \mathrm{d}\vec{l} = -\frac{\mathrm{d}\Phi_m}{\mathrm{d}t} = -\int_S \frac{\partial \vec{B}}{\partial t} \cdot \mathrm{d}\vec{S} \tag{5.4-8}$$

（3）磁场的高斯定理为

$$\oint_S \vec{B} \cdot \mathrm{d}\vec{S} = 0 \tag{5.4-9}$$

（4）全电流的安培环路定理为

$$\oint_L \vec{B} \cdot \mathrm{d}\vec{l} = \mu_0 \left(\sum I_i + \varepsilon_0 \frac{\mathrm{d}\Phi_e}{\mathrm{d}t} \right) = \mu_0 \left(\sum I_i + \varepsilon_0 \int_S \frac{\partial \vec{E}}{\partial t} \cdot \mathrm{d}\vec{S} \right) \tag{5.4-10}$$

这四个方程就称为麦克斯韦方程组的积分形式。

有了这四个方程，原则上可以解决各种宏观电磁场的问题。

麦克斯韦方程组具有重要的意义，它是宏观电磁场的理论基础，也是现代电工学、无线电电子学等不可缺少的理论基础。在麦克斯韦方程组中，有两个方程分别指出"变化的电场能产生磁场"、"变化的磁场能产生电场"，所以变化的电场、磁场互相激发而产生不可分割的统一电磁场，且由近及远地向外传播而形成电磁波。因此，从麦克斯韦理论出发预言了电磁波的存在，这一理论概括了当时已发现的所有电磁现象和光现象的规律。它是在牛顿建立力学理论之后物理学的又一光辉成就。

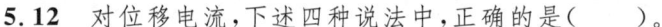 随堂练习

V5.4-1　电磁波

5.12 对位移电流，下述四种说法中，正确的是（　　）。

　　A. 位移电流的实质是变化的电场

　　B. 位移电流和传导电流一样是定向运动的电荷

　　C. 位移电流服从传导电流遵循的所有定律

　　D. 位移电流的磁效应不服从安培环路定理

5.13 判断正误。

　　（1）变化的磁场在导体材料中会形成涡电流、发热，从而损害电器件，要尽量避免。

　　　　　　　　　　　　　　　　　　　　　　　　　　　　（　　）

　　（2）麦克斯韦位移电流假设的实质是变化的电场产生磁场。　　（　　）

5.14 反映电磁场基本性质和规律的积分形式的麦克斯韦方程组如下：

　　（1）$\oint_S \vec{E} \cdot \mathrm{d}\vec{S} = \dfrac{q}{\varepsilon_0}$

(2) $\oint_L \vec{E} \cdot \mathrm{d}\vec{l} = -\int_s \dfrac{\partial \vec{B}}{\partial t} \cdot \mathrm{d}\vec{S}$

(3) $\oint_s \vec{B} \cdot \mathrm{d}\vec{S} = 0$

(4) $\oint_L \vec{B} \cdot \mathrm{d}\vec{l} = \mu_0 \int_s (\vec{j} + \varepsilon_0 \dfrac{\partial \vec{E}}{\partial t}) \cdot \mathrm{d}\vec{S}$

试判断下列结论是包含于或等效于哪一个麦克斯韦方程式。将你确定的方程式用代号填在相应结论后的空白处。

(1) 变化的电场产生有旋的磁场。_____

(2) 闭合曲面的电场强度通量只跟其内的电荷有关。_____

(3) 变化的磁场也能产生有旋的电场。_____

---

*5.5　时变电磁场应用篇

电磁场（或波）为能量的一种形式，是当今世界重要的能源，研究领域涉及电磁能产生、存储、变换、传输和应用。电磁波作为信息的载体，成为信息发布与通信的主要手段，研究内容包括信息发布、交换、传输、储存、处理、再现和应用。电磁波作为探测未知世界的一种重要手段，主要研究领域为电磁波与目标的相互作用特性、目标探测及其特征的获取。电磁波作为测控和定位技术的手段，构成现代工业、交通、国防等领域的应用基础。

5.5.1　无线充电技术

目前无线电力传输领域已经出现了几种相对成熟的技术方案。**其一是电磁感应式**，这也是目前最为常见的无线电力传输方式，通过发射端和接收端的线圈相互感应产生电流，从而实现电力传输；**其二是电磁共振式**，这是一种目前正在研究中的无线电力传输方式，其原理是将能量发送和接收装置调整到相同的频率或者特定的频率上实现共振，从而在它们之间实现能量的彼此交换；**其三是无线电波式**，这也是一种技术相对成熟的无线电力传输方式，其原理与早期使用的矿石收音机类似，即利用微型高效接收电路捕捉从障碍物反射回来的无线电波，然后将之转化为稳定的直流电压。

1. 电磁感应方式

无线充电是一种有关生活方式的科技成就，就像蓝牙和 Wi-Fi 无线上网，它将从根本上改变人们的生活方式。

无线充电的基本原理：利用电磁感应原理进行充电的设备，类似于变压器，在发送和接收端各有一个线圈，发送端线圈连接有线电源产生电磁波信号，接收端线圈感受发送端的电磁信号从而产生电流给用电设备。如图 5.5-1 所示，无线充电技术需要两个设备：RX（接收器，就是需要充电的产品）和 TX（发送器）。

电流流过线圈会产生磁场。其他未通电的线圈靠近该磁场就会产生电流。无线充电应

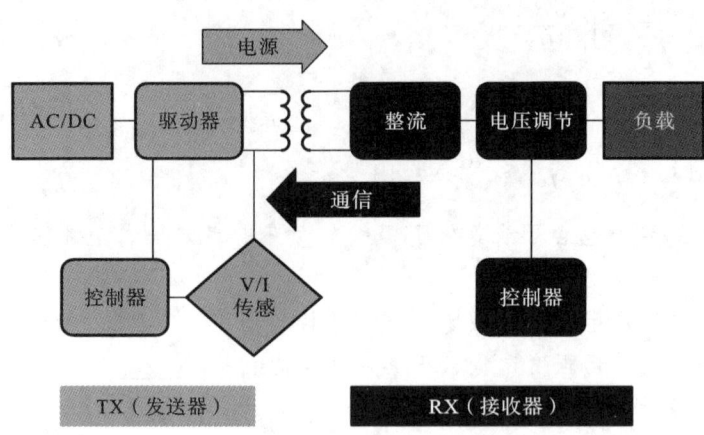

图 5.5-1　电磁感应无线充电原理框图

用了这种称为"电磁感应"的物理现象（左），将可与磁场振动共振的线圈排列起来，可以延长供电距离（右），如图 5.5-2 所示。

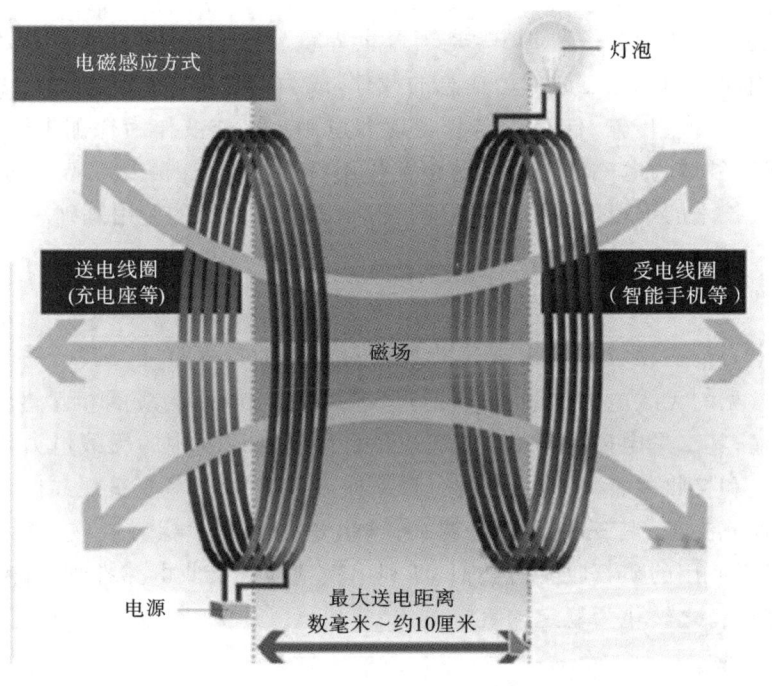

图 5.5-2　"电磁感应"的物理现象示意图

2. 磁共振方式

磁共振方式的原理与声音的共振原理相同。排列好振动频率相同的音叉，一个发声的话，其他的也会共振发声。同样，排列在磁场中的相同振动频率的线圈，也可从一个向另一个供电。当两个装置调整到相同频率，或者在一个特定的频率上共振时，它们就可以交换彼此的能量。

相比电磁感应方式,利用共振可延长传输距离。磁共振方式不同于电磁感应方式,无须使线圈间的位置完全吻合,如图 5.5-3 所示。

3. 无线电波方式

无线电波是由开放电路发射出去的。在实际应用中常把开放电路的下端跟地连接,常称为地线,线圈上部接到比较高的导线上,称为天线。天线和地线形成一个敞开的电容器,电磁波就是由这样的开放电路发射出去的。电视发射塔要建得很高,是为了使电磁波发射得较远。实际发射无线电波的装置中还需要在开放电路旁加一个振荡器电路与之耦合,如图 5.5-4 所示。

图 5.5-3　磁共振方式无线充电技术应用示意图

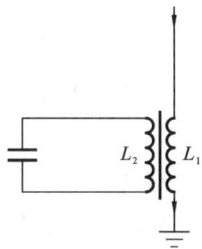

图 5.5-4　无线电波发射

振荡器电路产生的高频率振荡电流通过 L_2 和 L_1 的互感作用,使 L_1 也产生同频率的振荡电流,振荡电流在开放回路中激发出无线电波,向四周空间自由辐射。

4. 展望

无线能量传输技术作为一项划时代意义的高新技术,是生活中无线技术的又一次革命。这种新的能量接入模式能满足恶劣的工作环境、安全性生产的需要,在工矿企业及高层建筑等方面有市场需求。在交通运输方面,该技术对电动汽车、电动机车乃至磁悬浮列车等提供了巨大的支持。同时该技术可推广应用于室内用电设备、生物医学和人机电一体化装置中,甚至还可以推广应用到国防、军事等众多领域。

电磁波送电方式的"太空太阳能发电技术"的应用,可以从根本上解决电力问题。利用铺设在巨大平板上的亿万片太阳电池,在太阳光照射下产生电流,将电流集中起来转换成无线电微波,发送给地面接收站。地面接收后,将微波恢复为直流电或交流电,送给用户使用。地球上的太阳能电站往往要受制于地形条件的限制,不可能无限制地大下去。但太空中没有这样的限制,空间太阳能电站的总面积非常巨大。这样一来,可以替地表挡住一部分太阳光,减少来自太阳的能量输入,进而降低地球表面的温度。相当于用一把巨大的"遮阳伞"来缓解全球气候变暖,帮助解决 21 世纪人类面临的最棘手的问题。

中国的远大目标:2008 年,中国将空间太阳能电站研发工作纳入国家先期研究规划,力争在 2030 年开始建设兆瓦级空间太阳能试验电站、2050 年前具备建设吉瓦级商业空间太阳能电站的能力。

　　我国首个空间太阳能电站实验基地已经在 2018 年 12 月于重庆启动建设,如图 5.5-5
所示。

图 5.5-5　中国空间太阳能电站

5.5.2　电磁场与电磁波在电子通信技术中的应用

1. 卫星通信

　　因为电磁波具有在空间传输损耗的特性,所以无线信号的覆盖距离受限。要想实现远
距离覆盖,则需要加建站点,而有些地区,如海洋、深山、森林、沙漠、高原、无人区等,建设通
信基站的费用/收入极不成比例,此时,卫星通信的优势则凸显出来。所谓卫星通信,就是利
用卫星作为无线信号的传输中继,从而扩大基站的覆盖距离。为了提高传输带宽,卫星通信
一般都采用高频段工作,如 C 波段(4～8 GHz)、Ku 波段(10～18 GHz)、Ka 波段(27～40
GHz)。

　　卫星通信离我们的生活还远吗?答案是卫星通信已经融入了我们的生活。普通用户家
里安装的卫星电视已经到了非常廉价的地步,海事卫星电话也随着国内卫星通信事业的发
展而资费大幅下降。另外,规划中的 6G 移动通信也需要使用近地轨道卫星作为信号收发中
继,科技巨头 Space X 的 Star link 已经发射约 1000 颗近地轨道卫星,计划至 2024 年共发射约
12000 颗构建一个巨型的卫星网络。我国也推出了虹云工程和鸿雁星座计划。虹云工程已于
2019 年 7 月完成高清视频通话等多媒体服务测试。图 5.5-6 为卫星通信工作的示意图。

2. 移动通信

　　当你给某人打电话时,你的语音会被手机转换为电子信号,通过无线电波传输到最近的
手机信号塔。呼叫到达另一个人的电话之前,它需要通过蜂窝塔网络。其他数据,如照片和
视频的传输也是一样的道理。

　　1G 和 2G 通信主要是使用 800～900 MHz 的频段,属于低频频段,穿透能力较好,单站
覆盖范围较大。随着用户数量的激增,800～900 MHz 频率的资源不太够用,于是,新增了
1700～1900 MHz 的一些频段。单站覆盖范围明显小了很多,缓解了容量问题。

　　随着对上网速率的更高需求,我们使用 3G,加上低频段被 2G 占用,不得不使用 1800～
2000 MHz,甚至 2000 MHz 以上的频段。当 3G 网络建成之后,在偏远地区,或者室内的偏

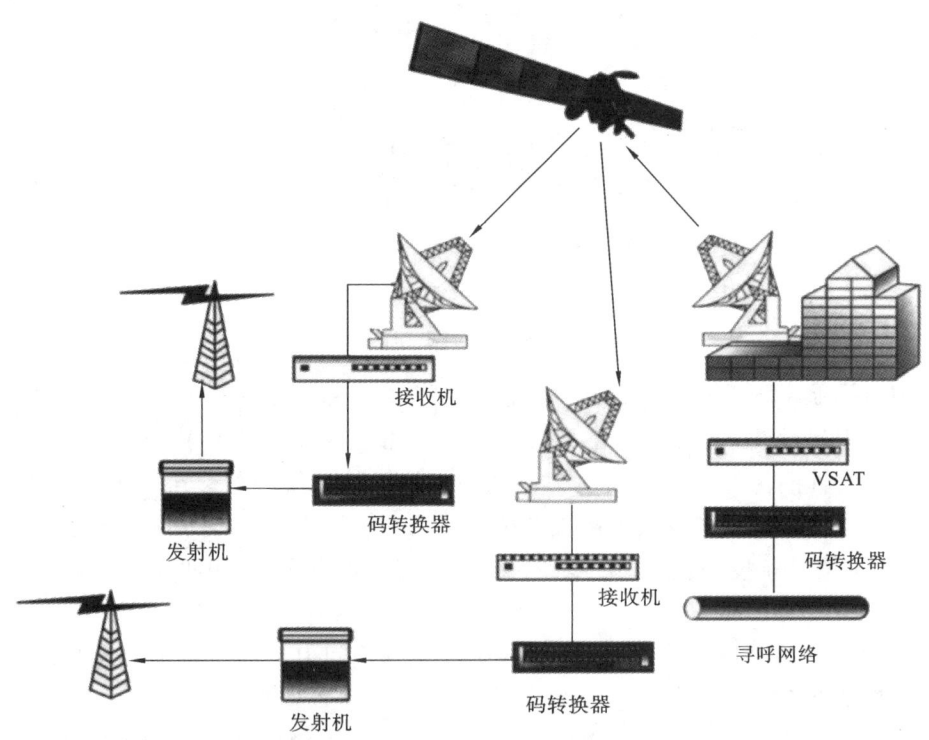

图 5.5-6 卫星通信工作的示意图

僻位置,往往只有 2G 信号而没有 3G 信号。

4G LTE 使用的频段在 2600 MHz 左右,覆盖范围更小,室内信号更差。而 80% 以上的数据流量都来自室内。所以,催生了微基站和皮飞基站用于室内人群的信号覆盖,能够保证正常上网。

5G 使用毫米波(波长达到毫米级的电磁波),28 GHz 与 60 GHz 是最有望应用在 5G 通信的两个频段。其中,28 GHz 的可用频谱带宽可达 1 GHz,60 GHz 每个信道的可用信号带宽则可达 2 GHz。

高频段在移动通信中的应用是未来的发展趋势,足够量的可用带宽、小型化的天线和设备、较高的天线增益是高频段毫米波移动通信的主要优点,但也存在传输距离短、穿透和绕射能力差、容易受气候环境影响等缺点。如微基站如图 5.5-7 所示,移动通信工作的示意图如图 5.5-8 所示。

图 5.5-7 微基站

5.5.3 北斗卫星导航系统

北斗卫星导航系统是中国着眼于国家安全和经济社会的发展需要,自主建设运行的全球卫星导航系统,是为全球用户提供全天候、全天时、高精度的定位、导航和授时服务的国家重要时空基础设施。

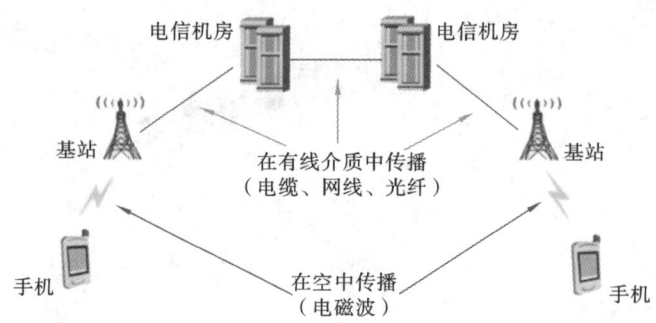

图 5.5-8　移动通信工作的示意图

北斗卫星导航系统具有以下特点：一是其空间段采用的是由三种轨道卫星组成的混合星座。与其他卫星导航系统相比，北斗卫星导航系统的高轨卫星更多，抗遮挡能力强，尤其在低纬度地区时性能优势更为明显。二是北斗卫星导航系统提供多个频点的导航信号，能够通过多频信号组合使用的方式提高服务精度。三是北斗卫星导航系统融合了导航与通信的能力，具备定位导航授时、星基增强、地基增强、精密单点定位、短报文通信和国际搜救等多种服务功能。

在北斗卫星导航系统定位测量中，主要解决观测瞬间卫星的**位置**和观测瞬间测站点到卫星的**空间距离**两个问题。

卫星定位采用的是三角定位原理，通过借助卫星发射的测距信号来确定位置，即**将空间中的卫星作为已知点，测量卫星到地面点的距离，然后通过距离来确定接收设备在地球表面或空中的位置。**

卫星不断发送包含卫星位置的轨道信息和卫星所携带的原子钟产生的精确时间信息，同时发射测距信号。北斗接收机（自带时钟，并且拥有无线电信号接收器）接收卫星传来的信号，并测定该卫星到接收机的空间距离，此时接收机位于以观测卫星为球心、观测卫星到接收机空间距离为半径的球面与地球表面相交的圆弧的某一点。以此类推，可以确定以第二、三颗观测卫星为球心，观测卫星到接收机空间距离为半径的球面与地球表面的相交点。**三个圆弧相交于地球表面的一点，该点即为接收机的位置，**如图 5.5-9 所示。

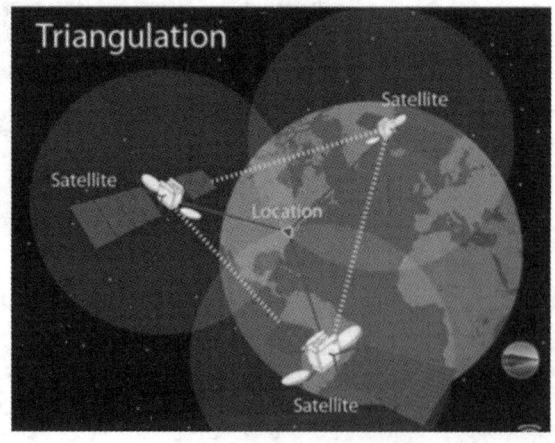

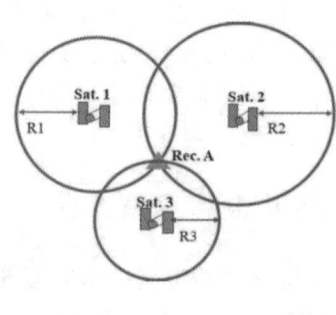

图 5.5-9　卫星定位与原理

由于接收机内部采用的石英钟与卫星搭载的原子钟相比误差较大,因此需要接收四颗卫星的观测值,解出卫星钟和接收机时钟的时间差,以便算出准确的传播时间,最终测算出准确的传播距离。

距离测量采用以下公式计算得出

$$D = c \cdot t$$

其中:D 为卫星到接收机的距离;c 为电磁波在大气中的传播速度;t 为卫星到接收机的信号传播时间。

V5.5-1　卫星
定位与原理

总 习 题 五

一、选择题

5.1 将形状完全相同的铜环和木环静止放置,并使通过两环面的磁通量随时间的变化率相等,不计自感时,(　　　)。

A. 铜环中有感应电动势,木环中无感应电动势

B. 铜环中感应电动势大,木环中感应电动势小

C. 铜环中感应电动势小,木环中感应电动势大

D. 两环中感应电动势相等

5.2 两根无限长平行直导线载有大小相等、方向相反的电流 I,并各以 dI/dt 的变化率增长,一矩形线圈位于导线平面内,则(　　　)。

A. 线圈中无感应电流　　　　　　　B. 线圈中感应电流为顺时针方向

C. 线圈中感应电流为逆时针方向　　D. 线圈中感应电流方向不确定

5.3 如总习题 5.3 图所示,一矩形线圈以匀速自无场区平移进入均匀磁场区,又平移穿出。在 A.、B.、C.、D. 各 I-t 曲线中,(　　　)符合线圈中的电流随时间变化的关系(取逆时针指向为电流正方向,且不计线圈的自感)。

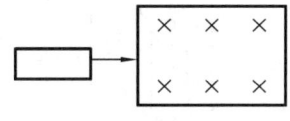

总习题 5.3 图

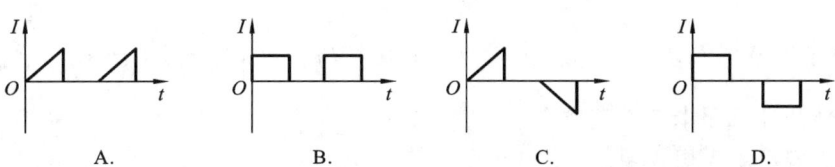

A.　　　　　　　　B.　　　　　　　　C.　　　　　　　　D.

5.4 一矩形线框长为 a、宽为 b 置于均匀磁场中,线框绕 OO' 轴以匀角速度 ω 旋转,如总习题 5.4 图所示。设当 $t=0$ 时,线框平面处于纸面内,则任一时刻感应电动势的大小为(　　　)。

A. $2abB|\cos\omega t|$ B. ωabB C. $\dfrac{1}{2}\omega abB|\cos\omega t|$

D. $\omega abB|\cos\omega t|$ E. $\omega abB|\sin\omega t|$

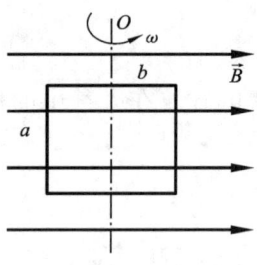

总习题 5.4 图

5.5 在一通有电流 I 的无限长直导线所在平面内,有一半径为 r、电阻为 R 的导线小环,环中心距直导线为 a,如总习题 5.5 图所示,且 $a\gg r$。当直导线的电流被切断后,沿着导线环流过的电荷约为(   )。

A. $\dfrac{\mu_0 I r^2}{2\pi R}\left(\dfrac{1}{a}-\dfrac{1}{a+r}\right)$ B. $\dfrac{\mu_0 I r}{2\pi R}\ln\dfrac{a+r}{a}$ C. $\dfrac{\mu_0 I r^2}{2aR}$ D. $\dfrac{\mu_0 I a^2}{2rR}$

5.6 如总习题 5.6 图所示,直角三角形金属框架 abc 放在均匀磁场中,磁场 $\vec{B}$ 平行于 ab 边,bc 的长度为 l。当金属框架绕 ab 边以匀角速度 ω 转动时,abc 回路中的感应电动势 ε 和 a、c 两点间的电势差 U_a-U_c 为(   )。

A. $\varepsilon=0,\ U_a-U_c=\dfrac{1}{2}B\omega l^2$ B. $\varepsilon=0,\ U_a-U_c=-\dfrac{1}{2}B\omega l^2$

C. $\varepsilon=B\omega l^2,\ U_a-U_c=\dfrac{1}{2}B\omega l^2$ D. $\varepsilon=B\omega l^2,\ U_a-U_c=-\dfrac{1}{2}B\omega l^2$

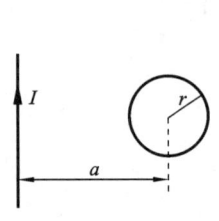

总习题 5.5 图

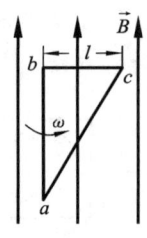

总习题 5.6 图

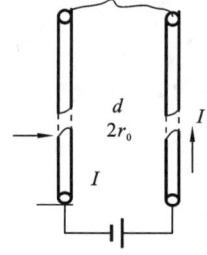

总习题 5.8 图

5.7 用线圈的自感系数 L 来表示载流线圈磁场能量的公式 $W_m=\dfrac{1}{2}LI^2$,(   )。

A. 只适用于无限长密绕螺线管

B. 只适用于单匝圆线圈

C. 只适用于一个匝数很多且密绕的螺绕环

D. 适用于自感系数 L 一定的任意线圈

5.8 两根很长的平行直导线,其间距为 d,与电源组成回路,如总习题 5.8 图所示。已知导

线上的电流为 I,两根导线的横截面的半径均为 r_0。设用 L 表示两根导线回路单位长度的自感系数,则沿导线单位长度的空间内的总磁场能量 W_m 为( )。

A. $\frac{1}{2}LI^2$

B. $\frac{1}{2}LI^2 + I^2\int_{r_0}^{\infty}\left[\frac{\mu_0 I}{2\pi r} - \frac{\mu_0 I}{2\pi(d+r)}\right]^2 2\pi r\,\mathrm{d}r$

C. ∞

D. $\frac{1}{2}LI^2 + \frac{\mu_0 I^2}{2\pi}\ln\frac{d}{r_0}$

5.9 有两根长直密绕螺线管,长度及线圈匝数均相同,半径分别为 r_1 和 r_2。管内充满均匀介质,其磁导率分别为 μ_1 和 μ_2。设 $r_1:r_2=1:2$,$\mu_1:\mu_2=2:1$,当将两只螺线管串联在电路中通电稳定后,其自感系数之比 $L_1:L_2$ 与磁场能量之比 $W_{m1}:W_{m2}$ 分别为( )。

A. $L_1:L_2=1:1,W_{m1}:W_{m2}=1:1$ B. $L_1:L_2=1:2,W_{m1}:W_{m2}=1:1$
C. $L_1:L_2=1:2,W_{m1}:W_{m2}=1:2$ D. $L_1:L_2=2:1,W_{m1}:W_{m2}=2:1$

5.10 一个电阻为 R、自感系数为 L 的线圈,将它接在一个电动势为 $\varepsilon(t)$ 的交变电源上,线圈的自感电动势为 $\varepsilon_L=-L\dfrac{\mathrm{d}I}{\mathrm{d}t}$,则流过线圈的电流为( )。

A. $\varepsilon(t)/R$ B. $[\varepsilon(t)-\varepsilon_L]/R$ C. $[\varepsilon(t)+\varepsilon_L]/R$ D. ε_L/R

二、填空题

5.11 如总习题 5.11 图所示,在无限长直载流导线的右侧有面积为 S_1 和 S_2 的两个矩形回路。两个回路与长直载流导线在同一个平面内,且矩形回路的一边与长直载流导线平行。则通过面积为 S_1 的矩形回路的磁通量与通过面积为 S_2 的矩形回路的磁通量之比为_____。

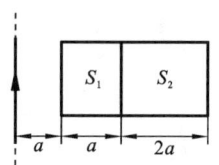

总习题 5.11 图

5.12 将条形磁铁插入与冲击电流计串联的金属环中时,有 $q=2.0\times10^{-5}$ C 的电荷通过电流计。若连接电流计的电路总电阻 $R=25$ Ω,则穿过环的磁通量的变化 $\Delta\Phi_m=$_____。

5.13 如总习题 5.13 图所示,在一长直导线 L 中通有电流 I,$ABCD$ 为一矩形线圈,它与 L 皆在纸面内,且 AB 边与 L 平行。

(1) 矩形线圈在纸面内向右移动时,线圈中感应电动势的方向为_____。

(2) 矩形线圈绕 AD 边旋转,当 BC 边已离开纸面正向外运动时,线圈中感应动势的方向为_____。

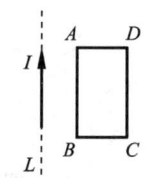

总习题 5.13 图

5.14 半径为 r 的小绝缘圆环置于半径为 R 的大导线圆环中心,二者在同一平面内,且 $r\ll R$。在大导线环中通有正弦电流(取逆时针方向为正)$I=I_0\sin\omega t$,其中 ω、I_0 为常数,t 为时间,则任一时刻小线环中的感应电动势(取逆时针方向为正)为_____。

5.15 在竖直向上的均匀稳恒磁场中,有两条与水平面成 θ 角的平行导轨,相距 L,导轨下端与电阻 R 相连,一段质量为 m 的裸导线 ab 在导轨上保持匀速下滑。在忽略导轨与导线的电阻和其间摩擦的情况下,感应电动势 $\varepsilon_i=$_____;导线 ab 上_____端电势高;感应电流的大小 $i=$_____,方向_____。

5.16 一自感线圈中，电流强度在 0.002 s 内均匀地由 10 A 增加到 12 A，此过程中线圈内自感电动势为 400 V，则线圈的自感系数 $L =$ _____。

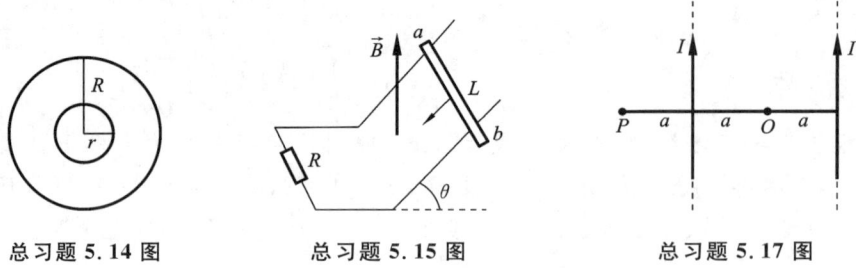

总习题 5.14 图   总习题 5.15 图   总习题 5.17 图

5.17 真空中两条相距 $2a$ 的平行长直导线，通以方向相同、大小相等的电流 I，O、P 两点与两导线在同一平面内，与导线的距离如总习题 5.17 图所示，则 O 点的磁场能量密度 $w_{mO} =$ _____，P 点的磁场能量密度 $w_{mP} =$ _____。

5.18 一无限长圆柱形铜导体（磁导率为 μ_0），半径为 R，通有均匀分布的电流 I。今取一矩形平面 S（长为 1 m，宽为 $2R$），位置如总习题 5.18 图中画斜线部分所示，通过该矩形平面的磁通量为 _____。

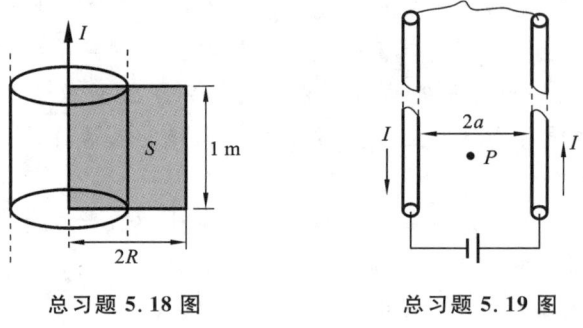

总习题 5.18 图   总习题 5.19 图

5.19 真空中两根很长的相距为 $2a$ 的平行直导线与电源组成闭合回路，如总习题 5.19 图。已知导线中的电流为 I，则在两导线正中间某点 P 处的磁场能量密度为 _____。

5.20 面积为 S 和 $2S$ 的两线圈 1、2 平行相对放置，通有相同的电流 I，线圈 1 的电流产生的磁场穿过线圈 2 的回路，磁通量为 Φ_{m21}，线圈 2 的电流产生的磁场穿过线圈 1 的回路，磁通量为 Φ_{m12}，则 Φ_{m21} _____ Φ_{m12}（填 $>$、$<$ 或 $=$）。

三、计算题

5.21 在垂直于均匀磁场 B 的某平面上，有一长为 R 的金属细棒 AB 绕 A 端在平面上以角速度 ω 转动，试求金属棒两端间的电势差。如果以半径为 R 的金属盘取代本题的 AB 棒，仍在此平面内绕盘心而转，盘面与平面一致，其他不变，再求盘心与边缘之间的电势差。

5.22 一个长为 l、宽为 a、匝数为 N 的矩形线圈放在一根长直导线旁边与之共面，如总习题 5.22 图所示。这根长直导线是一闭合回路的一部分，其他部分离线圈很远，未在图中画出。当矩形线圈中通过电流 $i = I_0 \cos \omega t$ 时，求长直导线中的互感电动势。

5.23 如总习题 5.23 图所示,真空中一根长直导线通有电流 $I(t) = I_0 e^{-\lambda t}$(式中 I_0、λ 为常量,t 为时间),有一个带滑动边的矩形导线框与长直导线平行共面,二者相距为 a。矩形线框的滑动边与长直导线垂直,它的长度为 b,并且以匀速 $\vec{v}$(方向平行长直导线)滑动。若忽略线框中的自感电动势,并设开始时滑动边与对边重合,试求任意时刻 t 在矩形线框内的感应电动势 ε_i,并讨论其方向。

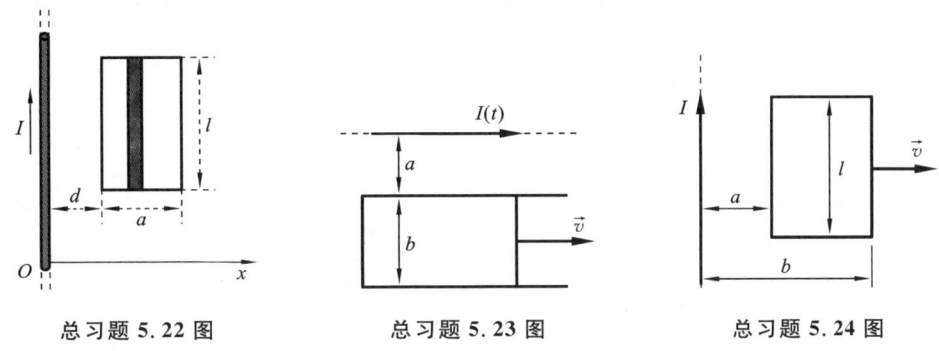

总习题 5.22 图　　　　总习题 5.23 图　　　　总习题 5.24 图

5.24 如总习题 5.24 图所示,有一根长直导线载有直流电流 I,近旁有一个两条对边与它平行并与它共面的矩形线圈,以匀速度 $\vec{v}$ 沿垂直于导线的方向离开导线。设当 $t=0$ 时,线圈位于图示位置,求:

(1) 在任意时刻 t 通过矩形线圈的磁通量 Φ_m。

(2) 在图示位置时矩形线圈中的电动势 ε。

5.25 同轴电缆由半径为 R_1 的实心圆柱形导体和半径为 R_2($R_2 > R_1$)的薄圆筒(忽略壁厚)构成,在圆柱体和薄圆筒之间充满相对磁导率为 μ_r 的绝缘材料,求同轴电缆单位长度上的自感系数(设圆柱形导体的磁导率为 μ_0)。

第 5 章测试题

附录A
矢量基础

A.1 标量

物理学中,**标量**是指在坐标变换下保持不变的物理量。用通俗的说法,标量是只有大小、没有方向的量。这些物理量之间遵循一般的代数法则,这样的量称为物理标量,简称标量,例如路程、速率、时间、温度等。标量有正负之分,例如温度,$+30℃$ 表示冰点以上 $30℃$,$-30℃$ 表示冰点以下 $30℃$,但它并不表示方向。

A.2 矢量

A.2.1 矢量的表示

在大学物理的学习中,我们发现位移、力、速度、加速度、动量、电场强度等这些物理量既有数值大小(包括有关单位),又有方向,且它们之间遵循平行四边形运算法则,这类物理量称为**物理矢量**,简称矢量(向量)。矢量一般(印刷时)用黑体表示,如 $\vec{A}$,但在手写时,为了方便,也可在字母上加上矢量符号即可,如 $\vec{A}$。作图时,用一个带箭头的线段表示矢量,线段的长度表示矢量的大小,线段的方向表示矢量的方向。本书采用的是这种书写方式。矢量的大小也称矢量的模,用 $\vec{A}$ 或 $|\vec{A}|$ 表示。

在矢量中,有两个特殊矢量,分别为零矢量和单位矢量。零矢量的模为 0,方向任意;单位矢量的模为 1,方向与对应矢量的方向相同,例如,可以用 $\vec{A}_0$ 表示矢量 $\vec{A}$ 的单位矢量,则 $\vec{A}=A\vec{A}_0=|\vec{A}|\vec{A}_0$。一些特殊的单位矢量的物理意义是约定俗成的,如 $\vec{i}$、$\vec{j}$、$\vec{k}$ 分别表示三维直角坐标系中 x、y、z 三个坐标轴上正方向的单位矢量;$\vec{e}_n$、$\vec{e}_\tau(\vec{e}_t)$ 分别表示自然坐标系中的法向和切向坐标轴上正方向的单位矢量。如果两个矢量大小相同,方向一致,则这两个矢量相等,如图 A.1 所示。如果两个矢量大小相等,方向相反,则这两个矢量互为负矢量,如图 A.2 所示。

图 A.1　等矢量　　　　　　图 A.2　负矢量

在比较几个矢量之间的关系时,或对它们进行运算时,这些矢量要按照相同的比例来绘图,且矢量可以在空间中平移,平移后的大小和方向仍保持不变,如图 A.3 所示。

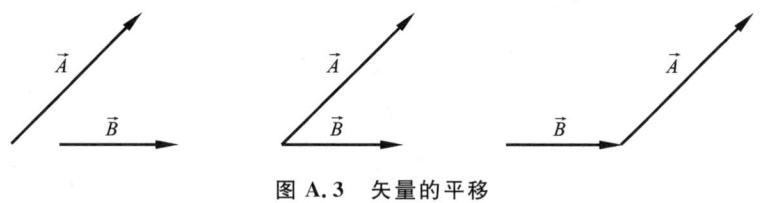

图 A.3　矢量的平移

A.2.2　矢量运算

1. 矢量的加法

矢量加法是矢量的几何和,两个矢量的几何和服从平行四边形规则,如图 A.4(a)所示,则有 $\vec{C}=\vec{A}+\vec{B}$,矢量加法也可以用矢量三角形表示,如图 A.4(b)所示。矢量 $\vec{A}$ 的起点和矢量 $\vec{B}$ 的终点相接,得矢量 $\vec{C}$。同理,矢量 $\vec{B}$ 的起点和矢量 $\vec{A}$ 的终点相接,也得矢量 $\vec{C}$,可见,矢量加法和矢量排列次序无关,即服从交换律

$$\vec{A}+\vec{B}=\vec{B}+\vec{A} \tag{A.1}$$

如果要求三个矢量 $\vec{A}$、$\vec{B}$、$\vec{C}$ 的和,可先求 $\vec{A}+\vec{B}$,再与 $\vec{C}$ 相加即可。若以 $\vec{A}$ 与 $\vec{B}+\vec{C}$ 相加,会得到同样的结果,如图 A.5 所示。由图 A.5 可知,矢量加法也服从结合律。

$$(\vec{A}+\vec{B})+\vec{C}=\vec{A}+(\vec{B}+\vec{C}) \tag{A.2}$$

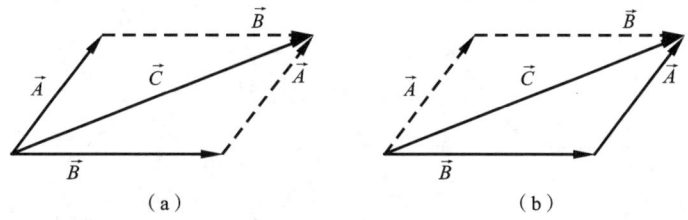

(a)　　　　　　　　　　　(b)

图 A.4　矢量加法

矢量加法是几个矢量的合成问题,反之,一个矢量也可以分解为几个矢量,一般为方便计算,常采用正交分解法。例如,可以把矢量 $\vec{A}$ 在三维直角坐标系中进行分解,如图 A.6 所示。

由图 A.6 可知,

$$\vec{A}=A_x\vec{i}+A_y\vec{j}+A_z\vec{k} \tag{A.3}$$

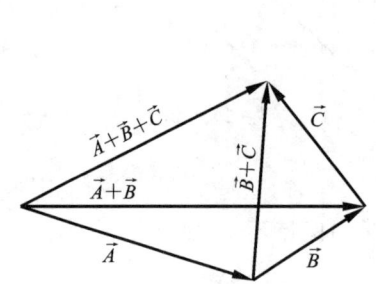

图 A.5　多个矢量的加法

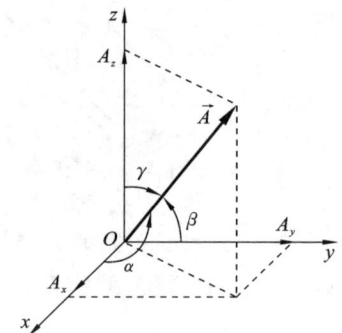

图 A.6　三维直角坐标系中的矢量

则矢量 $\vec{A}$ 的模与夹角余弦值为

$$|\vec{A}| = \sqrt{A_x^2 + A_y^2 + A_z^2} \tag{A.4}$$

$$\cos\alpha = \frac{A_x}{|\vec{A}|}, \quad \cos\beta = \frac{A_y}{|\vec{A}|}, \quad \cos\gamma = \frac{A_z}{|\vec{A}|} \tag{A.5}$$

其中：α、β 和 γ 分别为矢量 $\vec{A}$ 的方向角，即矢量 $\vec{A}$ 与三个坐标轴方向的夹角，$\cos\alpha$、$\cos\beta$ 和 $\cos\gamma$ 称为矢量 $\vec{A}$ 的方向余弦，且有 $\cos^2\alpha + \cos^2\beta + \cos^2\gamma = 1$。

设有三个矢量 $\vec{A}$、$\vec{B}$ 和 $\vec{C}$，在直角坐标系中分别表示为 $\vec{A} = A_x\vec{i} + A_y\vec{j} + A_z\vec{k}$，$\vec{B} = B_x\vec{i} + B_y\vec{j} + B_z\vec{k}$，$\vec{C} = C_x\vec{i} + C_y\vec{j} + C_z\vec{k}$，则三个矢量相加为

$$\vec{A} + \vec{B} + \vec{C} = (A_x + B_x + Z_x)\vec{i} + (A_y + B_y + Z_y)\vec{j} + (A_z + B_z + Z_z)\vec{k} \tag{A.6}$$

在矢量的分解中，应注意到分解的不唯一性。

2. 矢量的减法

矢量减法可视为矢量加法的逆运算，即

$$\vec{A} - \vec{B} = \vec{A} + (-\vec{B}) \tag{A.7}$$

通常 $(-\vec{B})$ 称为矢量 $\vec{B}$ 的逆矢量，它的大小和矢量 $\vec{B}$ 一样，但方向相反，如图 A.7 所示。

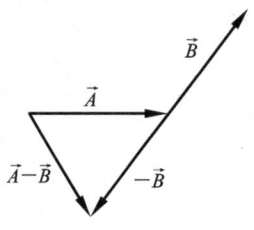

图 A.7　矢量减法

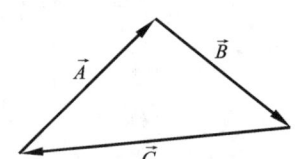

图 A.8　和矢量为零的几何表示

由矢量加减法运算规则可知，如果三个矢量 $\vec{A}$、$\vec{B}$ 和 $\vec{C}$ 头尾相连组成封闭三角形，其矢量和为零，如图 A.8 所示。

$$\vec{A} + \vec{B} + \vec{C} = 0 \tag{A.8}$$

同理可推断，若多个矢量头尾相连组成封闭的多边形，其矢量和必为零。

3. 矢量的数乘

一个标量 m 和矢量 $\vec{A}$ 相乘,则它们的乘积 $m\vec{A}$ 仍是一个矢量,该矢量的模等于矢量 $\vec{A}$ 的模与数 $|m|$ 的乘积,并且平行于矢量 $\vec{A}$。如果 $m>0$,则它的指向与矢量 $\vec{A}$ 相同;如果 $m<0$,则它的指向与矢量 $\vec{A}$ 相反;如果 $m=0$,则它为零矢量。

特别地,当 $m=-1$ 时,$m\vec{A}=(-1)\vec{A}$,记为 $-\vec{A}$。矢量与数量的乘积有下列性质:设 $\vec{A}$、$\vec{B}$ 为任意矢量,m、n 为任意数,则有:

(1) $(m+n)\vec{A}=m\vec{A}+n\vec{A}$。

(2) $m(n\vec{A})=n(m\vec{A})=(mn)\vec{A}$。

(3) $m(\vec{A}+\vec{B})=m\vec{A}+m\vec{B}$。

4. 矢量的点积

两矢量的点积亦称标积,其结果是一个标量。定义为:一个矢量在另一个矢量方向上的投影与另一个矢量模的乘积,可表示为

$$\vec{A}\cdot\vec{B}=AB\cos\theta \tag{A.9}$$

式中:θ 为矢量 $\vec{A}$ 和矢量 $\vec{B}$ 的夹角,如图 A.9 所示。

标积广泛应用于大学物理中,如做功就是用力的向量乘位移的向量,即 $\mathrm{d}W=\vec{F}\cdot\mathrm{d}\vec{r}$,$\mathrm{d}W=F\mathrm{d}r\cos\theta$。由式(A.9)可知,当 $\theta=\dfrac{\pi}{2}$ 时,点积结果为零,因此,两非零矢量 $\vec{A}$ 和 $\vec{B}$ 的正交条件为

$$\vec{A}\cdot\vec{B}=0 \tag{A.10}$$

矢量的点乘服从以下运算规律:

(1) 交换律:$\vec{A}\cdot\vec{B}=\vec{B}\cdot\vec{A}$,$\vec{A}\cdot\vec{A}=A^2$。

(2) 分配律:$\vec{A}\cdot(\vec{B}+\vec{C})=\vec{A}\cdot\vec{B}+\vec{A}\cdot\vec{C}$。

(3) 结合律:$m(\vec{A}\cdot\vec{B})=(m\vec{A})\cdot\vec{B}=\vec{A}\cdot(m\vec{B})$。

在直角坐标系中,$\vec{i}$、$\vec{j}$、$\vec{k}$ 三个单位矢量互相正交,根据点积定义得

$$\begin{cases} \vec{i}\cdot\vec{i}=\vec{j}\cdot\vec{j}=\vec{k}\cdot\vec{k}=1 \\ \vec{i}\cdot\vec{j}=\vec{j}\cdot\vec{k}=\vec{k}\cdot\vec{i}=0 \end{cases} \tag{A.11}$$

于是两矢量的点积可表示为

$$\vec{A}\cdot\vec{B}=(A_x\vec{i}+A_y\vec{j}+A_z\vec{k})\cdot(B_x\vec{i}+B_y\vec{j}+B_z\vec{k})=A_xB_x+A_yB_y+A_zB_z \tag{A.12}$$

说明两矢量的点积等于其对应分量的乘积之和。

5. 矢量的叉积

两矢量 $\vec{A}$ 和 $\vec{B}$ 的叉积亦称矢积,其结果是一个矢量,用矢量 $\vec{C}$ 表示,矢量 $\vec{C}$ 的大小为 $\vec{A}$ 和 $\vec{B}$ 组成的平行四边形的面积,方向垂直于矢量 $\vec{A}$ 和 $\vec{B}$ 构成的平面,其数学表达式为

$$\vec{C}=\vec{A}\times\vec{B} \tag{A.13}$$

式中:$|\vec{C}|=AB\sin\theta$,θ 为矢量 $\vec{A}$ 和 $\vec{B}$ 的夹角,如图 A.10 所示。矢量 $\vec{C}$ 的方向满足右手螺旋法则,即伸出右手,使大拇指与其余四指垂直,并且都跟手掌在同一个平面内,令四指方向指向矢量 $\vec{A}$,并沿 θ 方向(小于 $180°$)握向矢量 $\vec{B}$,则大拇指方向即为矢量 $\vec{C}$ 的方向。

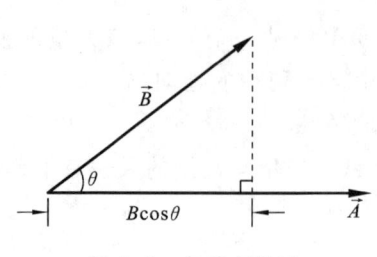

图 A.9　矢量点积图

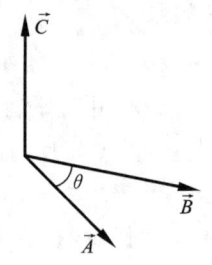

图 A.10　矢量叉积图

由式(A.13)可以得到非零矢量 $\vec{A}$ 和 $\vec{B}$ 平行的条件为

$$\vec{A}\times\vec{B}=0 \tag{A.14}$$

矢量的叉积符合以下运算规律：

(1) $\vec{A}\times\vec{A}=0$。

(2) $\vec{A}\times\vec{B}=-\vec{B}\times\vec{A}$。

这是因为按右手螺旋法则从 $\vec{A}$ 握向 $\vec{B}$ 定出的方向恰好与从 $\vec{B}$ 握向 $\vec{A}$ 定出的方向相反，它表明交换律对矢量的叉乘不成立。

(3) 分配律：$\vec{A}\times(\vec{B}+\vec{C})=\vec{A}\times\vec{B}+\vec{A}\times\vec{C}$。

(4) 结合律：$m(\vec{A}\times\vec{B})=(m\vec{A})\times\vec{B}=\vec{A}\times(m\vec{B})$。

对于直角坐标系来说，由矢量积定义可得到单位矢量之间的关系：

$$\begin{cases} \vec{i}\times\vec{i}=\vec{j}\times\vec{j}=\vec{k}\times\vec{k}=0 \\ \vec{i}\times\vec{j}=-\vec{j}\times\vec{i}=\vec{k},\vec{j}\times\vec{k}=-\vec{k}\times\vec{j}=\vec{i},\vec{k}\times\vec{i}=-\vec{i}\times\vec{k}=\vec{j} \end{cases} \tag{A.15}$$

于是叉积在直角坐标系中可表示为

$$\begin{aligned} \vec{A}\times\vec{B} &= (A_x\vec{i}+A_y\vec{j}+A_z\vec{k})\times(B_x\vec{i}+B_y\vec{j}+B_z\vec{k}) \\ &= (A_yB_z-A_zB_y)\vec{i}+(A_zB_x-A_xB_z)\vec{j}+(A_xB_y-A_yB_z)\vec{k} \end{aligned}$$

$$\tag{A.16}$$

也可用行列式表示如下：

$$\vec{A}\times\vec{B}=\begin{vmatrix} \vec{i} & \vec{j} & \vec{k} \\ A_x & A_y & A_z \\ B_x & B_y & B_z \end{vmatrix} \tag{A.17}$$

附录B
常用物理常量表

基本物理常量如表 B-1 所示。

表 B-1　基本物理常量表

物　理　量	符　号	数　　值
真空中的光速	c	$299\ 792\ 458\ \text{m}\cdot\text{s}^{-1}$
真空磁导率	μ_0	$12.566\ 370\ 614\cdots\times10^{-7}\ \text{N}\cdot\text{A}^{-2}$
真空电容率	ε_0	$8.854\ 187\ 817\cdots\times10^{-12}\ \text{F}\cdot\text{m}^{-1}$
万有引力常量	G	$6.6742\times10^{-11}\ \text{m}^3\cdot\text{kg}^{-1}\cdot\text{s}^{-2}$
普朗克常量	h	$6.626\ 0693\times10^{-34}\ \text{J}\cdot\text{s}$
元电荷	e	$1.602\ 176\ 53\times10^{-19}\ \text{C}$
里得堡常量	R_∞	$10\ 973\ 731.568\ 525\ \text{m}^{-1}$
波尔半径	a_0	$0.529\ 177\ 2108\times10^{-10}\ \text{m}$
电子质量	m_e	$9.109\ 3826\times10^{-31}\ \text{kg}$
质子质量	m_p	$1.672\ 621\ 71\times10^{-27}\ \text{kg}$
中子质量	m_n	$1.674\ 927\ 28\times10^{-27}\ \text{kg}$
阿伏伽德罗常量	N_A	$6.022\ 1415\times10^{23}\ \text{mol}^{-1}$
摩尔气体常量	R	$8.314\ 472\ \text{J}\cdot\text{mol}^{-1}\cdot\text{K}^{-1}$
玻尔兹曼常量	k	$1.380\ 6505\times10^{-23}\ \text{J}\cdot\text{K}^{-1}$
斯特藩常量	σ	$5.670\ 400\times10^{-8}\ \text{W}\cdot\text{m}^{-2}\cdot\text{K}^{-4}$
维恩位移定律常量	b	$2.897\ 7685\times10^{-3}\ \text{m}\cdot\text{K}$
电子伏特	eV	$1.602\ 176\ 53\times10^{-19}\ \text{J}$
原子质量单位	u	$1.660\ 538\ 86\times10^{-27}\ \text{kg}$
标准大气压	atm	$101\ 325\ \text{Pa}$
标准重力加速度	g	$9.806\ 65\ \text{m}\cdot\text{s}^{-2}$

有关太阳和地球的数据如表 B-2 所示。

表 B-2　有关太阳和地球的数据

名　　称	数　　值
太阳的质量 m_s	1.99×10^{30} kg
太阳的半径 R_s	6.960×16^8 m
太阳中心到地球中心的距离	1.496×10^{11} m(平均值)
地球的质量 m_E	5.98×10^{24} kg
地球的半径 R_E	6.37×10^6 m(平均值)
地球公转的周期 T_E	3.156×10^7 s

附录C
希腊字母

希腊字母如表 C-1 所示。

表 C-1　希腊字母表

序号	大写	小写	英文注音	中文读音	意　义
1	A	α	alpha	阿尔法	角度;系数
2	B	β	beta	贝塔	磁通系数;角度;系数
3	Γ	γ	gamma	伽马	电导系数(小写)
4	Δ	δ	delta	德尔塔	变动;密度;屈光度
5	E	ε	epsilon	伊普西龙	对数之基数
6	Z	ζ	zeta	截塔	系数;方位角;阻抗;相对黏度;原子序数
7	H	η	eta	艾塔	磁滞系数;效率(小写)
8	Θ	θ	thet	西塔	温度;相位角
9	I	ι	iot	约塔	
10	K	κ	kappa	卡帕	介质常数
11	Λ	λ	lambda	兰布达	波长(小写)
12	M	μ	mu	缪	磁导率
13	N	ν	nu	纽	磁阻系数
14	Ξ	ξ	xi	克西	
15	O	o	omicron	奥密克戎	
16	Π	π	pi	派	圆周率
17	P	ρ	rho	肉	电阻系数(小写)
18	Σ	σ	sigma	西格马	总和(大写),表面密度;跨导(小写)
19	T	τ	tau	套	时间常数
20	Υ	υ	upsilon	宇普西龙	速率
21	Φ	φ	phi	佛爱	磁通;角度
22	X	χ	chi	西	
23	Ψ	ψ	psi	普西	介质电通量(静电力场线)
24	Ω	ω	omega	欧米伽	欧姆(大写);角速率(小写)

附录D
常用数学公式

1. 基本微积分表

$$(\tan x)' = \sec^2 x \qquad\qquad (\arcsin x)' = \frac{1}{\sqrt{1-x^2}}$$

$$(\cot x)' = -\csc^2 x \qquad\qquad (\arccos x)' = -\frac{1}{\sqrt{1-x^2}}$$

$$(\sec x)' = \sec x \cdot \tan x \qquad\qquad (\arctan x)' = \frac{1}{1+x^2}$$

$$(\csc x)' = -\csc x \cdot \cot x \qquad\qquad (\text{arccot} x)' = -\frac{1}{1+x^2}$$

$$(a^x)' = a^x \cdot \ln a$$

$$(\log_a x)' = \frac{1}{x \ln a}$$

2. 三角函数的有理式积分

$$\int \tan x \, \mathrm{d}x = -\ln|\cos x| + C \qquad\qquad \int \frac{\mathrm{d}x}{\cos^2 x} = \int \sec^2 x \, \mathrm{d}x = \tan x + C$$

$$\int \cot x \, \mathrm{d}x = \ln|\sin x| + C \qquad\qquad \int \frac{\mathrm{d}x}{\sin^2 x} = \int \csc^2 x \, \mathrm{d}x = -\cot x + C$$

$$\int \sec x \, \mathrm{d}x = \ln|\sec x + \tan x| + C \qquad\qquad \int \sec x \cdot \tan x \, \mathrm{d}x = \sec x + C$$

$$\int \csc x \, \mathrm{d}x = \ln|\csc x - \cot x| + C \qquad\qquad \int \csc x \cdot \cot x \, \mathrm{d}x = -\csc x + C$$

$$\int \frac{\mathrm{d}x}{a^2 + x^2} = \frac{1}{a} \arctan \frac{x}{a} + C \qquad\qquad \int a^x \, \mathrm{d}x = \frac{a^x}{\ln a} + C$$

$$\int \frac{\mathrm{d}x}{x^2 - a^2} = \frac{1}{2a} \ln\left|\frac{x-a}{x+a}\right| + C \qquad\qquad \int \mathrm{sh} x \, \mathrm{d}x = \mathrm{ch} x + C$$

$$\int \frac{\mathrm{d}x}{a^2 - x^2} = \frac{1}{2a} \ln \frac{a+x}{a-x} + C \qquad\qquad \int \mathrm{ch} x \, \mathrm{d}x = \mathrm{sh} x + C$$

$$\int \frac{\mathrm{d}x}{\sqrt{a^2 - x^2}} = \arcsin \frac{x}{a} + C \qquad\qquad \int \frac{\mathrm{d}x}{\sqrt{x^2 \pm a^2}} = \ln(x + \sqrt{x^2 \pm a^2}) + C$$

$$I_n = \int_0^{\frac{\pi}{2}} \sin^n x \, dx = \int_0^{\frac{\pi}{2}} \cos^n x \, dx = \frac{n-1}{n} I_{n-2}$$

$$\int \sqrt{x^2 + a^2} \, dx = \frac{x}{2} \sqrt{x^2 + a^2} + \frac{a^2}{2} \ln(x + \sqrt{x^2 + a^2}) + C$$

$$\int \sqrt{x^2 - a^2} \, dx = \frac{x}{2} \sqrt{x^2 - a^2} - \frac{a^2}{2} \ln|x + \sqrt{x^2 - a^2}| + C$$

$$\int \sqrt{a^2 - x^2} \, dx = \frac{x}{2} \sqrt{a^2 - x^2} + \frac{a^2}{2} \arcsin \frac{x}{a} + C$$

3. 初等函数

双曲正弦：$\mathrm{sh}x = \dfrac{e^x - e^{-x}}{2}$

双曲余弦：$\mathrm{ch}x = \dfrac{e^x + e^{-x}}{2}$

双曲正切：$\mathrm{th}x = \dfrac{\mathrm{sh}x}{\mathrm{ch}x} = \dfrac{e^x - e^{-x}}{e^x + e^{-x}}$

$\mathrm{arsh}x = \ln(x + \sqrt{x^2 + 1})$

$\mathrm{arch}x = \pm\ln(x + \sqrt{x^2 - 1})$

$\mathrm{arth}x = \dfrac{1}{2} \ln \dfrac{1+x}{1-x}$

$\lim\limits_{x \to 0} \dfrac{\sin x}{x} = 1$

$\lim\limits_{x \to \infty} \left(1 + \dfrac{1}{x}\right)^x = e = 2.718281828459045\cdots$

4. 诱导公式

函数角 A	$-\alpha$	$90° - \alpha$	$90° + \alpha$	$180° - \alpha$	$180° + \alpha$	$270° - \alpha$	$270° + \alpha$	$360° - \alpha$	$360° + \alpha$
sin	$-\sin\alpha$	$\cos\alpha$	$\cos\alpha$	$\sin\alpha$	$-\sin\alpha$	$-\cos\alpha$	$-\cos\alpha$	$-\sin\alpha$	$\sin\alpha$
cos	$\cos\alpha$	$\sin\alpha$	$-\sin\alpha$	$-\cos\alpha$	$-\cos\alpha$	$-\sin\alpha$	$\sin\alpha$	$\cos\alpha$	$\cos\alpha$
tan	$-\tan\alpha$	$\cot\alpha$	$-\cot\alpha$	$-\tan\alpha$	$\tan\alpha$	$\cot\alpha$	$-\cot\alpha$	$-\tan\alpha$	$\tan\alpha$
cot	$-\cot\alpha$	$\tan\alpha$	$-\tan\alpha$	$-\cot\alpha$	$\cot\alpha$	$\tan\alpha$	$-\tan\alpha$	$-\cot\alpha$	$\cot\alpha$

5. 和差角公式

$$\sin(\alpha \pm \beta) = \sin\alpha\cos\beta \pm \cos\alpha\sin\beta$$

$$\cos(\alpha \pm \beta) = \cos\alpha\cos\beta \mp \sin\alpha\sin\beta$$

$$\tan(\alpha \pm \beta) = \frac{\tan\alpha \pm \tan\beta}{1 \mp \tan\alpha\tan\beta}$$

$$\cot(\alpha \pm \beta) = \frac{\cot\alpha\cot\beta \mp 1}{\cot\beta \pm \cot\alpha}$$

6. 和差化积公式

$$\sin\alpha + \sin\beta = 2\sin\frac{\alpha+\beta}{2}\cos\frac{\alpha-\beta}{2}$$

$$\sin\alpha - \sin\beta = 2\cos\frac{\alpha+\beta}{2}\sin\frac{\alpha-\beta}{2}$$

$$\cos\alpha + \cos\beta = 2\cos\frac{\alpha+\beta}{2}\cos\frac{\alpha-\beta}{2}$$

$$\cos\alpha - \cos\beta = 2\sin\frac{\alpha+\beta}{2}\sin\frac{\alpha-\beta}{2}$$

7. 倍角公式

$\sin 2\alpha = 2\sin\alpha\cos\alpha$

$\cos 2\alpha = 2\cos^2\alpha - 1 = 1 - 2\sin^2\alpha = \cos^2\alpha - \sin^2\alpha$

$\cot 2\alpha = \dfrac{\cot^2\alpha - 1}{2\cot\alpha}$

$\tan 2\alpha = \dfrac{2\tan\alpha}{1 - \tan^2\alpha}$

$\sin 3\alpha = 3\sin\alpha - 4\sin^3\alpha$

$\cos 3\alpha = 4\cos^3\alpha - 3\cos\alpha$

$\tan 3\alpha = \dfrac{3\tan\alpha - \tan^3\alpha}{1 - 3\tan^2\alpha}$

8. 半角公式

$\sin\dfrac{\alpha}{2} = \pm\sqrt{\dfrac{1 - \cos\alpha}{2}}$

$\cos\dfrac{\alpha}{2} = \pm\sqrt{\dfrac{1 + \cos\alpha}{2}}$

$\tan\dfrac{\alpha}{2} = \pm\sqrt{\dfrac{1 - \cos\alpha}{1 + \cos\alpha}} = \dfrac{1 - \cos\alpha}{\sin\alpha} = \dfrac{\sin\alpha}{1 + \cos\alpha}$

$\cot\dfrac{\alpha}{2} = \pm\sqrt{\dfrac{1 + \cos\alpha}{1 - \cos\alpha}} = \dfrac{1 + \cos\alpha}{\sin\alpha} = \dfrac{\sin\alpha}{1 - \cos\alpha}$

正弦定理：$\dfrac{a}{\sin A} = \dfrac{b}{\sin B} = \dfrac{c}{\sin C} = 2R$

余弦定理：$c^2 = a^2 + b^2 - 2ab\cos C$

反三角函数性质：$\arcsin x = \dfrac{\pi}{2} - \arccos x$

$$\arctan x = \dfrac{\pi}{2} - \operatorname{arccot} x$$

9. 常数项级数

$1 + q + q^2 + \cdots + q^{n-1} = \dfrac{1 - q^n}{1 - q}$

$1 + 2 + 3 + \cdots + n = \dfrac{(n+1)n}{2}$

10. 函数展开成幂级数

$f(x) = f(x_0)(x - x_0) + \dfrac{f''(x_0)}{2!}(x - x_0)^2 + \cdots + \dfrac{f^{(n)}(x_0)}{n!}(x - x_0)^n + \cdots$

if $\ x_0 = 0$：$f(x) = f(0) + f'(0)x + \dfrac{f''(0)}{2!}x^2 + \cdots + \dfrac{f^{(n)}(0)}{n!}x^n + \cdots$

$(1 + x)^m = 1 + mx + \dfrac{m(m-1)}{2!}x^2 + \cdots + \dfrac{m(m-1)\cdots(m-n+1)}{n!}x^n + \cdots \quad (-1 < x < 1)$

$\sin x = x - \dfrac{x^3}{3!} + \dfrac{x^5}{5!} - \cdots + (-1)^{n-1}\dfrac{x^{2n-1}}{(2n-1)!} + \cdots \quad (-\infty < x < +\infty)$

11. 欧拉公式

$$e^{ix} = \cos x + i\sin x \quad 或 \quad \begin{cases} \cos x = \dfrac{e^{ix} + e^{-ix}}{2} \\[3mm] \sin x = \dfrac{e^{ix} - e^{-ix}}{2} \end{cases}$$

12. 三角级数

$$f(t) = \frac{a_0}{2} + \sum_{n=1}^{\infty} (a_n\cos nx + b_n\sin nx)$$

参考文献

[1] 赵肇雄,吴实,熊正烨. 大学物理学[M]. 武汉:武汉大学出版社,2014.

[2] 马文蔚. 物理学[M]. 北京:高等教育出版社,2014.

[3] 赵凯华,罗蔚茵. 新概念物理教程[M]. 北京:高等教育出版社,2019.

[4] 张三慧. 大学物理学[M]. 北京:清华大学出版社,1999.

[5] 绕瑞昌,时钟涛. 大学物理学[M]. 北京:高等教育出版社,2019.